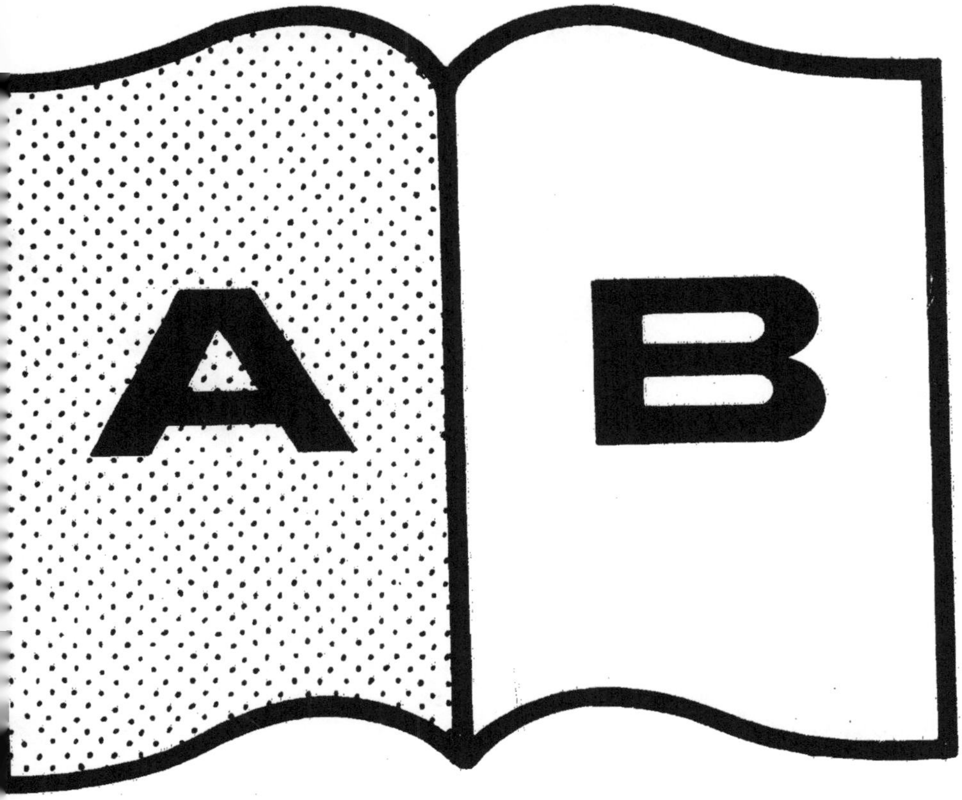

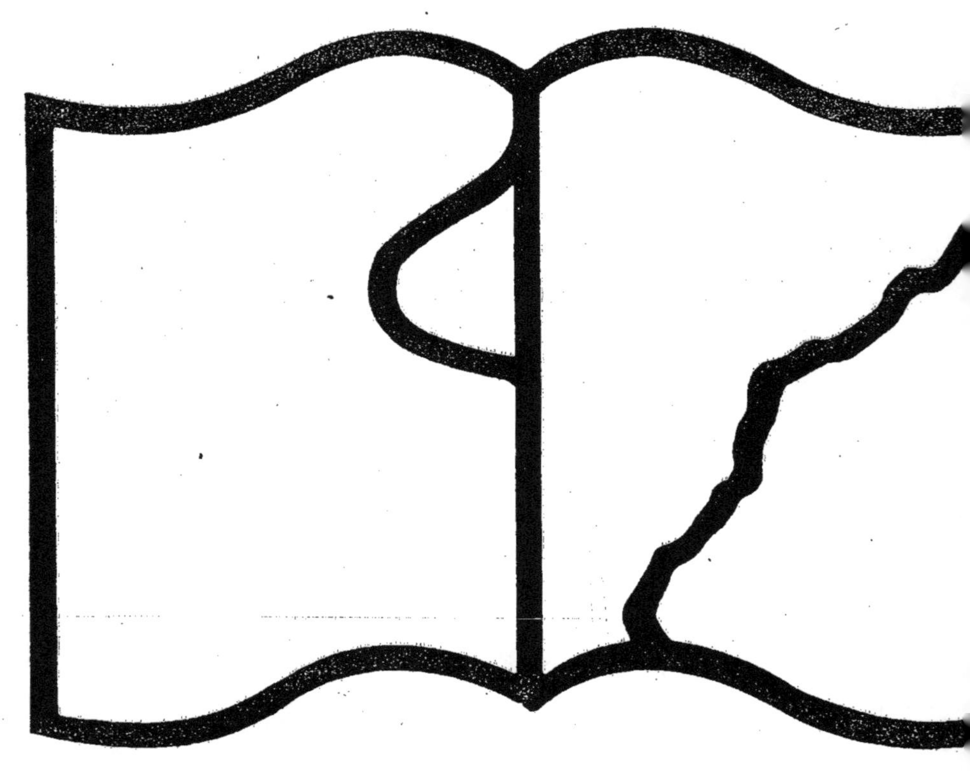

APPLICATION DE L'ALGEBRE A LA GEOMETRIE,

OU

METHODE

DE DE'MONTRER PAR L'ALGEBRE, les Theorêmes de Geometrie, & d'en résoudre & construire tous les Problêmes.

L'on y a joint une Introduction qui contient les Regles du Calcul Algebrique.

Par Mr GUISNE'E de l'Academie Royale des Sciences, Professeur Royal de Mathematique, & ancien Ingenieur ordinaire du Roy.

A PARIS,

Chez JEAN BOUDOT, Imprimeur du Roy & de l'Academie Royale des Sciences, rue saint Jacque, au Soleil d'Or.

ET

JACQUE QUILLAU, Impr. Jur. Libr. de l'Université, rue Galande, prés de la rue du Fouarre.

MDCCV.

AVEC APPROBATION ET PRIVILEGE DU ROY.

PREFACE.

IL y a quelques années que l'on écrivit cet Ouvrage en faveur de quelques personnes de qualité qui s'appliquent à la Science qu'on y traite. On n'avoit pas alors dessein de le donner au Public. Mais un de ceux pour qui il a été écrit, l'ayant jugé plus propre que tous les Ouvrages de même nature qui l'ont précedé, pour instruire ceux qui veulent s'appliquer aux Mathematiques, & en traiter toutes les parties algebriquement, a bien voulu faire la dépense de l'impression par le seul motif de leur faire plaisir.

On y explique le plus simplement que l'on peut, les Methodes de démontrer par l'Algebre, tous les Theorêmes de Geometrie, & de résoudre, & construire tous les Problêmes déterminez & indéterminez, geometriques & méchaniques. En un mot, on explique tous les usages qu'on peut faire de l'Algebre commune, dans toutes les parties des Mathematiques, pourvû qu'on exprime par des lignes les grandeurs qu'elles ont pour objet; & on ne suppose pour cela que les simples élemens de la Geometrie ordinaire.

L'on y supposoit aussi la connoissance du Calcul algebrique, parcequ'il se trouve expliqué dans plusieurs Livres imprimez: mais plusieurs personnes ayant crû qu'il seroit plus à propos d'en donner les Régles, & de les joindre à l'Ouvrage en forme d'Introduction, que de renvoyer le Lecteur, qui n'en aura point encore de connoissance, à d'autres Ouvrages; on a suivi leur avis, & l'on y a ajouté cette Introduction, où l'on a expliqué toutes les operations algebriques, les proprietez des raports, ou fractions, des proportions, & des équations.

On y a établi un principe general pour démontrer toujours de la même maniere tous les Theorêmes qu'on peut former sur la grandeur considerée generalement; & ce principe est le même que l'on trouve aussi dans la troisiéme Section de l'Application de l'Algebre à la Geometrie, pour en démontrer les Theorêmes.

L'on trouvera aussi des Regles particulieres pour multiplier & diviser, les unes par les autres, les puissances qui renferment les mêmes lettres, pour les élever à d'autres puissances, & pour en extraire les racines. Ces Regles ne seront peut-être pas inutiles pour entendre avec plus de facilité, plusieurs endroits de l'Excellent Livre de *l'Analyse des infinimens Petits* de feu *Monsieur le Marquis de l'Hôpital*, que j'ai aussi eu en vûe dans l'Application de l'Algebre à la Geometrie. On y trouvera en effet expliquez tous les endroits de l'Analyse qui dépendent de l'Algebre & de la Geometrie ordinaire; & dans lesquels cet illustre Auteur n'a pas jugé à propos de mettre tout au long, ou de poursuivre des operations dont il ſuppoſe ſon Lecteur capable.

Je diviſe cet Ouvrage en douze Sections, que j'ai rangées ſelon leur ordre dans la Table qui ſuit, où j'indique ce qui eſt contenu dans chacune. J'ajouterai que dans la premiere Section, j'ai parlé des équations déterminées, & indéterminées, des racines de leurs inconnues, & de leurs uſages; & pour ne pas faire des répetitions inutiles, j'ai crû devoir omettre dans l'Introduction, ce que j'en ai dit en cet endroit. J'ai auſſi mis dans cette Section, des obſervations pour nommer les lignes qui doivent ſervir à la réſolution d'un Problême, pour tirer celles qu'il eſt neceſſaire de tirer, pour trouver plus facilement des équations; & ces obſervations ſont d'un ſi grand ſecours, qu'il eſt neceſſaire de les bien entendre, & même de les apprendre par cœur.

Comme les équations, qui ſervent à conſtruire les Problêmes, en renferment toutes les conditions, & toutes les qualitez, on a accoutumé d'en démontrer la conſtruction par l'Analyſe, en retirant les mêmes équations des proprietez des Courbes qu'on y employe. Mais cette Méthode n'ayant aucune difficulté, j'ai démontré à la maniere des Anciens la conſtruction de la plûpart des Problêmes déterminez que j'ai réſolus, quoiqu'elle ait été tirée de l'Analyſe, afin de faire voir la difference qu'il y a entre l'une & l'autre maniere. Mais quant à la conſtruction des Problêmes indéterminez, qui n'eſt autre choſe que la deſcription des Courbes dont on a les équations, il n'y a point d'autre voye naturelle pour la démontrer, que l'Analyſe.

Les Sections coniques étant d'un grand uſage dans la Geometrie, j'ai jugé à propos d'en démontrer par l'Analyſe, dans la 4, 5, 6, & 7e Section, les principales proprietez; & principalement celles dont je prévoyois avoir beſoin pour la conſtruction des Problêmes. Je les ai d'abord conſiderées dans le Cone, parcequ'elles y ont pris leur origine & leur nom, & pour faire voir que celles que l'on trouve décrites ſur des Plans dans la 5, 6, & 7e Section, ſont préciſément les mêmes que celles qu'on coupe dans le Cone.

Addition à la page liij *de l'Introduction.*

5°. Il eſt quelquefois à propos, & même neceſſaire, pour rendre plus facilement l'équation qui renferme l'Hypotheſe ſemblable à celle qui renferme la conſequence, de nommer les grandeurs proportionnelles, comme nous avons dit n°. 19, 20, 21 & 22; & de nommer par les mêmes lettres les quantitez inégales qui ne ſont point proportionnelles, en caracteriſant les unes par quelque ſigne, ou par quelque lettre qui faſſe voir leur inégalité. Par exemple, ſi l'on veut démontrer quelque proprieté qui convienne à trois grandeurs differentes A, B, C; ayant nommé A, a, au lieu de nommer B, b; & C, c; on peut nommer B, ma, (m ſignifie *multiple*, ou *ſoûmultiple*), ou $a \pm p$; & C, na (n ſignifie *multiple*, ou *ſoûmultiple*, different de m), ou $a \pm p \pm r$, en ſe ſervant du ſigne $+$, ou $-$, ſelon que les quantitez qu'on veut exprimer, ſont moindres, ou plus grandes que celle qui eſt exprimée par la premiere lettre a.

TABLE DES SECTIONS.

AVERTISSEMENT POUR LES CITATIONS.

LES articles sont marquez par les chiffres Romains I, II, III, *&c.* & les n° par les chiffres Arabes. Par exemple, pour trouver cette citation, art. 4 n°. 6, il faut chercher la page, où l'on trouve le chiffre Romain IV, & ensuite le chiffre Arabe 6, qui n'en est pas beaucoup éloigné. Pour une plus grande facilité, voici la Table des articles.

TABLE DES ARTICLES.

INTRODUCTION A L'APPLICATION DE L'ALGEBRE A LA GEOMETRIE.

DÉFINITIONS.

I. 'ALGEBRE est l'Art de faire sur les lettres de l'Alphabet, les operations que l'on fait sur les nombres, c'est-à-dire, l'Addition, la Soustraction, la Multiplication, la Division & les Extractions de racines.

L'on se sert des lettres de l'Alphabet préferablement à d'autres caracteres arbitraires, dont on pourroit également se servir, tant parcequ'on les connoît & qu'on écrit avec plus d'habitude que tous autres caracteres, que parceque ces lettres ne signifiant rien d'elles mêmes, on peut s'en servir pour exprimer tout ce qu'on voudra.

Ce qui fait qu'on ne peut pas tirer le même avantage des caracteres Aritmetiques & des Nombres, que des lettres dans l'Application de l'Algebre à tous ses usages, c'est, 1°. qu'aprés avoir fait quelques unes des operations dont on vient de parler sur les lettres, on en connoît non seulement le résultat, mais on connoît & on distingue en même temps toutes les quantitez qu'il renferme; ce qui n'est point de même dans les résultats des mémes operations faites sur les nombres.

2°. Que les quantitez inconnues entrent dans le calcul aussi-bien que les connues, & que l'on opere avec la même facilité sur les unes que sur les autres.

3°. Que les Démonstrations que l'on fait par le calcul algebrique sont generales, & qu'on ne sauroit rien prouver par les nombres que par induction.

C'est précisément en ces trois choses que consiste le grand avantage qu'on tire du calcul algebrique dans son application à toutes les parties des Mathematiques, qu'on en démontre tous les Theorêmes, & qu'on en resout tous les Problêmes avec autant de facilité qu'il y auroit de difficulté à faire les mêmes choses selon la maniere des Anciens.

On s'est accoûtumé à employer les premieres lettres de l'Alphabet a, b, c, d, &c. pour exprimer les quantitez connues, & les dernieres m, n, p, q, r, s, t, u, x, y, z pour exprimer les inconnues.

1. Outre les lettres qu'on employe dans l'Algebre, il y a encore quelques autres signes qui servent pour marquer les operations que l'on fait sur les mêmes lettres. Ce signe $+$, signifie *plus*, & est la marque de l'Addition. Ainsi $a+b$, marque que b est ajoutée avec a.

Ce signe $-$, signifie *moins*, & est la marque de la Soustraction. Ainsi $a-b$, marque que b est soustraite de a.

Celui-ci $\times$, signifie *fois*, ou *par*, & est la marque de la multiplication. Ainsi $a\times b$, marque que a & b, sont multipliées l'une par l'autre.

On néglige tres-souvent ce signe, parcequ'on est convenu que lorsque deux ou plusieurs lettres sont jointes ensemble sans aucun signe qui sépare ces lettres, où les quantitez qu'elles expriment, sont multipliées, par exemple ab marque assez que a & b se multiplient : mais on s'en sert toujours pour marquer que deux quantitez exprimées par des lettres majuscules de l'Alphabet se multiplient. Ainsi $AB\times CD$; marque que la grandeur exprimée par AB est multipliée par la grandeur exprimée par CD. On employe encore le signe de multiplication en d'autres ocasions qu'on trouvera dans la suite.

Ce signe $=$, signifie *égal*, & marque qu'il y a égalité entre les quantitez qui le précedent, & celles qui le suivent. Ainsi $a = b$ marque que a est égale à b.

Celui-ci $>$ signifie *plus grand.* Ainsi $a > b$ marque que a surpasse b.

Celui-ci $<$ signifie *plus petit.* Ainsi $a < b$, marque que a est moindre que b.

Celui-ci ∞ signifie infini. Ainsi $x = \infty$, marque que x est une quantité infiniment grande.

2. Les lettres de l'Alphabet sont nommées *quantitez algebriques*, lorsqu'on les employe pour exprimer des grandeurs sur lesquelles on veut operer.

3. Les quantitez algebriques sont nommées *simples*, *incomplexes* ou *monomes*, lorsqu'elles ne sont point liées ensemble par les signes $+$ & $-$; a, ab, $\frac{aa}{b}$ *&c.* sont des quantitez incomplexes.

4. Elles sont nommées *composées*, ou *complexes*, ou *polynomes*, lorsqu'elles sont liées ensemble par les signes $+$ & $-$; $a+b$, $ab+bb$, $ab-bc+cd$, $\frac{aa+bb}{d}$, sont des quantitez complexes.

5. Les parties des quantitez complexes distinguées par les signes $+$ & $-$ sont nommées *termes*. $ab+bc-cd$, est une quantité complexe, qui renferme trois termes, ab, bc & cd. Il y a quelques remarques à faire sur le mot de *terme* qu'on trouvera ailleurs.

6. Les quantitez complexes qui n'ont que deux termes sont nommées *binomes*; celles qui en ont trois, *trinomes*, &c.

7. Les quantitez incomplexes qui sont précedées du signe $+$, ou plûtôt qui ne sont précedées d'aucun signe (car les quantitez incomplexes, & les premiers termes des quantitez complexes qui ne sont précedées d'aucun signe sont supposées être précedées du signe $+$) sont nommées *positives* & celles qui sont précedées du signe $-$, *négatives*; d'où il suit que les quantitez complexes sont

positives, lorsque les termes qui ont le signe + surpassent ceux qui ont le signe —; negatives, lorsque les termes précedez du signe — surpassent ceux qui sont précedez du signe +.

8. Les quantitez incomplexes, & les termes des quantitez complexes qui contiennent les mêmes lettres sont nommées *semblables*. $2abc$ & abc sont des quantitez incomplexes semblables; $3aab - 2aab + 4abb$ est une quantité complexe qui renferme deux termes semblables $3aab$ & $-2aab$; le troisiéme terme $4abb$, n'a point de semblable.

9. Pour s'appercevoir plus facilement de la similitude des quantitez algebriques, il faut toujours écrire les premieres lettres de l'Alphabet les premieres, & les autres dans leur ordre, c'est-à-dire par exemple, qu'au lieu d'écrire bac, ou cab, il faut écrire abc.

10. Les nombres qui précedent les quantitez algebriques sont nommez *coefficiens*.

Dans cette quantité $aa + 3ab + 4bb$, 3 & 4 sont les coefficiens des termes $3ab$ & $4bb$. L'on prend l'unité pour coefficient des quantitez qui ne sont précedées d'aucun nombre, & quoique l'on n'ait point acoutumé de l'écrire, on la doit neanmoins toujours supposer. Ainsi aa doit être regardée comme s'il y avoit $1aa$.

REDUCTION

Des quantitez complexes algebriques à leurs plus simples expressions.

11. Il faut ajouter les coefficiens des termes semblables, lorsqu'ils ont le même signe + ou —, & donner à la somme le même signe: & lorsqu'ils ont differens signes, il faut soustraire les plus petits coefficiens des plus grands, & donner au reste le signe du plus grand. Ainsi $3ab + 2ab$ étant réduite, devient $5ab$; $4ac + 4ab - 6ab$ devient $4ac - 2ab$; $3a - 5a$ devient $-2a$; $3abc - abc$, ou $3abc - 1abc$, devient $2abc$. Il en est ainsi des autres.

Dans tous les calculs algebriques, il ne faut jamais laisser de termes semblables sans être réduits.

ADDITION

Des quantitez algebriques incomplexes & complexes.

12. Il n'y a qu'à les écrire de suite, ou au-dessous les unes des autres, avec leurs signes, & réduire ensuite les termes semblables, & l'on aura la somme des quantitez qu'il falloit ajouter ensemble. Ainsi pour ajouter $3ab - 4bc + 5cd$ avec $2ab - 3cd$, l'on écrira $3ab - 4bc + 5cd + 2ab - 3cd$, qui se réduit à $5ab - 4bc + 2cd$. Pour ajouter $5abc - 4bcd$ avec $5abd - 8abc + 6bcd$, l'on écrira $5abc - 4bcd + 5abd - 8abc + 6bcd$, qui se réduit à $5abd - 3abc + 2bcd$. Pour ajouter $6a - 3b$ avec $2a + 3b$, l'on écrira $6a - 3b + 2a - 3b$, qui se réduit à $8a$. Il en est ainsi des autres.

SOUSTRACTION

Des quantitez algebriques incomplexes & complexes.

13. Il n'y a qu'à les écrire de suite, ou au-dessous l'une de l'autre en changeant tous les signes de celles qui doivent être soustraites; & l'on aura aprés la réduction des termes semblables, la difference des quantitez proposées.

Pour soustraire $3a - 2b + 3c$ de $5a - 3b - 5c$, l'on écrira $5a - 3b - 5c - 3a + 2b - 3c$, qui se réduit à $2a - b - 8c$. Pour soustraire $3ab - 2bc + 2cd$ de $5ab - 4bc + 2cd$, l'on écrira $5ab - 4bc + 2cd - 3ab + 2bc - 2cd$, qui se réduit à $2ab - 2bc$. Il en est ainsi des autres.

MULTIPLICATION

Des quantitez algebriques incomplexes, & de leurs puissances.

14. ON eſt convenu que pour multiplier deux ou pluſieurs lettres, il n'y a qu'à les écrire de ſuite ſans aucun ſigne qui les ſepare, & l'on aura le produit cherché. Ainſi pour multiplier a par b, l'on écrira ab. Pour multiplier ab par ac, l'on écrira $aabc$. Il en eſt ainſi des autres.

Il y a ſouvent des nombres, ou coefficiens qui précedent les quantitez algebriques qu'il s'agit de multiplier; il faut auſſi avoir égard à leurs ſignes. Voici la regle qu'il faut ſuivre.

15. On multipliera les cofficiens, en ſuite les lettres & on donnera au produit le ſigne + ſi les deux quantitez ſont précedées du même ſigne + ou —, & on lui donnera le ſigne —, ſi l'une des quantitez eſt précedée du ſigne + & l'autre du ſigne —.

Pour multiplier $3a$ par $2b$, on dira trois fois 2 font 6, a par b fait ou donne, ou eſt égal à ab; ainſi l'on aura $6ab$ pour le produit de $3a \times 2b$. De même $3ab \times -2ab = -6aabb$. $-3ab \times -2cd = +6abcd$. $5ab \times cd$, ou $1cd = 5abcd$. $aab \times abb = aaabbb$, ou a^3b^3 : car lorſque la même lettre ſe trouve plus de deux fois dans un produit, on l'écrit ſeulement une fois, & l'on écrit à ſa droite un caractere arithmetique qui exprime combien de fois cette lettre doit être écrite. Ainſi pour $aaaa$, l'on écrira a^4; pour $aaabbb$, l'on a écrit $a^3 b^3$; on peut auſſi pour aa écrire a^2; pour bb, b^2, &c.

DÉFINITION.

16. LE caractere arithmetique qui marque combien de fois une lettre doit être écrite dans un produit, eſt nommé *expoſant*. Ainſi dans $a^3 b^4$, 3 eſt le poſant de a, & 4, celui de b; dans a^3b, 3 eſt l'expoſant de a, & 1 l'expoſant de b : car quand une lettre eſt ſeule, ou qu'elle ne doit être écrite qu'une fois dans un produit, on doit ſuppo-

ser qu'elle a pour exposant l'unité, quoiqu'on ne l'écrive point. Ainsi a exprime la même chose que a^1, ou $1a^1$, a^3b, la même que a^3b^1. &c.

Remarque.

17. De même que la multiplication de deux lignes droites engendre ou produit un rectangle, ou un quarré, si elles sont égales; la multiplication de trois lignes droites, un parallelepipede, ou solide; ou un cube, si elles sont égales: par la même raison les Algebristes appellent rectangle algebrique, le produit de deux lettres differentes, comme ab; quarré algebrique, le produit d'une lettre par elle-même, comme aa ou a^2; solide algebrique, le produit de trois lettres differentes comme abc, ou aab; cube algebrique, le produit d'une lettre multipliée consecutivement deux fois par elle-même, comme a^3, ou b^3. Mais ils n'en demeurent pas là, & quoiqu'il n'y ait point dans la nature de solide qui ait plus de trois dimensions, ils ne laissent pas que d'en imaginer d'algebriques dont le nombre de dimensions va à l'infini, comme a^3, a^4, a^5, a^6, a^3b, $aabb$, a^3bb, a^1b^3, &c. Et ces quantitez algebriques sont dautant plus composées, que le nombre de leurs dimensions est grand; de sorte que un produit algebrique qui a quatre dimensions, est plus composé que celui qui n'en a que trois; celui qui en a trois, est plus composé que celui qui n'en a que deux, &c. Et le nombre des dimensions d'un produit algebrique est égal au nombre d'unitez que contient la somme des exposans des quantitez qui le forment. Par exemple, a^3b est un produit de quatre dimensions, parceque 3 exposant de a, $+ 1$ exposant de $b = 4$. a^3b^4 est un produit de sept dimensions, parceque $3 + 4 = 7$. Il en est ainsi des autres.

Ils appellent *puissance*, ou degré; le produit d'une quantité algebrique multipliée par elle-même une fois, deux fois, trois fois, & ainsi à l'infini. Ainsi a, ou a^1 est le premier degré, ou la premiere puissance de a; aa ou a^2, le second degré, ou la seconde puissance, ou le quarré de a; a^3, le troisiéme degré, ou la troisiéme puissance ou le cube de a; a^4, le quatriéme degré, ou la 4e puissance, ou le quarré quarré de a; a^5, le cinquiéme degré, ou la 5e puissance, ou le quarré cube de a; a^6, le sixiéme degré, ou la sixiéme puissance, ou le cube cube de a; a^7, le septiéme degré, ou la septiéme puissance de a, & ainsi à l'infini, d'où l'on voit que les puissances tirent leur nom de leurs exposans.

18. Une puissance peut aussi être regardée comme le produit de deux puissances, ou comme la puissance d'une autre puissance : ainsi a^6 peut être regardée comme le produit de $a^2 \times a^4$, ou comme la seconde puissance de a^3, ou comme la troisiéme de a^2.

19. Il y a aussi des puissances faites du produit de deux ou plusieurs lettres multipliées l'une par l'autre : ainsi $aabb$, est la seconde puissance de ab; a^3b^6, la troisiéme puissance de abb. Il en est ainsi des autres.

DÉFINITION.

20. Si deux quantitez differentes, ou égales forment un produit, ou une puissance, ces quantitez sont nommées *cotez* ou *racines* de ce produit ou de cette puissance. Ainsi a & b sont les côtez, ou les racines de ab; a le côté ou la racine de aa, &c.

FORMATION

Des puissances des quantitez incomplexes.

Il est évident (n°. 17) que pour élever une quantité incomplexe à une puissance donnée, il n'y a qu'à multiplier cette quantité par elle-même autant de fois moins une que l'exposant de la puissance donnée contient d'unitez. Ainsi pour élever ab à la troisiéme puissance, il faut multiplier ab deux fois par elle-même, ce qui donnera a^3b^3. Il en est ainsi des autres.

22. D'où il eſt aiſé de voir qu'on peut faire la même choſe d'une maniere plus courte, en multipliant les Expoſans de la grandeur donnée par l'Expoſant de la puiſſance à laquelle on veut élever cette grandeur. Ainſi la 3e puiſſance de ab, ou a^1b^1 eſt $a^{1\times 3}b^{1\times 3} = a^3b^3$; la 4e puiſſance de a^3 eſt $a^{3\times 4} = a^{12}$; la 3e puiſſance de aab^3, ou a^2b^3 eſt $a^{2\times 3}b^{3\times 3} = a^6b^9$; la 3e puiſſance de $-a$, ou $-a^1$ eſt $-a^{1\times 3} = -a^3$; la quatriéme puiſſance de $-a$ ou $-a^1$ eſt $a^{1\times 4} = a^4$, & en general la puiſſance n de a^m eſt a^{mn}. La puiſſance n de $-a^m$ eſt $\pm a^{mn}$, ſelon que n ſignifie un nombre pair, ou impair.

23. Il eſt clair (n°. 14, & 15) que pour multiplier un produit ou une puiſſance par un autre produit, ou par une autre puiſſance où ſe trouvent les mêmes lettres, il n'y a qu'à ajouter leurs Expoſans. Ainſi $a^3 \times a^2 = a^{3+2} = a^5$; $a^2b^2 \times a^2b^3 = a^{2+2}b^{3+2} = a^4b^5$; $a^3 \times a^{-5} = a^{3-5} = a^{-2} = \frac{1}{a^2}$; $a_3 \times a^{-3} = a^{3-3} = a^0 = 1$. On verra dans la ſuite pourquoi $a^{-2} = \frac{1}{a^2}$, & pourquoi $a^0 = 1$.

MULTIPLICATION

Des quantitez complexes algebriques, & de la Formation de leurs puiſſances.

RÉGLE.

24. ON multipliera tous les termes de l'une des quantitez par chacun de ceux de l'autre, en obſervant les Régles preſcrites n°. 14, & 15, & l'on aura le produit total que l'on réduira (n°. 11) à ſa plus ſimple expreſſion.

Exemples.

25. Soit la quantité	$A.\ a + 2b - c.$
à multiplier par	$B.\ 2a + 3b.$
Produits particuliers.	$C.\ 2aa + 4ab - 2ac.$
	$D.\ \ + 3ab + 6bb - 3bc.$
Produit total.	$E.\ 2aa + 7ab - 2ac + 6bb - 3bc.$

Le premier terme $2a$ de la quantité B multipliant tous les termes de la quantité A donnera la quantité C.

Le second terme $3b$ de la quantité B, multipliant tous les termes de la quantité A donnera la quantité D; & ayant fait la réduction des deux quantitez C & D, l'on aura la quantité E qui sera le produit des deux quantitez A & B. Donc $\overline{2a + 2b - c} \times \overline{2a + 3b} = 2aa + 7ab - 2ac + 6bb - 3bc$.

26. Soit la quantité	$A.\ aa + bb.$
à multiplier par	$B.\ aa - bb.$
Produits particuliers.	$C.\ a^4 + aabb.$
	$D.\ \ - aabb - b^4$
Produit total	$E\ a^4 - b^4.$

Le premier terme aa de la quantité B, multipliant la quantité A produit la quantité C. Le 2e terme $-bb$ de la quantité B multipliant la quantité A produit la quantité D, & en réduisant les produits particuliers C & D, l'on a le produit total E. Donc $\overline{aa + bb} \times \overline{aa - bb} = a^4 - b^4$.

27. On se contente quelquefois pour exprimer la multiplication de deux quantitez complexes, d'écrire entre deux le signe de multiplication.

Ainsi pour multiplier $a + b$ par $a - b$, l'on écrit $a + b \times a - b$, ou $\overline{a + b} \times \overline{a - b}$. Il en est ainsi des autres.

Formation

Des puissances des quantitez complexes.

28. Pour élever une quantité complexe à une puissan-

ce donnée, il faut, comme pour les quantitez incomplexes, la multiplier consécutivement autant de fois moins une que l'exposant de la puissance donnée contient d'unitez. Ainsi pour élever $a + b$, à la 3e puissance, il faut (n°. 24) multiplier $a + b$ par $a + b$, ce qui donne $aa + 2ab + bb$, qui étant encore multipliée par $a + b$, donne $a^3 + 3aab + 3abb + b^3$, qui est la 3e puissance, ou le cube de $a + b$. Il en est ainsi des autres.

On peut abreger l'operation lorsqu'il s'agit d'élever un pobynome au quarré.

29. On écrira le quarré du premier terme + ou — deux fois le rectangle au produit du premier par le second, + le quarré du second ; & ces trois termes seront le quarré cherché, si c'est un binome. Mais si c'est un trinome, on écrira encore + ou — deux fois le produit des deux premiers par le troisiéme + le quarré du troisiéme. Si c'est un quadrinome, on écrira encore + ou — deux fois le produit des trois premiers par le quatriéme. + le quarré du quatriéme, & ainsi de suite. Ainsi le quarré de $a - b + c$ est $aa - 2ab + bb + 2ac - 2bc + cc$.

On a mis ici cette abréviation, parceque l'on a tres-souvent besoin de cette operation dans l'Application de l'Algebre à la Geometrie.

Voici une abréviation plus considerable pour élever un binome à une puissance quelconque.

30. L'on écrira au premier terme la premiere lettre du binome élevée à la puissance donnée ; au second la même lettre élevée à une puissance plus basse de l'unité, & multipliée par la 2e lettre ; au troisiéme, la même lettre élevée à une puissance encore plus basse de l'unité & multipliée par le quarré de la seconde ; & ainsi de suite, en abaissant à chaque terme la puissance de la premiere lettre de l'unité, & élevant au contraire celle du second de l'unité, jusqu'à ce que l'on arrive au terme, où la même premiere lettre n'aura qu'une dimension qui sera le pénultiéme ; & l'on écrira au dernier terme la seconde let-

tre élevée à une puissance égale à celle du premier. Ainsi pour élever $a \pm b$ à la 4e puissance, l'on écrira, A. $a^4 \pm a^3b + aabb \pm ab^3 + b^4$. Si le binome est tout positif, tous les termes de la puissance auront le signe $+$; si la seconde lettre est négative, les termes où elle se trouvera élevée à une puissance impaire, ou dont l'exposant est un nombre impair, auront le signe $-$, & tous les autres le signe $+$, comme on voit dans la puissance A.

Il reste encore à trouver les coefficiens; en voici la Méthode.

On donnera au second terme pour coefficient l'exposant du premier; on multipliera le coefficient du second par l'exposant que la premiere lettre a du binome a au même second & le produit divisé par 2, sera le coefficient du troisiéme. De même, le coefficient du troisiéme multiplié par l'exposant que la premiere lettre a au même troisiéme, & le produit divisé par 3, sera le cofficient du quatriéme; & ainsi de suite. De maniere que le coefficient d'un terme quelconque multiplié par l'exposant que la premiere lettre du binome a dans le même terme, & le produit divisé par le nombre qui marque le lieu que ce même terme ocupe dans l'ordre des termes de la puissance, est le coefficient du terme suivant. Ainsi la 4e puissance du binome $a \pm b$ entierement formée est,

$$a^4 \pm 4a^3b + 6aabb \pm 4ab^3 + b^4.$$ Il en est ainsi des autres.

S'il y a quelque nombre entier ou rompu qui précede l'un des deux, ou tous les deux termes du binome, on multipliera le coefficient de chaque terme de la puissance par une puissance de ce nombre égale à celle où la lettre qu'il précede y est élevée. Ainsi pour élever $a + 2b$ à la 3e puissance, l'on y élevera premierement $a + b$, & l'on aura $a^3 + 3aab + 3abb + b^3$, l'on multipliera ensuite les coefficiens des termes où b se rencontre par la puissance de 2 égale à celle où b y est élevée, c'est-à-dire que l'on multipliera $3aab$ par 2, $3abb$ par 4, & b^3 par 8, & l'on aura $a^3 + 6aab + 12abb + 8b^3$, qui sera le cube de $a + 2b$.

On peut auſſi élever par les mêmes régles un binome quelconque $p + q$ à une puiſſance indéterminée m (m ſignifie un nombre quelconque entier ou rompu, poſitif ou négatif) qui ſera,

$$p^m + mp^{m-1}q + m \times \frac{m-1}{2} p^{m-2}q^2 + m \times \frac{m-1}{2} \times \frac{m-2}{3} p^{m-3}q^3 + m \times \frac{m-1}{2} \times \frac{m-2}{3} \times \frac{m-3}{4} p^{m-4}q^4 \ \&c.$$

Où l'on voit que la premiere lettre p du binome a pour expoſant dans tous les termes, m moins un nombre entier ; c'eſt pourquoi ſi ce nombre entier ſe trouve dans quelqu'un égal à m, l'expoſant de p y ſera $= 0$; & par conſequent $p = 1$, & ce terme ſera le dernier de la puiſſance m du binome $p + q$. Mais ſi ce nombre entier ne ſe trouve jamais $= m$, la puiſſance m du binome $p + q$ pourra être continuée à l'infini.

31. Le binome $p + q$ élevé à la puiſſance m, comme on vient de faire, peut ſervir de formule generale, pour élever un binome, ou un polynome quelconque à une puiſſance donnée.

Soit par exemple $2ax - xx$ qu'il faut élever à la 3ᵉ puiſſance.

Ayant ſuppoſé $2ax = p$, $-xx = q$, & $m = 3$, l'on ſubſtituera en la place de p, de q, & de m, leurs valeurs $2ax$, $-xx$, & 3 ; & en la place des puiſſances de p & de q, les puiſſances égales de leurs valeurs $2ax$ & $-xx$, & l'on aura $8a^3x^3 - 12aax^4 + 6ax^5 - x^6$ pour la puiſſance cherchée : car m devient $= 3$ au quatriéme terme de la Formule. De même pour élever $a + b - c$ à la 3ᵉ puiſſance. Ayant ſuppoſé $a = p$, $b - c = q$, & $m = 3$, l'on aura aprés les ſubſtitutions $a^3 + 3aab + 3abb + b^3 - 3aac - 6abc + 3acc - 3bbc + 3bacc - c^3$. Il en eſt ainſi des autres.

32. On ſe contente quelquefois pour élever un polynome à une puiſſance donnée, d'écrire à ſa droite l'expoſant de la puiſſance à laquelle on le veut élever. Ainſi pour élever $a + b$ au quarré, on écrit $\overline{a+b}^2$; pour l'élever au cube, l'on écrit $\overline{a+b}^3$; & en general, pour éle-

ver $a \pm b$ à la puiſſance m, l'on écrit $\overline{a \pm b}^{m}$. m ſignifie un nombre quelconque entier ou rompu, poſitif ou négatif.

33. Il eſt clair que pour élever une puiſſance quelconque d'un polynome, formée comme on vient de dire, à une puiſſance donnée, il n'y a qu'à multiplier l'expoſant de l'une par l'expoſant de l'autre. Ainſi pour élever $\overline{a+b}^{2}$ à la 3e puiſſance, l'on écrira $\overline{a+b}^{2\times 3} = \overline{a+b}^{6}$; pour élever $\overline{a+b}^{m}$ au quarré, ou à la 2e puiſſance, l'on écrira $\overline{a+b}^{2m}$. Pour élever $\overline{a+b}^{m}$ à la puiſſance n, l'on écrira $\overline{a+b}^{mn}$. Il en eſt ainſi des autres.

34. Il eſt encore évident que pour multiplier deux puiſſances de la même quantité complexe, formées comme on a dit n°. 32. il n'y a qu'à ajouter enſemble leurs poſans. Ainſi pour multiplier $\overline{a+b}^{2}$ par $\overline{a+b}^{3}$, l'on écrira $\overline{a+b}^{2+3} = \overline{a+b}^{5}$; $\overline{a+b-c}^{2} \times \overline{a+b-c}^{-5} = \overline{a+b-c}^{2-5} = \overline{a+b-c}^{-3}$; $\overline{a-b}^{m} \times \overline{a-b}^{n} = \overline{a-b}^{m+n}$; $\overline{a+b}^{m} \times \overline{a+b}^{-n} = \overline{a+b}^{m-n}$; $\overline{a+b}^{m} \times \overline{a+b}^{-m} = \overline{a+b}^{m-m} = \overline{a+b}^{0} = 1$.

DIVISION

Des quantitez algebriques incomplexes & complexes.

REGLE GENERALE.

35. On écrira le diviſeur au deſſous du dividende en forme de fraction, & l'on prendra cette fraction pour le quotient de la diviſion. En effet, puiſque toute diviſion numerique exprimée, comme on vient de dire, eſt égale à ſon quotient, par exemple $\frac{12}{4} = 3$; $\frac{15}{3} = 5$, & qu'elle peut par conſequent être priſe pour ſon quotient; il en doit être de même des diviſions algebriques. Ainſi pour diviſer ab par c, l'on écrira $\frac{ab}{c}$; pour diviſer $aa +$

bb par $c+d$, l'on écrira $\frac{aa+bb}{c+d}$; &c.

36. Mais comme il est toujours necessaire de réduire les quantitez algebriques à leurs plus simples expressions lorsqu'il est possible, & que les divisions, ou fractions dont on vient de parler, n'y sont pas toujours réduites, il faut donner les regles necessaires pour cet effet.

Il y a differentes manieres, ou plûtôt, il y a des cas où il faut operer d'une certaine maniere; d'autres, où il faut operer d'une autre maniere pour réduire les fractions, ou les divisions à leurs plus simples termes. Nous ne donnerons à present que le cas où l'operation est celle qu'on a toujours nommée division; les autres se trouveront ailleurs.

DIVISION

Des quantitez incomplexes.

37. Il est évident (n°. 14 & 15) que lorsque le dividende est le produit du diviseur par une autre quantité quelconque, le quotient sera le dividende, aprés en avoir effacé le diviseur. Ainsi le quotient de ab divisé par a est b, c'est-à-dire que $\frac{ab}{a}=b$; le quotient de abc divisé par ab est c, c'est-à-dire que $\frac{abc}{ab}=c$; de même $\frac{a^3}{aa}=a$, $\frac{a^3bb}{aab}=ab$. Il en est ainsi des autres.

Il y a souvent des nombres autres que l'unité qui précedent ou le dividende, ou le diviseur, & quelquefois tous les deux. Il faut aussi avoir égard aux signes. Voici la regle qu'il faut observer.

38. On divisera par les regles de la division numerique, le nombre qui précede le dividende par celui qui précede le diviseur, & (n°. 37), les lettres du dividende par celles du diviseur, & l'on donnera au quotient le signe + si le dividende & le diviseur ont tous deux le même signe + ou —; & si l'un a + & l'autre —, l'on donnera

au quotient le ſigne —. Ainſi le quotient de $12ab$ par $3a$ eſt $4b$: car $\frac{12}{3} = 4$, & $\frac{ab}{a} = a$, & partant $\frac{12ab}{3a} = 4b$. De même $\frac{12abc}{-4ac} = -3b$; $\frac{-15a^3bb}{3aab} = -5ab$; $\frac{-12a^3bb}{-3ab} = 4aab$. Il en eſt ainſi des autres.

39. Si le dividende & le diviſeur ſont ſemblables, & égaux, le quotient ſera l'unité. Ainſi $\frac{a}{a} = 1$; $\frac{12ab}{12ab} = 1$. Ce qui ſuit de ce que toute quantité ſe meſure, ou ſe contient elle même une fois.

40. Il arrive ſouvent que les nombres ſe peuvent diviſer, & que les lettres ne ſe peuvent pas diviſer; & au contraire, auquel cas il faut diviſer ce qui ſe peut diviſer, & laiſſer le reſte en fraction. Ainſi $\frac{12ab}{3c} = \frac{4ab}{c}$; $\frac{8abc}{3ab} = \frac{8c}{3}$.

41. Lorſque ni les nombres, ni les lettres ne ſe peuvent diviſer, on écrit le diviſeur au deſſous du dividende en forme de fraction; & c'eſt en ce cas qu'il eſt neceſſaire de prendre cette fraction pour le quotient de la diviſion. Ainſi pour diviſer a par b, l'on écrira $\frac{a}{b}$; pour diviſer $3ab$ par $2c$, l'on écrira $\frac{3ab}{2c}$; pour diviſer $-2ab$ par $3c$, l'on écrira $\frac{-2ab}{3c}$, ou $\frac{2ab}{-3c}$; pour diviſer $5ab$ par $-2c$, l'on écrira $\frac{5ab}{-2c}$, ou $\frac{-5ab}{2c}$; pour diviſer $-4ab$ par $-3c$, l'on écrira $\frac{-4ab}{-3c}$, ou $\frac{4ab}{3c}$. On trouvera ailleurs la raiſon des changemens de ſignes que l'on vient de faire.

Si l'on multiplie le quotient d'une diviſion par le diviſeur, il viendra la quantité à diviſer : car la multiplication, & la diviſion ont des effets contraires, auſſi-bien que l'addition & la ſouſtraction.

42. Il eſt clair (nº. 21 & 37) que pour diviſer une puiſſance

ſance quelconque d'une quantité incomplexe par une puiſſance quelconque de la même quantité, il n'y a qu'à ſouſtraire l'expoſant du diviſeur de l'expoſant du dividende. Ainſi $\frac{a^3}{aa} = a^{3-2} = a$; $\frac{a^4b^3}{a^3b} = a^{4-3}b^{3-1} = abb$; $\frac{a^3}{a^3} = a^{3-3} =$ (nº. 31) 1; $\frac{a^3}{4a^5} = a^{3-5} = a^{-2} = \frac{1}{a^2}$; $\frac{a^p}{a^q} = a^{p-q}$; $\frac{a^p}{a^p} = a^{p-p} = 1$, &c.

DIVISION

Des quantitez complexes.

43. LORSQUE le dividende eſt le produit du diviſeur par quelqu'autre quantité, il eſt clair que la diviſion ſe fera toujours exactement auſſi-bien que celle des quantitez incomplexes.

Or il eſt ſouvent aiſé de voir ſi une quantité que l'on veut diviſer par une autre quantité, eſt le produit de la quantité qui doit être le diviſeur par une troiſiéme quantité; & alors le quotient ſera cette troiſiéme quantité. Ainſi $ax - bx$ diviſée par $a - b$, donnée au quotient x: car $ax - bx$ eſt le produit de $a - b \times x$; & $ax - bx$ diviſée par x, donne au quotient $a - b$. Pareillement $\frac{aaxx - bbxx}{aa - bb} = xx$, & $\frac{aaxx - bbxx}{xx} = aa - bb$, &c.

44. Lorſqu'on ne peut pas aiſément voir ſi une quantité complexe peut être diviſée par une autre quantité complexe, il faut l'examiner par la regle qui ſuit, qui eſt celle qu'on appelle diviſion.

45. Pour faire plus facilement la diviſion des quantitez complexes, on examine dans les deux quantitez que l'on veut diviſer l'une par l'autre, qu'elle eſt la lettre qui ſe trouve le plus fréquemment avec des dimenſions differentes; & l'on écrit dans l'une & dans l'autre quantité le terme, où cette lettre a plus de dimenſions, le premier, & enſuite les autres termes, ſelon l'ordre des puiſſances de la même lettre. Quelques-uns appellent cette lettre, lettre dominante.

REGLE.

46. ON écrit le diviſeur à la gauche du dividende ; & ſuivant les regles de la diviſion des quantitez incomplexes, on diviſe le premier terme du dividende par le premier du diviſeur, & l'on écrit le reſultat, ou quotient à la droite du dividende. On multiplie tous les termes du diviſeur par le quotient ; & l'on ſouſtrait le produit du dividende, ce qui ſe fait (nº. 13) en écrivant le même produit au-deſſous du dividende avec des ſignes contraires ; & on fait enſuite la réduction, en regardant le dividende & ce produit comme une ſeule quantité.

On diviſe de nouveau les quantitez qui viennent aprés la réduction par le même diviſeur, ce qui donne un nouveau terme au quotient ; & on acheve cette ſeconde operation comme on a fait la premiere. On réïtere encore la même operation autant de fois qu'il eſt néceſſaire, ou juſqu'à ce que la réduction devienne nulle, ou égale à zero, qui arrive toujours lorſque la quantité à diviſer eſt le produit du diviſeur par une troiſiéme quantité, qui eſt le quotient de la diviſion. Les Exemples éclairciront la regle.

EXEMPLE I.

47. SOIT $a^3 - 3aab + 3abb - b^3$ à diviſer par $a - b$. Ayant écrit le dividende & le diviſeur comme on vient de dire, l'on opere en cette ſorte en prenant a pour la lettre dominante.

Diviſeur.		*Dividende.*	*Quotient.*
$a - b$		$a^3 - 3aab + 3abb - b^3$	$aa - 2ab + bb$.
Prod.		$- a^3 + aab$	
1re Rédu.	A	$0 - 2aab + 3abb - b^3$	
Produit.		$+ 2aab - 2abb$	
2e Rédu.	B	$0 + abb - b^3$	
Produit.		$- abb + b^3$	
3e Rédu.	C	$0 \quad 0$	

Le premier terme $+ a^3$ du dividende divisé par le premier $+ a$ du diviseur donne pour quotient $+ aa$, & multipliant le diviseur $a - b$ par le quotient $+ aa$, l'on a $a^3 - aab$, & ayant écrit $- a^3 + aab$ au-dessous du dividende, & fait la Réduction, l'on aura la quantité A, que j'appelle premiere Réduction.

Le premier terme $- 2aab$ de la premiere Réduction A divisé par le premier $+ a$ du diviseur, donne pour quotient $- 2ab$, & multipliant le diviseur $a - b$ par le nouveau terme du quotient $- 2ab$, l'on a $- 2aab + 2abb$; & ayant écrit $+ 2aab - 2abb$ au-dessous de la premiere Réduction A, l'on aura la seconde Réduction B.

Le premier terme $+ abb$ de la seconde Réduction B, divisé par le premier $+ a$ du diviseur donne pour quotient $+ bb$; & multipliant le diviseur $a - b$ par $+ bb$, l'on a $+ aab - b^3$; & ayant écrit $- aab + b^3$ au dessous de la seconde Réduction, l'on aura zero pour la troisiéme Réduction, qui marque que la division est faite, & par consequent que $\frac{a^3 - 3aab + 3abb - b^3}{a - b} = aa - 2ab + bb$.

EXEMPLE II.

48. *Diviseur.*	*Dividende.*	*Quotient.*
$aa - ab + cd.$	$a^4 - aabb + 2abcd - ccdd$	$aa + ab - cd.$
Produit.	$- a^4 + a^3b - aacd$	
Premiere Réd.	$0 + a^3b - aabb - aacd + 2abcd - ccdd$	
Produit.	$- a^3b + aabb \quad - abcd$	
Seconde Réduct.	$0 \quad 0 - aacd + abcd - ccdd$	
Produit.	$+ aacd - abcd + ccdd$	
Troisiéme Réduction.	$0 \quad 0 \quad 0$	

Donc $\frac{a^4 - aabb + 2abcd - ccdd}{aa - ab + cd} = aa + ab - cd.$

Exemple III.

49. *Diviseur.* *Dividende.* *Quotient.*

$$yy - aa - bb. \left\{ \begin{array}{l} y^6 + aay^4 + b^4yy - a^6 \\ - 2bby^4 - a^4yy - 2a^4bb \\ \qquad\qquad\qquad - aab^4 \end{array} \right\} \begin{array}{l} y^4 + 2aayy + a^4 \\ - bbyy + aabb. \end{array}$$

$$\text{Produit.} \left\{ \begin{array}{l} -y^6 + aay^4 \\ \qquad + bby^4 \end{array} \right\}$$

$$\text{1}^{\text{re}} \text{ Réduct.} \left\{ \begin{array}{l} \circ + 2aay^4 + b^4yy - a^6 \\ \quad - bby^4 - a^4yy - 2a^4bb \\ \qquad\qquad\qquad - aab^4 \end{array} \right\}$$

$$\text{Produit.} \left\{ \begin{array}{l} - 2aay^4 + 2a^4yy \\ \qquad + 2aabbyy \end{array} \right.$$

$$\text{2}^{\text{e}} \text{ Réduction.} \left\{ \begin{array}{l} - bby^4 + b^4yy - a^6 \\ \qquad + a^4yy - 2a^4bb \\ \qquad + 2aabbyy - aab^4 \end{array} \right\}$$

$$\text{Produit.} \left\{ \begin{array}{l} + bby^4 - aabbyy \\ \qquad - b^9yy \end{array} \right\}$$

$$\text{3}^{\text{e}} \text{ Réduct.} \left\{ \begin{array}{l} \circ + a^4yy - a^6 \\ \quad + aabbyy - 2a^4bb \\ \qquad\qquad - aab^4 \end{array} \right\}$$

$$\text{Produit.} \left\{ \begin{array}{l} - a^4yy + a^6 \\ \qquad + a^4bb \end{array} \right\}$$

$$\text{4}^{\text{e}} \text{ Réduct.} \left\{ \begin{array}{l} + aabbyy - a^4bb \\ \qquad - aab^4 \end{array} \right\}$$

$$\text{Produit.} \left\{ \begin{array}{l} - aabbyy + a^4bb \\ \qquad + aab^4 \end{array} \right\}$$

$$\text{5}^{\text{e}} \text{ Réduct.} \qquad \circ \qquad \circ$$

Donc

$$\frac{\begin{array}{l} y^4 + aay^9 + 6^4yy - a^6 \\ - 2bby^4 - a^4yy - 2a^4bb \\ \qquad\qquad - aab^4 \end{array}}{yy - aa - bb} = \begin{array}{l} y^4 + 2aayy + a^4 \\ - bbyy + aabb. \end{array}$$

Exemple IV.

50. *Diviseur.* *Dividende.* *Quotient.*

$3xx - aa.$	$9x^4 + 12ax^3 - 4a^3x - a^4$	$3xx + 4ax + aa.$
Produit.	$-9x^4 + 3aaxx$	
1re Réduction.	$0 \quad + 12ax^3 + 3aaxx - 4a^3x - a^4$	
Produit.	$-12ax^3 \quad + 4a^3x$	
2e Réduction.	$0 \quad + 3aaxx - a^4$	
Produit.	$-3aaxx + a^4$	
3e Réduction.	$0 \quad 0$	

Donc $\frac{9x^4 + 12ax^3 - 4a^3x - a^4}{3xx - aa} = 3xx + 4ax + aa.$

51. Il y a des divisions qui ne se font qu'en partie, ce qui arrive lorsqu'il vient une Réduction où toutes les lettres du diviseur ne se trouvent plus, ou bien ne s'y trouvent point dans l'état & dans l'ordre qu'elles gardent dans le diviseur : & en ce cas, l'on écrit le diviseur au-dessous de la derniere Réduction, ce qui forme une fraction que l'on ajoute au Quotient, comme on va voir dans l'Exemple qui suit.

Exemple V.

52. *Diviseur.* *Dividende.* *Quotient.*

$ac - dd.$	$aabc + ac^3 - abdd - ccdd + d^4$	$ab + cc.$
Produit.	$-aabc \quad + abdd$	
1re Redu.	$-0 \quad + ac^3 \quad 0 \quad - ccdd + d^4$	
Produit.	$-ac^3 \quad + ccdd$	
2e Réduction.	$0 \quad 0 + d^4$	

Donc $\frac{aabc + ac^3 - abdd - ccdd + d^4}{ac - dd} = ab + cc + \frac{d^4}{ac - dd}.$

53. Il y a des divisions que l'on pourroit continuer, même à l'infini, quoique tous les termes du diviseur ne se trouvent point dans la derniere Réduction : mais le Quotient deviendroit plus composé, & la division de-

viendroit inutile ; c'est pourquoi, dans ces sortes de divisions, il en faut demeurer à l'endroit, où le Quotient est le plus simple qu'il puisse être.

54. Il arrive aussi fort souvent que les coeficiens, ou les nombres qui précedent les termes, ou quelqu'un des termes du dividende, ou du diviseur, empêchent que la division ne se fasse, quand même toutes les lettres seroient dans l'un & dans l'autre disposées de maniere que la division se pût faire.

55. Il y a aussi des divisions qui ne se peuvent point du tout faire ; ce qui arrive lorsqu'aucun des termes du diviseur ne se trouue point tout entier dans aucun de ceux du dividende : & alors on écrit le diviseur au-dessous du dividende, ce qui forme une fraction que l'on prend pour le Quotient de la division, comme on a dit nº. 34.

L'on a souvent besoin de connoître tous les diviseurs d'un nombre donné, & d'une quantité algebrique donnée pour choisir celui d'entr'eux qui convient à de certaines operations que l'on est obligé de faire ; c'est pourquoi nous en allons donner ici la Méthode.

MÉTHODE.

Pour trouver tous les Diviseurs d'un nombre donné.

56. Il faut diviser le nombre donné par 2, s'il est possible, & autant de fois qu'il est possible ; ensuite diviser le dernier Quotient par 3, s'il est possible ; & autant de fois qu'il est possible ; de même par 5, par 7, par 9, *&c.* jusqu'à ce que le dernier Quotient soit l'unité, ou que le diviseur devienne le nombre proposé, auquel cas, il n'a aucun diviseur que lui-même ; & ayant écrit dans une rangée de haut en bas tous les diviseurs dont on s'est servi, on multipliera le premier diviseur par le 2e, & on écrira le produit à la droite du 2e. On multipliera ensuite les deux premiers diviseurs, & le produit qu'on a déja trouvé par le troisiéme diviseur, & l'on écrira les Produits vis à vis le même troisiéme diviseur ; on multipliera de même tout ce qui est au-dessus du 4e divi-

ſeur par le même 4e diviſeur, & l'on écrira les Produits à ſa droite, & ainſi de ſuite, & tous ces Produits ſeront autant de diviſeurs du nombre propoſé.

EXEMPLE.

Soit le nombre 150 dont il faut trouver tous les diviſeurs.

Je diviſe 150 par 2, & j'écris le Quotient 75 au-deſſous de *A*, & le diviſeur 2 au-deſſous de *B*;

A	*B*
150	2.
75	3. 6.
25	5. 10. 15. 30.
5	5. 25. 50. 75. 150.
1	

Je diviſe 75 par 3, & j'écris le Quotient 25, & le diviſeur 3 ſous *A*, & ſous *B*; je diviſe 25 par 5, & j'écris le Quotient 5, & le diviſeur 5, ſous *A* & ſous *B*; je diviſe 5, par 5, & j'écris le Quotient 1, & le diviſeur 5 ſous *A*, & ſous *B*. Cela fait, je multiplie le premier diviſeur 2 par le ſecond 3, & j'écris le Produit 6 à côté de 3. Je multiplie tout ce qui eſt au-deſſus du 3e diviſeur 5, par lui-même, & j'écris les Produits 10, 15, 30, à ſa droite; enfin je multiplie tout ce qui eſt au deſſus du 4e diviſeur 5, par lui-même, & j'écris les Produits 25, 50, 75, & 150; (car on néglige 10, 15 qui s'y trouve déja) comme on les voit. Il eſt clair que tous ces nombres qui ſont du côté de *B* peuvent diviſer ſans reſte, le nombre donné 150.

57. C'eſt la même regle pour les quantitez algebriques. Soit par exemple, la quantité $a^3 + aabb$, dont il faut trouver tous les diviſeurs.

A	*B*
$a^3b + aabb.$	$a.$
$aab + abb.$	$a. \quad aa.$
$ab + bb.$	$b. \quad ab. \quad aab.$
$a + b.$	$a + b. \; aa + ab. \; a^3 + aab. \; ab + bb. \; aabb + abb. \; a^3b + aabb.$
1.	

Je diviſe $a^3 + aabb$ par a, & j'écris le Quotient $aab + abb$, ſous A, & le diviſeur a ſous B. Je diviſe $aab + abb$ encore par a, & j'écris le Quotient $ab + bb$, & le diviſeur b ſous A, & ſous B. Je diviſe $ab + bb$ par b, & j'écris le Quotient $a + b$, & le diviſeur b ſous A, & ſous B. Enfin je diviſe $a + b$ par $a + b$; & j'écris le Quotient 1, & le diviſeur $a + b$, ſous A & ſous B. J'acheve l'operation comme celle des nombres, & je trouve tous les diviſeurs de la quantité $a^3 + aabb$ au-deſſous de B.

RÉSOLUTION.

Des puiſſances, ou de l'extraction des racines des quantitez algebriques.

58. EXTRAIRE la racine d'une puiſſance, ou d'une quantité algebrique, c'eſt trouver, par une operation contraire à celle de la formation des puiſſances, une quantité plus ſimple que la propoſée, qui étant multipliée par elle-même, autant de fois qu'il eſt neceſſaire, produiſe la puiſſance ou la quantité propoſée.

Il y a autant de ſortes de racines, qu'il y a de puiſſances, & l'on donne à chaque racine le nom de la puiſſance à laquelle elle ſe rapporte. Ainſi la quantité qu'il ne faut multiplier qu'une fois par elle-même pour produire la quantité ou la puiſſance dont elle eſt la racine, eſt nommée *racine quarrée*, ou ſeconde racine; celle qu'il faut multiplier deux fois par elle-même, pour produire la puiſſance dont elle eſt la racine, eſt appellée *racine cube*, ou troiſiéme racine; celle qu'il faut multiplier trois fois, eſt nommée *racine quarrée quarrée*, ou quatriéme racine; celle qu'il faut multiplier quatre fois *racine quarrée cube*, ou cinquiéme racine; celle qu'il faut multiplier cinq fois, *racine cube cube*, ou ſixiéme racine, *&c.*

On ſe ſert de ce caractere $\sqrt{}$ qu'on appelle *ſigne radical*, pour ſignifier le mot de *racine*: mais pour le déterminer à ſignifier une telle racine, on y joint l'expoſant de la puiſſance à laquelle ſe rapporte la racine en queſtion, & cet expoſant eſt alors appellé expoſant du ſigne radical. Ainſi $\sqrt[2]{}$, ou ſimplement $\sqrt{}$, ſignifie racine

cine quarrée, ou seconde racine; $\sqrt[3]{}$, signifie racine cube, quatriéme racine, &c. De sorte que $\sqrt{ab}$, ou $\sqrt{aa+bb}$, $\sqrt{aa+2ab+bb}$, signifie qu'il faut extraire la racine quarrée de ab, ou de $aa+bb$, ou de $aa+2ab+bb$, &c.

Il y a des quantitez dont la racine proposée s'extrait exactement; d'autres, dont on ne la peut extraire qu'en partie; & d'autres, dont on ne la peut point du tout extraire.

59. Les quantitez dont on ne peut extraire exactement la racine, & qu'on est obligé d'exprimer par le moyen du signe radical, sont nommées, *sourdes*, ou *irrationnelles*, & celles qui ne sont affectées d'aucun signe radical, sont nommées *rationnelles*. Ainsi $\sqrt{ab}$, $\sqrt{aa+bb}$, sont des quantitez irrationnelles, parceque l'on n'en peut pas extraire la racine quarrée; $\sqrt[3]{aab}$ est une quantité irrationnelle, parceque l'on n'en peut pas extraire la racine cube; &c.

EXTRACTION

Des racines des quantitez incomplexes

60. PUISQUE (n°. 22.) pour élever une quantité incomplexe à une puissance donnée, il faut multiplier les exposans de cette quantité par l'exposant de la puissance proposée; il est clair que pour extraire la racine proposée d'une quantité incomplexe, il n'y a qu'à diviser les exposans de cette quantité par l'exposant du signe radical convenable; ou, ce qui revient au même, multiplier les exposans de la quantité proposée par une fraction dont le numerateur soit l'unité, & le dénominateur soit l'exposant du signe radical dont il s'agit, c'est-à-dire, par $\frac{1}{2}$, s'il s'agit de la racine quarrée; $\frac{1}{3}$, s'il s'agit de la racine cube; $\frac{1}{4}$, s'il s'agit de la racine quarrée quarrée, &c: car les dénominateurs 2, 3 & 4 sont les exposans des si-

gnes radicaux $\sqrt[2]{}$, $\sqrt[3]{}$, $\sqrt[4]{}$, &c. L'on rend par-là l'operation de l'extraction des racines, semblable à celle de la formation des puissances, & l'on a des exposans pour les racines aussi bien que pour les puissances: car $\frac{1}{2}$ est l'exposant de la racine quarrée; $\frac{1}{3}$, l'exposant de racine cube; $\frac{1}{4}$, l'exposant de la racine quarrée quarrée, &c. & l'on peut par consequent énoncer l'extraction des racines, en disant qu'il faut élever une quantité donnée à la puissance $\frac{1}{2}$, $\frac{1}{3}$, $\frac{1}{4}$, &c. au lieu de dire qu'il en faut extraire la racine quarrée, cube, quarrée quarrée, &c.

Si aprés la multiplication des exposans de la quantité proposée par les fractions dont on vient de parler, les exposans qui sont alors fractionnaires, se peuvent tous réduire en entier, la racine proposée sera une quantité rationnelle; si une partie de ces exposans se peut réduire en entier, & que l'autre partie demeure fractionnaire, la racine ne sera extraite qu'en partie, & l'on mettra la partie rationnelle devant le signe radical, & la partie irrationnelle aprés; si tous ces exposans demeurent fractionnaires, la racine ne sera point extraite, & l'on se contentera de mettre le signe radical devant la quantité proposée; enfin si les exposans fractionnaires qui ne peuvent être réduits en entier surpassent l'unité, la puissance de la lettre dont ils sont exposans, sera en partie rationnelle, & en partie irrationnelle. Il faudra operer sur les coéficiens, comme sur les lettres, en y employant les extractions numeriques des racines, & la Méthode de trouver tous les diviseurs d'un nombre, expliquée n°. 56. Tout ce qu'on vient de dire sera éclairci par les Exemples qui suivent.

EXEMPLES.

61. SOIT $a^2 b^4 c^6$ dont il faut extraire la racine quarrée, ou qu'il faut élever à la puissance $\frac{1}{2}$; ayant multi-

plié les exposans 2, 4 & 6 par $\frac{1}{2}$, l'on aura $a^{\frac{2}{2}} b^{\frac{4}{2}} c^{\frac{6}{2}}$, ou ou ab^2c^3 aprés avoir réduit les exposans fractionnaires en entier, de sorte que $\sqrt{a^2b^4c^6} = ab^2c^3$, ce qui est évident.

De même, $\sqrt{a^2b} = ab^{\frac{1}{2}} = a\sqrt{b}$: car a est la racine de aa, ou a^2, & $b^{\frac{1}{2}}$ est la même chose que $\sqrt{b}$; $\sqrt{ab} = a^{\frac{1}{2}} b^{\frac{1}{2}} = \sqrt{ab}$; c'est-à-dire que $\sqrt{ab}$ est une quantité toute irrationnelle ; $\sqrt{a^3b} = a^{\frac{3}{2}} b^{\frac{1}{2}} = a^{1+\frac{1}{2}} b^{\frac{1}{2}} =$ (n°. 23.) $a^1 a^{\frac{1}{2}} b^{\frac{1}{2}} = a\sqrt{ab}$; $\sqrt{72\, a^3b^3} = 6ab\sqrt{2ab}$: car il est clair par les Exemples précedens, que $\sqrt{a^3b^3} = ab\sqrt{ab}$, & je démontre que $\sqrt{72} = 6\sqrt{2}$ en cette sorte. Si l'on cherche (n°. 56) tous les diviseurs de 72, & qu'on examine tous les quarrez qui s'y rencontrent (s'il s'agissoit de la racine cube, il faudroit examiner tous les cubes, & ainsi des autres racines) on trouvera que 36 est le plus grand. Or $\frac{72}{36} = 2$ & $36 \times 2 = 72$; c'est pourquoi $\sqrt{72}$ peut être regardée comme le produit de $\sqrt{36} \times \sqrt{2}$: mais $\sqrt{36} = 6$; donc $\sqrt{72} = 6\sqrt{2}$, & partant $\sqrt{72\, a^3b^3} = 6ab\sqrt{2ab}$. On trouvera de même que $\sqrt{12aab} = 2a\sqrt{3b}$, & que $\sqrt{6aabc} = a\sqrt{6bc}$; parceque 6 ne peut être divisé par aucun quarré. Il en est ainsi des autres.

EXTRACTION

Des racines des Polynomes.

62. La Méthode d'extraire les racines des Polynomes, selon la maniere ordinaire, est semblable à celle d'extraire la racine des nombres,

Exemple I.

Soit la quantité $aa + 2ab + bb + 2ac + 2bc + cc$, dont il faut extraire la racine quarrée.

Diviseurs.	*Quantité proposée.*	*Racine, ou Quot.*
	$aa+2ab+bb+2ac+2bc+cc.$	($a+b+c.$
	$-aa.$	
1. $2a+b.$	*A.* $0 +2ab+bb+2ac+2bc+cc$	
	$-2ab-bb$	
2. $2a+2b+c.$	*B.* $0 \quad 0+2ac+2bc+cc$	
	$-2ac-2bc-cc$	
	C. $0 \quad 0 \quad 0.$	

Je dis, le premier terme aa est un quarré, dont la racine est a que j'écris au Quotient, & je soustrais le quarré de a qui est aa du premier terme aa de la quantité proposée, en l'écrivant au-dessous avec le signe —. Je réduis à la maniere de la division la quantité proposée, & le quarré soustrait, & j'écris la Réduction *A* au-dessous d'une ligne.

Je double le Quotient a, ce qui me donne $2a$ que j'écris à la gauche de la Réduction *A*, & qui fait partie du premier diviseur. Je divise le premier terme $+ 2ab$ de la quantité *A* par $2a$; ce qui me donne $+ b$ que j'écris au Quotient, & à la droite du diviseur $2a$, & j'ai le premier diviseur complet $2a + b$ que je multiplie par le nouveau Quotient b, & j'ai plus $2ab + bb$ que je soustrais de la quantité *A*, en l'écrivant au-dessous avec des signes contraires, & la Réduction de ces deux quantitez me donne la quantité *B*. Je double le Quotient $a + b$, & j'ai $2a + 2b$ pour une partie du nouveau diviseur que j'écris à la gauche de *B*. Je divise de nouveau le premier terme $2ac$ de la quantité *B* par $+ 2a$, ce qui me donne $+ c$ que j'écris au Quotient, & à la droite du nouveau diviseur $2a + 2b$; ce qui fait $2a + 2b + c$ pour le second diviseur complet. Je multiplie ce second diviseur $2a$

$+2b+c$ par le nouveau Quotient c, & j'ai $2ac+2bc+cc$ que j'écris au-dessous de la quantité B avec des signes contraires ; & réduisant ces deux quantitez je trouve zero pour la troisiéme Réduction ; d'où je conclus que l'operation est achevée, & que par consequent, $\sqrt{aa+2ab+bb+2ac+2bc+cc} = a+b+c$.

EXEMPLE II.

SOIT la quantité $9aa-12ab+4bb$ dont il faut extraire la racine quarrée.

Diviseurs.	*Quantité proposée.*	*Racine ou Quotient.*
	$9aa-12ab+4bb$.	($3a-2b$.
	$-9aa$	
$6a-2b$.	$A.\ 0\ \ -12ab+4bb$	
	$+12ab-4bb$	
	$B.\ \ 0\ \ 0$	

Le premier terme $9aa$ étant un quarré dont la racine est $3a$, j'écris $3a$ au Quotient, & son quarré $9aa$ au-dessous de $9aa$ avec le signe —, & la premiere Réduction est la quantité A. Je double le Quotient $3a$, ce qui me donne $6a$, qui font partie du premier diviseur, & que j'écris à la gauche de la quantité A. Je divise $-12ab$ par $+6a$, ce qui me donne $-2b$ que j'écris au Quotient & à la droite de $6a$, & j'ai par ce moyen le diviseur complet $6a-2b$. Je multiplie $6a-2b$ par $-2b$, ce qui me donne $-12ab+4bb$, & j'écris $+12ab-4bb$ au-dessous de la quantité A. Je réduis ces deux dernieres quantitez, & la Réduction B qui se trouve égale à zero, fait voir que la quantité proposée est un quarré dont la racine est $3a-2b$, c'est-à-dire, que $\sqrt{9aa-12ab+4bb} = 3a-2b$.

S'il venoit une Réduction qui ne pût être divisée par le double du Quotient, ce seroit une marque que la quantité proposée ne seroit point quarrée ; & il faudroit alors se contenter de la mettre sous le signe radical. Par exemple, si on vouloit extraire la racine quarrée de $aa + bb$, l'on trouveroit que la racine de aa est a : mais on ne pourroit diviser la Réduction bb par $2a$, ce qui feroit voir que $aa + bb$, n'est point un quarré ; c'est pourquoi il faudroit se contenter d'en exprimer la racine en cette sorte $\sqrt{aa + bb}$. Il en est ainsi des autres.

Au reste, il est aisé de connoître par la formation des puissances, ou lorsqu'on a un peu d'habitude dans le calcul algebrique, si une quantité proposée est quarrée, ou un cube, &c. & d'en extraire par conséquent la racine sans le secours d'aucune operation, ou par la seule inspection des termes de la quantité proposée.

63. Mais sans cela, & sans le secours des Régles que nous venons de donner, l'on peut, avec toute la facilité possible extraire toutes sortes de racines, quarrées, cubes, quarrées quarrées, &c. par le moyen de la formule generale proposée n°. 30 : car pour cela il n'y a qu'à regarder les quantitez dont on veut extraire une racine quelconque, comme des quantitez qu'il faut élever à une puissance dont l'exposant soit celui de la racine qu'on veut extraire, c'est-à dire, que cet exposant soit $\frac{1}{2}$, si c'est la racine quarrée ; $\frac{1}{3}$, si c'est la racine cube ; $\frac{1}{4}$, si c'est la racine quarrée quarrée, &c. ce qui est facile en suivant ce qui est prescrit n°. 31, comme on va voir par les Exemples qui suivent,

EXEMPLE I.

SOIT la quantité $a^3 - 3aab + 3abb - b^3$ dont il faut extraire la racine cube, ou ce qui est la même chose, qu'il faut élever à la puissance $\frac{1}{3}$.

Ayant fait $a^3 = p$, $-3aab + 3abb - b^3 = q$, & mettant ces valeurs de p & de q dans les deux premiers termes, $p^m + mp^{m-1}q$ de la formule generale proposée n°.

30; (car les autres termes sont inutiles, lorsque les racines qu'on veut extraire, sont rationnelles;) l'on aura $a^{3m} + ma^{3m-3} \times \overline{-3aab+3abb-b^3}$, & faisant encore $m = \frac{1}{3}$, l'on aura $a^1 + \frac{1}{3}a^{-2} \times \overline{-3aab+3abb-b^3}$, ou $a - a^{-2+2}b + a^{-2+1}bb - \frac{1}{3}a^{-2}b^3$: mais parceque le second terme $-a^{-2+2}b = -a^0b = 1b = b$; le troisiéme & quatriéme terme sont nuls. Ainsi l'on a $a-b$ pour la racine cherchée, c'est-à-dire, que

$\overline{a^3 - 3aab + 3abb - b^3}^{\frac{1}{3}}$, ou $\sqrt[3]{a^3 - 3aab + abb - b^3} = a - b$.

Exemple II.

Soit la quantité $aa + 2ab - 2ac + bb - 2bc + cc$ dont il faut extraire la racine quarrée, ou qu'il faut élever à la puissance $\frac{1}{2}$.

Ayant fait aa ou $a^2 = p$, $+2ab - 2ac + bb - 2bc + cc = q$, & mettant ces valeurs de p & de q dans les deux premiers termes de la Formule $p^m + mp^{m-1}q$, l'on aura $a^{2m} + ma^{2m-2} \times \overline{2ab - 2ac + bb - 2bc + cc}$, ou en en faisant $m = \frac{1}{2}$, $a + \frac{1}{2}a^{1-2} \times \overline{2ab - 2ac + bb - 2bc + cc}$, ou $a + a^{1-2+1}b - a^{1-2+1}c + \frac{1}{2}a^{1-2}bb - a^{1-2}bc + \frac{1}{2}a^{1-2}cc$. Mais parceque le second & troisiéme terme deviennent $+b$, & $-c$; il suit que tous les autres termes, où b, & c se rencontrent sont nuls. Ainsi

$\overline{aa + 2ab - 2ac + bb - 2bc + cc}^{\frac{1}{2}}$, ou
$\sqrt{aa + 2ab - 2ac + bb - 2bc + cc} = a + b - c$.

Exemple III.

Soit la quantité $9aa + 12ab + 4bb$ dont il faut extraire la racine quarrée, ou qu'il faut élever à la puissance $\frac{1}{2}$.

Ayant supposé $9aa$, ou $9a^2 = p$, & $12ab + 4bb = q$, & mettant ces valeurs de p & de q dans les deux premiers termes de la Formule $p^m + mp^{m-1}q$, l'on aura $9^m a^{2m} + m9^{m-1} a^{2m-2} \times \overline{12ab + 4bb}$, ou en faisant $m = \frac{1}{2}$, $9^{\frac{1}{2}} \times a^{1+\frac{1}{2}} \times 9^{-\frac{1}{2}} a^{-1} \times \overline{12ab + 4bb}$, ou $9^{\frac{1}{2}} a + \frac{1}{2} \times \frac{1}{9^{\frac{1}{2}}} a^{-1} \times \overline{12ab + 4bb}$: mais $9^{\frac{1}{2}}$ ou $\sqrt{9} = 3$; donc $3a + \frac{1}{2} \times \frac{1}{3} a^{-1} \times \overline{12ab + 4bb}$, ou $3a + \frac{1}{6} a^{-1} \times \overline{12ab + 4bb}$, ou $3a + \frac{12}{6} a^{-1+1} b + \frac{4}{6} a^{-1} bb$, ou $3a + 2a^0 b + \frac{2}{3} a^{-1} \times bb$: mais le second terme $2a^0 b = 1b$; c'est pourquoi ce second terme est le dernier, & le troisiéme est nul. Ainsi $\overline{9aa + 12ab + 4bb}^{\frac{1}{2}}$, ou $\sqrt{9aa + 12ab + 4bb} = 3a + 2b$.

Remarque.

64. Si dans aucun terme la valeur de m, exposant de p, ne se trouvoit point $= 0$, la racinede la quantité proposée seroit irrationnelle, & l'extraction se pourroit continuer à l'infini ; ce qu'on appelle approximation des racines : mais cela n'est point necessaire pour l'Application de l'Algebre à la Geometrie : car lorsque la racine d'une quantité est irrationnelle, on se contente de l'exprimer par le moyen du signe radical qui lui convient, comme on a déja dit, & comme on pourra voir dans la suite.

Pour

Pour s'asseurer si on a bien extrait une racine, il est bon de l'élever à sa puissance : car s'il vient la quantité proposée, l'extraction aura été bien faite. Par exemple, l'on vient de trouver $3a + 2b$ pour la racine quarrée de $9aa + 12ab + 4bb$. Or si l'on multiplie $3a + 2b$ par $3a + 2b$, l'on trouvera $9aa + 12ab + 4bb$ qui est la quantité proposée, c'est pourquoi l'extraction a été bien faite.

REDUCTION

Des quantitez irrationelles à leurs plus simples expressions.

65. Il y a des quantitez complexes, comme d'incomplexes, dont on ne peut point extraire exactement la racine demandée : mais il arrive souvent que ces quantitez sont le produit de la puissance dont on veut extraire la racine par quelqu'autre quantité ; & en ce cas on peut extraire la racine en partie, en mettant devant le signe radical la racine de cette puissance, & l'autre quantité sous le signe radical. Par exemple, il est aisé de voir que $aab + aac$ n'est point un quarré, & qu'on n'en peut par consequent extraire la racine quarrée, qu'en l'écrivant sous le signe radical en cette sorte $\sqrt{aab + aac}$: mais on voit aisément que $aab + aac$ est le produit de aa qui est un quarré, par $b + c$, ou que $\sqrt{aab + aac} = \sqrt{aa} \times \sqrt{b + c}$: or $\sqrt{aa} = a$; donc $\sqrt{aab + aac} = a \times \sqrt{b + c} = a\sqrt{b + c}$; & c'est ce qu'on appelle extraire une racine en partie, ou plûtôt ce qu'on appelle réduire une quantité irrationelle à sa plus simple expression, ce qu'on doit toujours faire quand cela se peut, soit que les quantitez soient complexes ou incomplexes.

Lorsqu'on ne voit pas par la seule inspection des termes, si une quantité irrationelle complexe ou incomplexe peut être réduite à une expression plus simple, on l'examinera en cherchant (n°. 56 ou 57) tous les diviseurs qui la peuvent exactement diviser ; & s'il s'en trouve quelqu'un qui soit une puissance du même nom que la racine qu'on veut extraire, la quantité proposée se pourra réduire à une plus simple expression : car elle pourra être regardée comme le produit de cette puissance, & du quotient qui vient en la divisant par la même puissance. Par exemple, s'il faut extraire la racine quarrée de $a^3 - 3aab + 3abb - b^3$, en cherchant tous les diviseurs de cette quantité, on trouvera que $aa - 2ab + bb$, qui est un quarré, en est un, & qu'en divisant $a^3 - 3aab + 3abb - b^3$ par $aa - 2ab + bb$, il vient au quotient $a - b$; c'est pourquoi $\sqrt{a^3 - 3aab + 3abb - b^3} = \sqrt{aa - 2ab + bb} \times \sqrt{a - b}$: or $\sqrt{aa - 2ab + bb} = a - b$; donc $\sqrt{a^3 - 3aab + 3abb - b^3} = a - b\sqrt{a - b}$.

Lorsqu'on trouve plusieurs diviseurs qui sont des puissances de même nom que les racines qu'on veut extraire, on ne se servira que du plus grand.

66. On ajoute, on soustrait, on multiplie, & on divise les quantitez irrationelles comme les rationelles ; & ces 4. operations se font de la même maniere pour les unes & pour les autres : mais pour une plus grande facilité, il les faut auparavant réduire à leurs expressions les plus simples ; & comme les quantitez irrationelles ne different des rationelles que par le signe radical qui caracterise de maniere celles qu'il précede, que quand elles contiendroient les mêmes lettres que celles qui le précedent, elles ne leur seroient pas pour cela semblables ; de sorte que les quantitez qui sont hors du signe radical, ne doivent point être mêlées dans aucune de ces quatre operations, avec celles qui sont sous le signe radical.

Il faut neanmoins remarquer que les quantitez irrationelles sont semblables, lorsque celles qui sont sous les signes radicaux, ne different en rien du tout les unes des autres, & lorsque celles qui sont hors des signes radicaux ne different de même en rien du tout, ou ne different que par leurs coéficiens. Ainsi $3a\sqrt{a}$ & $2a\sqrt{a}$; $3a\sqrt{a+b}$; & $a\sqrt{a+b}$; $\frac{a}{b}\sqrt{ax-xx}$, & $\frac{3a}{b}\sqrt{ax-xx}$, sont des quantitez irrationelles ſemblables. On ſuppoſe que le ſigne radical ſoit le même, ce qui arrive toujours dans l'Application de l'Algebre à la Geometrie.

ADDITION

Des quantitez irrationelles.

67. ON les écrira de ſuite, ou au-deſſous les unes des autres avec les ſignes qu'on leur trouve, & lorſqu'elles ſeront ſemblables, on en fera (n°. 11) la réduction comme ſi c'étoit des quantitez rationelles. Ainſi pour ajouter $2a\sqrt{b}$ avec $3a\sqrt{b}$, l'on écrira $2a\sqrt{b} + 3a\sqrt{b}$, qui ſe réduit à $5a\sqrt{b}$. Pour ajouter $3a\sqrt{b}$ avec $2c\sqrt{b}$, l'on écrira $3a\sqrt{b} + 2c\sqrt{b}$, & il eſt indifferent de laiſſer ces quantitez en cet état, ou de les écrire en cette ſorte $\overline{3a + 2c}\sqrt{b}$. Pour ajouter $a\sqrt{ax - xx}$ avec $b\sqrt{ax - xx}$, l'on écrira $a\sqrt{ax - xx} + b\sqrt{ax - xx}$, ou $\overline{a + b}\sqrt{ax - xx}$. Pour ajouter $3a\sqrt{b}$ avec $2c\sqrt{d}$, l'on écrira $3a\sqrt{b} + 2c\sqrt{d}$ qui ne peut point avoir d'autre expreſſion.

SOUSTRACTION

Des quantitez irrationelles.

68. ON les écrira de ſuite en changeant les ſignes de celles qui doivent être ſouſtraites; & lorſqu'elles ſeront ſemblables. on en fera (n°. 11) la réduction comme ſi c'étoit des quantitez rationelles. Ainſi pour ſouſtraire $3a\sqrt{b}$ de $5a\sqrt{b}$, l'on écrira $5a\sqrt{b} - 3a\sqrt{b}$ qui ſe réduit à $2a\sqrt{b}$. Pour ſouſtraire $3a\sqrt{2b}$ de $5b\sqrt{2b}$, l'on écrira $5b\sqrt{2b} - 3a\sqrt{2b}$, ou $\overline{5b - 3a}\sqrt{2b}$. Pour ſouſtraire $-2b\sqrt{ax - xx}$ de $3b\sqrt{ax - xx}$, l'on écrira $3b\sqrt{ax - xx} + 2b\sqrt{ax - xx}$, qui ſe réduit à $5b\sqrt{ax - xx}$. Pour ſouſtraire $2c\sqrt{d}$ de $3a\sqrt{b}$ l'on écrira $3a\sqrt{b} - 2c\sqrt{d}$, qui ne peut avoir d'autre expreſſion.

MULTIPLICATION

Des quantitez irrationnelles.

69. Si les quantitez que l'on veut multiplier sont incomplexes, l'on multiplira la partie rationelle par la rationelle ; & la partie irrationelle par l'irrationelle, & l'on écrira le produit des parties rationelles devant le signe radical & le produit des irrationelles aprés, & l'on réduira le produit total à son expression la plus simple. Ainsi $a\sqrt{b} \times c\sqrt{b} = ac\sqrt{bb}$: mais $\sqrt{bb} = b$; donc $ac\sqrt{bb} = abc$; d'où l'on voit que lorsque les parties irrationelles sont semblables, il n'y a qu'à multiplier le produit des rationelles par ce qui se trouve sous le signe radical. De même $a\sqrt{b} \times \sqrt{c}$, ou $a\sqrt{b} \times 1\sqrt{c}$ (car on prend l'unité pour partie rationelle, lorsqu'il n'y en a point d'autre) $= a\sqrt{bc}$; $2a\sqrt{b} \times 3b$, ou $2a\sqrt{b} \times 3b\sqrt{1} = 6ab\sqrt{b}$; $2a\sqrt{bc} \times b\sqrt{ab} = 2ab\sqrt{abbc} = 2abb\sqrt{ac}$; $2a\sqrt{3bc} \times 3b\sqrt{6ab} = 6ab\sqrt{18abbc} = 18abb\sqrt{2ac}$; $a\sqrt{2b} \times 2b\sqrt{3c} = 2ab\sqrt{6be}$. $\sqrt[3]{ab} \times \sqrt[3]{ab} = \sqrt[3]{aabb}$; $2a\sqrt[3]{ab} \times 3b\sqrt[3]{aa} = 6ab\sqrt[3]{a^3b} = 6aab\sqrt[3]{b}$. Il en est ainsi des autres.

70. Si les quantitez que l'on veut multiplier sont complexes, on multipliera tous les termes de l'une par chacun de ceux de l'autre, en suivant les regles des quantitez incomplexes, & la Réduction des produits particuliers étant faite, l'on aura le produit total. Ainsi $\sqrt{aa+bb} \times \sqrt{aa+bb} = aa+bb$; $\sqrt{aa-bb} \times -\sqrt{aa-bb} = -aa+bb$; $2a\sqrt{aa+bb} \times b\sqrt{aa+bb} = 2a^3b + 2ab^3$. Ceci est évident ; car lorsque la même quantité se trouve sous le signe radical $\sqrt{}$, en ôtant le signe radical, cette quantité se trouve multipliée par elle-même. Ce qu'on peut encore prouver en cette sorte : $\sqrt{aa+bb} \times \sqrt{aa+bb} = \overline{aa+bb}^{\frac{1}{2}} \times \overline{aa+bb}^{\frac{1}{2}} =$ (n°. 34.) $\overline{aa+bb}^{\frac{1}{2}+\frac{1}{2}}$, ou (n°. 33.) $\overline{aa+bb}^{\frac{1}{2}\times 2} = aa+bb$. Il en est ainsi des autres.

Pour multiplier $\sqrt{a+b}$ par $\sqrt{a-b}$, on multipliera $a+b$ par $a-b$, comme si c'étoit des quantitez rationelles, & l'on aura $\sqrt{aa-bb}$. De même $a+\sqrt{ab}\times b = ab+b\sqrt{ab}$; $a+\sqrt{ab}\times\sqrt{bc} = a\sqrt{bc}+\sqrt{abbc} = a\sqrt{bc}+b\sqrt{ac}$; $3a\sqrt{bc}-2b\sqrt{ac}\times 2c\sqrt{ab} = 6ac\sqrt{abbc}-4bc\sqrt{aabc} = 6abc\sqrt{ac}-4abc\sqrt{bc}$. Voici des Exemples plus composez.

$$\begin{array}{ll}
 & a+\sqrt{aa-bb} \text{ multiplié} \\
\text{par} & a+\sqrt{aa-bb} \\
\hline
 & aa+\sqrt{aa-bb} \\
 & \quad +\sqrt{aa-bb}+aa-bb \\
\hline
\text{Prod.} & aa+2a\sqrt{aa-bb}+aa-bb.
\end{array}$$

$$\begin{array}{ll}
 & a+\sqrt{aa-xx} \text{ multiplié} \\
\text{par} & a-\sqrt{aa-xx} \\
 & aa+a\sqrt{aa-xx} \\
 & \quad -a\sqrt{aa-xx}-aa+xx \\
\hline
\text{Produit} & aa \quad * \quad -aa+xx.
\end{array}$$

$$\begin{array}{ll}
 & \sqrt{ab}+\sqrt{aa-xx} \text{ multiplié} \\
\text{par} & \sqrt{ab}+\sqrt{aa-xx} \\
\hline
 & ab+\sqrt{a^3b-abxx} \\
 & \quad +\sqrt{a^3b-abxx}+aa-xx \\
\hline
\text{Produit.} & ab+2\sqrt{a^3b-abxx}+aa-xx.
\end{array}$$

$$\begin{array}{ll}
 & ac+b\sqrt{aa-xx} \text{ multiplié} \\
\text{par} & bc-c\sqrt{aa-yy} \\
\hline
 & abcc+bbc\sqrt{aa-xx} \\
 & \quad -acc\sqrt{aa-yy}-bc\sqrt{a^4-aaxx-aayy+xxyy} \\
\hline
\text{Prod.} & abcc+bbc\sqrt{aa-xx}-acc\sqrt{aa-yy} \\
 & \quad -bc\sqrt{a^4-aaxx-aayy+xxyy}.
\end{array}$$

DIVISION

Des quantitez irrationelles.

71. On écrira le dividende au-dessous du diviseur en forme de fraction, & l'on prendra cette fraction pour le Quotient de la division. Mais lorsque l'on s'appercevra que le dividende sera le produit du diviseur par une autre quantité, ce qui est aisé dans les quantitez incomplexes, on prendra cette autre quantité pour le Quotient. Et dans les quantitez complexes, lorsqu'on n'apercevera pas le Quotient, on examinera (n°. 46.) si la division se peut faire; & si elle se fait, l'on aura un Quotient sans fraction: mais si elle ne se fait point, on se contentera de la division indiquée. Ainsi $\frac{\sqrt{ab}}{\sqrt{a}} = b$; $\frac{ac\sqrt{bc}}{a\sqrt{b}} = c\sqrt{c}$; $\frac{12ac\sqrt{6bc}}{4c\sqrt{2b}} = 3a\sqrt{3c}$; $\frac{\sqrt{aa - xx}}{\sqrt{a + x}} = \sqrt{a - x}$: car $\overline{a + x} \times \overline{a - x} = aa - xx$. Il en est ainsi des autres.

Il y a d'autres Réductions pour les divisions indiquées qu'on trouvera ailleurs; & tout ce que nous allons dire des raports, & des fractions, se doit aussi entendre de ces sortes de divisions, soit qu'elles soient rationelles, ou irrationelles.

THEORIE.

Des Raiſons, ou Raports, des Fractions, des Equations, & des Proportions.

DÉFINITIONS.

II. RAISON, ou Raport eſt la comparaiſon de deux grandeurs de même genre, telles que ſont deux nombres, deux lignes, deux ſurfaces, deux corps, deux eſpaces de temps, deux quantitez de mouvement, deux viteſſes d'un même, ou de deux differens mobiles, deux poids, deux ſons, *&c.*

Or comparer les grandeurs, c'eſt operer ſur les grandeurs; & comme l'on ne peut operer ſur les grandeurs qu'en les ajoutant, ſouſtrayant, multipliant, diviſant, & en en extrayant les racines; il faut neceſſairement que leur comparaiſon ſe faſſe par quelques-unes de ces operations.

Mais parceque l'Addition, & la Multiplication les confondent, & n'en marquent point l'égalité, ou l'inégalité, en quoi conſiſte préciſément la comparaiſon des grandeurs, & que l'extraction des racines n'agit que ſur une ſeule; & qu'au contraire la Souſtraction fait connoître l'égalité de deux grandeurs, ou l'excés de l'une pardeſſus l'autre, ou la difference de l'une à l'autre, & que la Diviſion détermine combien de fois une grandeur en contient, ou eſt contenue dans une autre; ou, ce qui eſt la même choſe, indique la maniere dont une grandeur en contient, ou eſt contenue dans une autre, ou en marque l'égalité; il ſuit qu'il n'y a que la Souſtraction & la Diviſion qui puiſſent ſervir à comparer les grandeurs.

1. La comparaiſon de deux grandeurs par la Souſtraction; ou, ce qui eſt la même choſe, la Souſtraction elle même, eſt nommée raiſon ou raport *arithmetique*. Ainſi

$12 - 4$; $a - b$, ou $b - a$, &c, ſont des raiſons ou des raports arithmetiques.

2. La comparaiſon de deux grandeurs par la Diviſion; ou, ce qui eſt la même choſe, la Diviſion elle-même eſt appellée raiſon, ou raport *geometrique*. Ainſi $\frac{12}{4}$, ou $\frac{4}{12}$; $\frac{a}{b}$, ou $\frac{b}{a}$, &c. ſont des raiſons ou des raports geomet.

On prend ici la Souſtraction indiquée pour la Souſtraction même, ou pour la difference des deux grandeurs qui la compoſent; & l'on prend de même la Diviſion indiquée pour la Diviſion même, ou pour le Quotient des deux quantitez qui la forment.

On appellera dans la ſuite *Réduction*, le réſultat de ces deux Regles, ou de ces deux Raports, c'eſt-à-dire, la difference & le Quotient des deux quantitez qui les compoſent.

Corollaire I.

3. Il eſt clair que les raiſons ou raports tant arithmetiques que geographiques, ſont égaux lorſque leurs Réductions ſont égales. Ainſi $12 - 4 = 16 - 8$, parceque $12 - 4 = 8$, & $16 - 8 = 8$. De même $\frac{12}{4} = \frac{9}{3}$, parceque $\frac{12}{4} = 3$, & $\frac{9}{3} = 3$. Par la même raiſon, ſi $\frac{a}{b} = f$, & $\frac{c}{d} = f$; l'on aura $\frac{a}{b} = \frac{c}{d}$.

4. Mais les Réductions, ou les Quotiens des diviſions, ou des raports geometriques, ſont toujours égaux, lorſque les dividendes contiennent, ou ſont contenues de même maniere dans les diviſeurs. C'eſt pourquoi lorſque une grandeur a contiendra, ou ſera contenue dans une autre grandeur b, comme une troiſiéme c contient ou eſt contenue dans une quatriéme d, ces quatre grandeurs formeront toujours deux raports geometriques égaux, $\frac{a}{b} = \frac{c}{d}$.

Corollaire II.

COROLLAIRE II.

5. Il est de même évident que les raisons, ou raports tant arithmetiques que geometriques, sont inégaux, lorsque leurs Réductions sont inégales, & que le plus grand est celui dont la Réduction est la plus grande. Ainsi $12 - 4 > 10 - 6$: car $12 - 4 = 8$, & $10 - 6 = 4$. De même $\frac{12}{4} > \frac{16}{8}$: car $\frac{12}{4} = 3$, & $\frac{16}{8} = 2$.

6. Le premier terme d'un raport arithmetique, & le terme superieur d'un raport geometrique, sont nommez *antecedens*; le second d'un raport arithmetique, & l'inferieur d'un raport geometrique, sont nommez *consequens*. Ainsi dans les raports $a - b$, & $\frac{a}{b}$, a est l'antecedent, & b le consequent : mais comme les raisons ou les raports geometriques ne sont autre chose que des Divisions indiquées, & que ces Divisions sont, à proprement parler, des fractions; il suit qu'il n'y a aucune difference entre raison, raport, division, & fraction; de sorte que tout ce qu'on dira dans la suite des uns, se doit aussi entendre des autres. On remarquera seulement que pour parler comme les autres, lorsqu'il s'agira des raisons ou raports, on appellera les deux termes *antecedent* & *consequent*; lorsqu'il s'agira de divisions, on les apellera *dividende* & *diviseur*; & lorsqu'il s'agira de fractions, on les appellera *numerateur* & *dénominateur*.

7. Lorsque l'antecedent d'une raison est égale à son consequent, on l'appelle *raison d'égalité*; & lorsque l'un surpasse l'autre, on l'appelle *raison d'inégalité*.

8. Lorsque l'antecedent d'un raport geometrique, contient plusieurs fois exactement son consequent, il est nommé *multiple* de ce consequent, & lorsque l'antecedent est contenu plusieurs fois exactement dans son consequent, il est nommé *soûmultiple* du même consequent.

9. De tels raports tirent leur dénomination du nombre de fois que l'antecedent contient le consequent, ou

y eſt contenu. De ſorte que ſi l'antecedent contient deux, trois, quatre fois, *&c.* ſon conſequent, le raport ſera nommé *double*, *triple*, *quadruple*, *&c.* & ſi l'antecedent eſt contenu deux, trois, quatre fois, *&c.* dans le conſequent, le raport ſera nommé *ſoûdouble*, *ſoûtriple*, *ſoûquadruple*, &c. Ainſi $\frac{12}{4}$ eſt un raport triple, & $\frac{4}{12}$ eſt un raport ſoûtriple.

10. On appelle *équation* deux quantitez algebriques differentes, entre leſquelles ſe trouve le ſigne d'égalité; ainſi $a = b$; $ax - xx = yy$; $x = \frac{ab}{c}$ ſont des équations.

11. Les deux quantitez algebriques qui ſe trouvent de part & d'autre du ſigne d'égalité ſont nommées *membres* de l'équation; celle qui le precede eſt nommée le premier membre, & celle qui le ſuit, le ſecond. D'où l'on voit que les deux membres d'une équation ſont les expreſſions algebriques d'une même quantité, ou de deux quantitez égales.

COROLLAIRE.

12. Il eſt évident que deux raports égaux arithmetiques, ou geometriques, peuvent toujours former une équation. Ainſi ſi a ſurpaſſe, ou eſt ſurpaſſée par b, de la même quantité que c ſurpaſſe ou eſt ſurpaſſée par d, l'on aura toujours $a - b = c - d$, ou $b - a = d - c$. De même ſi a contient ou eſt contenue dans b, comme c contient ou eſt contenue dans d, l'on aura toujours $\frac{a}{b} = \frac{c}{d}$, ou $\frac{b}{a} = \frac{d}{c}$.

13. Mais ſi au lieu de former une équation de deux raports égaux, arithmetiques, ou geometriques, on arange leurs quatres termes de ſuite, en ſorte que l'antecedent de l'un des deux raports ſoit le premier, ſon conſequent, le ſecond; l'antecedent de l'autre raport, le troiſiéme, & ſon conſequent le quatriéme, en ſéparant les deux raports par quatre points, & les deux termes de

chaque raport par un ſeul point, en cette ſorte $a . b :: c . d$, (en ſuppoſant que $a - b = c - d$, ou $\frac{a}{b} = \frac{c}{d}$); on appellera *proportion*, ou *analogie* cette diſpoſition des quatres termes de deux raports égaux. De ſorte que proportion ou analogie, n'eſt autre choſe que l'égalité de deux raports arangez autrement qu'en équation. Si les raports ſont arithmetiques, on la nommera *proportion arithmetique*; s'ils ſont geometriques, on la nommera *proportion geometrique*.

14. Pour énoncer une proportion, comme celle-ci $a . b :: c . d$; on dira, ſi elle eſt arithmetique, a ſurpaſſe b, ou eſt ſurpaſſée par b, comme c ſurpaſſe d, ou eſt ſurpaſſée par d, & ſi elle eſt geometrique, on dira a contient b, ou eſt contenue dans b, comme c contient d, ou eſt contenue dans d. Mais pour abreger, ſoit que la proportion ſoit arithmetique, ou geometrique, on dit a eſt à b, comme c eſt à d, ou comme a eſt à b, ainſi c eſt à d, en obſervant neanmoins que le mot *eſt* ſignifie *ſurpaſſe*, ou *eſt ſurpaſſé* dans la proportion arithmetique; & que dans la geometrique, il ſignifie *contient* ou *eſt contenu*.

L'on diſtingue deux ſortes de proportions, tant arithmetiques que geometriques, la *diſcrete*, & la *continue*.

15. La proportion diſcrete eſt celle dont les quatre termes ſont differens, comme celle-ci $a . b :: c . d$.

16. La proportion continue, eſt celle où la même quantité eſt le conſequent du premier raport & l'antecedent du ſecond, comme celle-ci $a . b :: b . c$.

17. Les quantitez qui forment une proportion ſont nommées *proportionnelles*. Ainſi la proportion diſcrete renferme quatre proportionnelles, & la continue n'en renferme que trois, & celle du milieu eſt nommée *moyenne proportionnelle*, arithmetique, ou geometrique, ſelon que la proportion eſt arithmetique, ou geometrique, & dans l'une & dans l'autre proportion; le premier & le dernier termes ſont nommés *extrêmes*, & les deux du milieu, *moyens*.

18. Lorſqu'une proportion continue renferme plus

de trois termes : ou plûtôt lorſque pluſieurs grandeurs dont le nombre ſurpaſſe 3, ſont rangées de ſuite, de maniere que chacune d'elles puiſſe ſervir de conſequent à celle qui la précede ; & d'antecedent à celle qui la ſuit, cette rangée de grandeurs eſt appellée *progreſſion*, arithmetique ou geometrique, ſelon que les raports que les grandeurs qui la compoſent ont entr'elles, ſont arithmetiques ou geometriques. *A*, *B*, *C*, ſont des progreſſions arithmetiques. *D*, *E*, *F*, des progreſſions geometriques.

A. 1 . 2 . 3 . 4 . 5, *&c.*
B. 10 . 8 . 6 . 4 . 2, *&c.*
C. 4 . 2 . 0 — 2 — 4, *&c.*

D. 1 . 2 . 4 . 8 . 16, *&c.*
E. 81 . 27 . 9 . 3 . 1, *&c.*
F. 4 . 2 . 1 . $\frac{1}{2}$. $\frac{1}{4}$, *&c.*

COROLLAIRE I.

19. Il eſt clair (n°. 18.) que dans une progreſſion arithmetique, l'excés d'un terme quelconque par-deſſus celui qui le ſuit, ou qui le précede, doit être toujours le même. De ſorte que ſi on nomme le premier terme d'une progreſſion arithmetique a ; & l'excés qui regne dans la progreſſion m, (m peut ſignifier un nombre quelconque, entier, ou rompu, poſitif, ou negatif) l'on pourra former par le moyen de ces deux lettres, une progreſſion arithmetique generale en cette ſorte,

$a \,.\, a+m \,.\, a+2m \,.\, a+3m$, &c.

COROLLAIRE II.

20. Il n'eſt pas moins évident que ſi dans la progreſſion geometrique, l'on diviſe un terme quelconque par celui qui le ſuit, la réduction, ou le quotient ſera toujours le même ; c'eſt pourquoi ſi l'on nomme le premier terme d'une progreſſion geometrique b, & la réduction ou quotient qui regne dans la progreſſion n (n ſignifie un nombre poſitif, entier, ou rompu), l'on pourra former une progreſſion geometrique generale, en cette ſorte.

$b \,.\, \frac{b}{n} \,.\, \frac{b}{n^2} \,.\, \frac{b}{n^3}$, &c. car ſi une quantité b diviſée par une autre, donne au quotient n, la même quantité b, divisée par le quotient n donnera cette autre.

21. Ceci se peut aussi appliquer aux proportions tant arithmetiques que geometriques. Soit par exemple, la proportion arithmetique suivante $a \,.\, b :: c \,.\, d$; si l'on nomme $a - b$, ou $b - a$, m; $c - d$ ou $d - c$ sera aussi m; donc $a \,.\, a - m :: c \,.\, c - m$, ou $a \,.\, a + m :: c \,.\, c + m$, d'où l'on voit que la somme des extrêmes est égale à la somme des moyens, c'est-à-dire, $a + c \mp m = a \pm m + c$, puisque ces deux sommes, qui sont les deux membres de cette équation, renferment les mêmes quantitez.

22. De même, si dans la proportion geometrique suivante $a \,.\, b :: c \,.\, d$, on fait $\frac{a}{b} = n$, l'on aura aussi $\frac{c}{d} = n$; & partant (n°. 20.) $a \,.\, \frac{a}{n} :: c \,.\, \frac{c}{n}$; d'où l'on voit aussi que le produit des extrêmes est égal au produit des moyens, c'est-à-dire, $\frac{ac}{n} = \frac{ac}{n}$: car ces deux produits qui sont les deux membres de cette équation, renferment les mêmes quantitez.

Axiome I.

23. Si l'on ajoute, ou si l'on soustrait, ou si l'on multiplie, ou si l'on divise des quantitez égales par des quantitez égales; les sommes, ou les differences, ou les produits, ou les quotiens, seront égaux.

Corollaires.

1er. Il suit qu'on peut ajouter, soustraire, multiplier, ou diviser les deux membres d'une équation par les deux membres d'une autre, chacun par chacun. Par exemple, si $a = b$, & $c = d$, l'on aura $a \pm c = b \pm d$, ou $a \pm d = b \pm c$; $ac = bd$, ou $ad = bc$; $\frac{a}{c} = \frac{b}{d}$, ou $\frac{a}{d} = \frac{b}{c}$.

2e. Il suit aussi de cet Axiome, & de ce que l'Addition & la Soustraction ont des effets contraires, que l'on peut passer tel terme que l'on voudra d'un membre d'une équation dans l'autre en changeant son signe, ce qu'on appelle *transposition*. On peut même passer tous les termes d'un des membres dans l'autre, ce qu'on appelle égaler tout à zero. Ainsi cette équation $a+b-c=g$ se peut changer en celle-ci $a+b=g+c$, ou en celle-ci $a=g+c-b$, ou en celle-ci $a+b-c-g=0$, ou $0=g-a-b+c$: car par exemple, dans le premier changement, on ne fait qu'ajouter c de part & d'autre du signe d'égalité, parcequ'elle y est soustraite, ce qui donne $a+b-c+c=g+c$, qui se réduit à $a+b=g+c$. Il en est ainsi des autres changemens.

3e. Il suit de ce Corollaire que l'on peut changer tous les signes d'une équation : car il n'y a qu'à supposer qu'on fait passer tous les termes d'un membre dans l'autre ; & que l'on peut mettre seuls dans un des membres, les termes qu'on veut, avec les signes qu'on veut.

4e. Il suit encore du même Axiome, & de ce que la division détruit ce que fait la multiplication ; & au contraire, qu'on peut délivrer une équation de toutes les fractions qui s'y peuvent rencontrer : car il n'y a qu'à multiplier toute l'équation par tous les dénominateurs l'un aprés l'autre, ou ce qui revient au même, la multiplier une seule fois par le produit de tous les dénominateurs, & ensuite réduire (art. 1, n°.37.) les termes fractionnaires. Par exemple, pour ôter les fractions de cette équation $\frac{abx}{c}+gx=\frac{bcd}{a}$, on la multiplira par c & puis par a, ou une seule fois par ac, & l'on aura $\frac{aabcx}{c}+acgx+\frac{abccd}{a}$: mais (art. 1, n°37.) $\frac{aabcx}{c}=aabx$, & $\frac{abccd}{a}=bccd$; donc $abcx+acgx=bccd$ qui n'a plus de fractions.

L'on abrege l'operation, & particulierement quand les dénominateurs sont des polynomes, en écrivant les numerateurs des termes fractionnaires sans y rien changer, & en multipliant les autres termes par les dénominateurs. Ainſi pour ôter la fraction de cette équation $\frac{xx - aa}{b - y} = c$, ayant multiplié c par $b - y$, l'on aura $xx - aa = bc - cy$. Il en eſt ainſi des autres.

5°. Il ſuit auſſi qu'on peut délivrer une lettre, ou telle puiſſance qu'on voudra d'une même lettre, qui ſe trouve dans une équation, de toutes autres quantitez qui la multiplient; ce qu'on appelle trouver la valeur d'une lettre ou d'une puiſſance: car il n'y a pour cela qu'à diviſer toute l'équation par les quantitez qui multiplient cette lettre aprés avoir mis dans un des membres tous les termes où ſe trouve cette lettre, & tous les autres termes dans l'autre membre, & qu'à faire enſuite la réduction. Par exemple, ſi dans cette équation $ax = bc$, l'on veut mettre x ſeule dans le premier membre, l'on aura en diviſant toute l'équation par a, $\frac{ax}{a} = \frac{bc}{a}$: mais (art. 1. n°. 37.) $\frac{ax}{a} = x$; donc $x = \frac{bc}{a}$. Le ſecond membre ne peut être réduit.

Si dans celle-ci $ax = ab + bx - bc$, l'on veut avoir x ſeule dans un des membres, l'on aura en tranſpoſant, & en ſuppoſant que a ſurpaſſe b, $ax - bx = ab - bc$, & en diviſant tout par $a - b$, l'on aura $\frac{ax - bx}{a - b} = \frac{ab - bc}{a - b}$: mais (art. 1. n°. 43, ou 46) $\frac{ax - bx}{a - b} = x$; donc $x = \frac{ab - bc}{a - b}$.

Si dans cette équation $ax - bx = aa - bb$, l'on veut avoir x ſeule, en diviſant par $a - b$, l'on aura $\frac{ax - bx}{a - b} = \frac{aa - bb}{a - b}$: mais (art. 1. n°. 46) $\frac{ax - bx}{a - x} = x$, & $\frac{aa - bb}{a - b} = a + b$; donc $x = a + b$.

Si dans cette équation $aaxx + aayy - 2ax^3 - 2axyy + xxyy = 0$, l'on veut mettre yy seule dans le premier membre, l'on aura en transposant $aayy - 2axyy + xxyy = 2ax^3 - aaxx$, & en divisant chaque membre par $aa - 2ax + xx$, l'on aura $yy = \frac{2ax^3 - aaxx}{aa - 2ax + xx}$. Il en est ainsi des autres.

AXIOME II.

24. Les puissances & les racines des quantitez égales sont égales.

Ainsi si $x = + a$, l'on aura en quarrant chaque membre $xx = aa$; & si $xx = aa$, les racines seront $x = \pm a$; si $xx = ab$, les racines seront $x = \pm \sqrt{ab}$. Si $xx = -ab$, les racines seront $x = \pm \sqrt{-ab}$, qu'on appelle racine *imaginaire*, parce que l'on n'en peut pas exprimer la valeur, telles sont toutes les quantitez irrationelles negatives.

Si $yy = \frac{2ax^3 - aaxx}{aa - 2ax + xx}$, les racines seront $y = \frac{\sqrt{2ax^3 - aaxx}}{\sqrt{aa - 2ax + xx}}$; mais (art. 1. n°. 66.) $\sqrt{2ax^3 - aaxx} = x\sqrt{2ax - aa}$, & $\sqrt{aa - 2ax + xx} = a - x$; donc $y = \frac{x\sqrt{2ax - aa}}{a - x}$.

Si $xx = ax + bb$, les racines seront $x = \frac{1}{2} a \pm \sqrt{\frac{1}{4} aa + bb}$: car en transposant, l'on a $xx - ax = bb$: or si l'on extrait (art. 1. n°. 62) la racine du premier membre $xx - ax$, on trouvera qu'il y manque $+ \frac{1}{4} aa$, afin qu'il soit quarré; c'est pourquoi en ajoutant de part & d'autre $\frac{1}{4} aa$, l'on aura $xx - ax + \frac{1}{4} aa = \frac{1}{4} aa + bb$: mais $\sqrt{xx - ax + \frac{1}{4} aa} =$ (art. 1. n°. 62) $x - \frac{1}{2} a$, & la racine du second membre ne s'extrait que par le moyen du signe radical; donc $x - \frac{1}{2} a = \pm \sqrt{\frac{1}{4} aa + bb}$ ou en transposant $x = \frac{1}{2} a \pm \sqrt{\frac{1}{4} aa + bb}$. Si les signes

étoient

étoient differens, cela n'apporteroit aucun changement dans l'operation.

C'eſt auſſi parceque les puiſſances des quantitez égales ſont égales, que l'on peut délivrer une équation de quantitez irrationelles qui s'y rencontrent, ce qu'on appelle *faire évanouir les ſignes radicaux* : car s'il ne s'y en rencontre qu'une, aprés l'avoir miſe ſeule dans un des membres de l'équation par les Corollaires précedens ; il n'y aura qu'à élever chaque membre à la puiſſance qui a pour expoſant celui du ſigne radical. Ainſi pour délivrer des quantitez irrationelles, cette équation $xx = \overline{a - x} \times \sqrt{xx + yy}$, l'on aura en diviſant par $a - x$, $\frac{xx}{a - x} = \sqrt{xx + yy}$, ou en diviſant par $\sqrt{xx + yy}$, $\frac{xx}{\sqrt{xx + yy}} = a - x$, & en quarrant chaque membre, l'on aura $\frac{x^4}{xx + yy} = aa - 2ax + xx$, où il n'y a plus de quantitez irrationelles.

Mais s'il ſe rencontre deux quantitez irrationelles dans une même équation, on la délivrera de l'une, & enſuite de l'autre, comme on vient de dire. Par exemple, pour délivrer de quantitez irrationelles, cette équation $\sqrt{xx + yy} + \sqrt{aa - 2ax + xx + yy} = b$, l'on aura en tranſpoſant, $\sqrt{aa - 2ax + xx + yy} = b - \sqrt{xx + yy}$, & en quarrant chaque membre, l'on aura $aa - 2ax + xx + yy = bb - 2b\sqrt{xx + yy} + xx + yy$, & en ôtant ce qui ſe détruit par la réduction, & tranſpoſant, il vient $2b\sqrt{xx + yy} = bb - aa + 2ax$, & en quarrant encore chaque membre, l'on a $4bbxx + 4bbyy = b^4 - 2aabb + a^4 + 4abbx - 4a^3x + 4aaxx$, où il n'y a plus de quantitez irrationelles.

AXIOME III.

25. ON peut mettre en la place d'une quantité quelconque incomplexe ou complexe, une autre quantité égale incomplexe, ou complexe, ce qu'on appelle *ſubſtituer* :

C'eſt par le moyen de cet Axiome que l'on réduit plusieurs équations à une ſeule, & que l'on en fait évanouir les lettres que l'on veut, pourvû que chacune de ces lettres, ou quelques unes de leurs puiſſances ſe trouvent au moins dans deux de ces équations, & que l'on ait au moins une équation de plus qu'il y a de lettres que l'on veut faire évanouir. En voici la Méthode.

26. On choiſit une des équations (c'eſt ordinairement la plus ſimple) & l'on met ſeule (Axio. 1. & ſes Coroll.) la lettre qu'on veut faire évanouir, dans un des membres; (c'eſt ordinairement dans le premier), & l'on ſubſtitue dans les autres équations, en la place de cette lettre, ou de ſes puiſſances, ſa valeur, ou celle de ſes puiſſances, qui ſe trouve dans l'autre membre de l'équation que l'on a préparée; en ſorte que cette lettre ne ſe trouve plus dans aucune, & l'on a alors une équation de moins. On recommence de nouveau à choiſir la plus ſimple des équations réſultantes, & l'on met ſeule dans le premier membre, la lettre qu'on veut faire évanouir, & l'on ſubſtitue comme auparavant la valeur de cette lettre dans les autres équations. On réïtere la même operation juſqu'à ce que l'on ait fait évanouir l'une aprés l'autre, toutes les lettres que l'on a deſſein de faire évanouir, ou juſqu'à ce que l'on n'ait plus qu'une ſeule équation. On va éclaircir ceci par des Exemples.

Exemples.

1er. Soient les trois équations A, B, C, dont on veut faire évanouir les deux lettres x & y.

$A.\ xz = yy.$ $\quad D.\ xz = bb - 2bz + zz.$

$B.\ x - y = a.$ $\quad E.\ x - b + z = a.$

$C.\ z + y = b.$ $\quad F.\ az + bz - zz = bb - 2bz + zz.$

$G.\ 2zz = 3bz + az - bb.$

Je choiſis l'équation C pour faire évanouir y, & j'en tire $y = b - z$, & en quarrant chaque membre (parceque le quarré de y se trouve dans l'équation A,) j'ai $yy = bb - 2bz + zz$, & mettant dans l'équation A, pour yy sa valeur $bb - 2bz + zz$, & dans l'équation B, pour y sa valeur $b - z$, j'ai les deux équations D & G, où y ne se trouve plus. Je choisis de nouveau l'équation E pour faire évanouir x, & j'en tire $x = a + b - z$, & mettant dans l'équation D pour x sa valeur $a + b - z$, j'ai l'équation F, qui devient par la réduction, & par la transposition, l'équation G, où x & y ne se trouvent plus.

2e. Soient les deux équations $aa + 2ax + xx = 2yy + 2by + bb$; & $yy + by = aa + ax$, d'où il faut faire évanouir y. Je remarque que si la seconde équation étoit multipliée par 2, l'on auroit $2yy + 2by = 2aa + 2ax$, où les termes où y se trouve, sont les mêmes que dans la premiere; c'est pourquoi si l'on met dans la premiere pour $2yy + 2by$ sa valeur $+ 2aa + 2ax$ tirée de la seconde, aprés l'avoir multipliée par 2, l'on aura $aa + 2ax + xx = 2aa + 2ax + bb$, qui se réduit à $xx = aa + bb$. Il en est ainsi des autres.

27. On peut encore par le moyen de cet Axiome faire certains changemens dans une équation en faisant certaines suppositions. Par exemple, si l'on a $x^3 = aab$, en supposant $ay = xx$; & mettant cette valeur de xx dans l'équation $x^3 = aab$, l'on aura $axy = aab$, ou $xy = ab$; en divisant toute l'équation par a.

De même, si l'on a $xx = ax + bb$, en supposant $ac = bb$, l'on aura $xx = ax + ac$; & si l'on a $xx = ax + ac$, en supposant $bb = ac$, l'on aura $xx = ax + bb$. Ce qu'on appelle changer un rectangle en quarré, ou un quarré en rectangle. On a souvent besoin de faire ces changemens.

Pour ce qui reste à dire sur les équations: voyez l'Application de l'Algebre à la Geometrie, Section I. art. 2 & 3.

On trouve dans les Ouvrages de plusieurs Sçavans Geometres, un grand nombre de Theorêmes démontrez sur les raports, proportions, & progressions; mais il y manque la Méthode de les démontrer tous par le même principe, qui eſt ce qu'il y a de plus à deſirer tant en cette occaſion que dans toutes les autres parties de Mathematiques.

On pourroit tirer de ce que nous avons dit n°. 18, 19. 20, & 21, une Méthode pour démontrer tres-facilement toutes les proprietez des proportions, & des progreſſions tant arithmetiques que geometriques : mais elle n'eſt pas aſſez generale, & ne convient qu'aux grandeurs proportionnelles ; c'eſt pourquoi je me ſuis déterminé à prendre une autre voye, qui convienne tout à la fois, non ſeulement aux grandeurs proportionnelles, mais encore à tous les Theorêmes que l'on ſe propoſe de démontrer par l'Algebre dans toutes les parties de Mathematiques. Voici le principe.

PRINCIPE.

28. APRE'S avoir nommé les quantitez qui doivent entrer dans la queſtion par des lettres, l'on écrira l'Hypotheſe en équation, & la conſequence auſſi en équation; & en ſuivant les trois Axiomes précedens, & leurs Corollaires, on fera en ſorte de rendre l'Hypotheſe ſemblable à la conſequence, & alors le Theorême ſera démontré. Et ſi les termes de l'équation que renfermera la conſequence, ſe trouvent entierement ſemblables ; de ſorte que par la réduction, elle puiſſe devenir $o = o$. Le Theorême ſera auſſi démontré : car les termes d'une équation ne ſçauroient être entierement ſemblables ſans être égaux, & ne ſçauroient ſe détruire ſans être ſemblables.

EXPLICATION DU PRINCIPE.

1°. UN Theorême contient deux parties, l'Hypotheſe & la Conſequence; l'Hypotheſe eſt ce que l'on y ſuppoſe; & la Conſequence eſt la verité qu'il s'agit de démontrer.

2°. Le principe demande qu'on écrive toujours l'Hypotheſe en équation. Souvent l'Hypotheſe renferme cette équation, ou une proportion qu'il eſt aiſé de changer en équation: car ſi l'on a, $a . b :: c . d$, l'on aura (n°. 11.)

$a - b = c - d$, ſi la proportion eſt arithmetique, & $\frac{a}{b} = \frac{c}{d}$, ſi la proportion eſt geometrique, puiſque proportion n'eſt autre choſe que l'égalité de deux raports.

3°. Si l'Hypotheſe ne renferme ni équation ni proportion, on égalera les quantitez qu'elle renferme à d'autres lettres priſes arbitrairement, & l'on aura par ce moyen des équations, comme on verra par ces Exemples.

4°. On tirera de l'Hypotheſe autant d'équations qu'on pourra : car cela ne peut que faciliter les moyens de rendre l'Hypotheſe ſemblable à la Conſequence.

Lorſqu'il s'agit de démontrer quelques proprietez touchant les grandeurs inégales, & touchant les raports inégaux, l'on exprimera l'Hypotheſe, & la conſequence par le moyen du ſigne $>$, ou $<$, en cette ſorte $a >$ ou $< b$, $\frac{a}{b} >$ ou $< \frac{c}{d}$, & on ſe ſervira de ces expreſſions, que l'on pourroit appeller *inégalitez*, comme ſi c'étoient des équations : car il eſt clair qu'on peut ajouter, ſouſtraire, multiplier, & diviſer les deux membres de ces inégalitez par une même quantité, ou par des quantitez égales, les combiner, comme on voudra avec des équations, les élever à des puiſſances, en extraire les racines ; en un mot, on peut les traiter à la maniere des équations, pourvû qu'on ne les combine point enſemble, ſans que le membre le plus grand ceſſe d'être le plus grand ; de ſorte qu'on aura les mêmes moyens de rendre l'Hypotheſe ſemblable à la Conſequence, ou la Conſequence ſemblable à l'Hypotheſe, que ſi c'étoit des équations, & de démontrer par conſequent toutes les proprietez des raports inégaux, de la même maniere que celles des raports égaux.

Ce qu'on dira dans la ſuite des raports & des proportions, ſe doit entendre des raports & proportions geometriques, à moins qu'on n'avertiſſe que c'eſt des raports & proportions arithmetiques qu'on veut parler.

THEORÊME I.

29. *Si quatre grandeurs* a, b, c, d, *sont en proportion geometrique, le produit des extrêmes sera égal au produit des moyens.*

Il faut prouver que si $a . b :: c . d$, l'on aura $ad = bc$.

L'on a par l'Hypothese $a . b :: c . d$; donc (nº. 11.) $\frac{a}{b} = \frac{c}{d}$: or il est clair (Axio. 1. Coroll. 4.) qu'en ôtant les fractions, on aura $ad = bc$, qui est semblable à la Consequence. *C. Q. F. D.*

30. On prouvera de même que dans une proportion continue le produit des extrêmes est égal au quarré de la moyenne. Ainsi si $a . b :: b . c$, l'on aura $ac = bb$.

Ce Theorême fournit un autre moyen dont nous nous servirons dans la suite, de changer une proportion en équation.

COROLLAIRES.

1er. Il suit que connoissant trois des termes a, b, c, d'une proportion, on pourra toujours trouver le 4e que je nomme x: car puisque (Hyp.) $a . b :: c . x$, l'on aura (nº. 29.) $ax = bc$; donc en divisant toute cette équation par a, l'on aura $x = \frac{bc}{a}$, d'où l'on voit que la valeur de bc divisée par la valeur de a, donnera celle de x.

2e. De même dans la proportion continue, connoissant les extrêmes a & b, on trouvera la moyenne que je nomme y; car puisque (Hyp.) $a . y :: y . b$, l'on aura $yy = ab$; & partant (Axio. 2.) $y = \pm \sqrt{ab}$; c'est pourquoi la racine de la valeur de ab sera la valeur de y. Les valeurs negatives ne satisfont point aux Problêmes. On en expliquera l'usage ailleurs.

THEOREME II.

31. *LES racines des produits qui forment chaque membre d'une équation sont reciproquement proportionnelles; c'est-à-dire qu'en prenant les racines d'un des membres pour les extrêmes, & les racines de l'autre pour les moyens, ces quatre racines formeront une proportion.*

Soit l'équation $abc = dfg$. Il faut prouver que $ab \,.\, df :: g \,.\, c$, ou afin que la consequence soit en équation $\frac{ab}{g} = \frac{df}{c}$: car l'équation ne peut être vraye que la proportion ne le soit aussi.

En divisant toute l'équation $abc = dfg$, par gc, l'on aura $\frac{abc}{gc} = \frac{dfg}{gc}$, ou (art. 1. n°. 37.) $\frac{ab}{g} = \frac{df}{c}$, qui est semblable à la consequence. *C. Q. F. D.*

COROLLAIRES.

1er. ON peut tirer de la même équation $abc = dfg$ plusieurs autres proportions, & les démontrer de la même maniere, pourvû qu'on prenne les extrêmes dans un membre, & les moyens dans l'autre, & qu'on garde la Loi des Homogenes, c'est-à-dire que les termes de chaque raport ayent un pareil nombre de dimensions: par exemple, on en peut tirer $a \,.\, d :: fg \,.\, bc$; $b \,.\, f :: dg \,.\, ac$, &c. mais quoiqu'on le puisse, on n'en doit pas tirer $a \,.\, df :: g \,.\, bc$: car on compareroit des quantitez de differens genres, comme une ligne avec un plan. Il en est ainsi des autres.

2e. Il est clair qu'afin qu'une équation puisse être réduite en proportion, il faut que chaque membre soit le produit de deux quantitez qui se puisse séparer par la division; c'est pourquoi il est souvent necessaire de la changer d'état pour la réduire en proportion. Par exemple, on ne peut réduire cette équation $xx = ax + bb$ en proportion dans l'état où elle est: car le second membre ne peut être divisé par aucune quantité : mais en transposant, l'on a $xx - ax = bb$, d'où l'on peut tirer $x . b :: b . x - a$. De celle-ci $xx = aa - bb$, on peut tirer $a - b . x :: x . a + b$. De celle-ci $xx = aa + bb$, ou $xx - aa = bb$, on peut tirer $x - a . b :: b . x + a$. Mais pour changer celle-ci $xx = aa - bc$ en proportion ; il faut changer bc en un quarré, ou aa en un rectangle dont un côté soit b, ou c ; faisant donc, par exemple, $bc = dd$, l'on aura $xx = aa - dd$, d'où l'on tire $a - d . x :: x . a + d$. Il en est ainsi des autres.

3e. Il suit aussi qu'un raport ou une fraction comme $\frac{ab}{c}$ est un des termes d'une proportion, & renferme les trois autres : car faisant $\frac{ab}{c} = x$, l'on aura en multipliant par c, $ab = cx$; donc (n°. 31.) $c . a :: b . x$, ou $c . a :: b . \frac{ab}{x}$, en remettant pour x sa valeur $\frac{ab}{c}$.

4e. Il suit aussi des deux Theorêmes précedens que si quatre grandeurs a, b, c, d, seront proportionelles, c'est-à-dire que $a . b :: c . d$, elles seront aussi proportionelles dans les quatre variations suivantes.

1. $a . c :: b . d$, ce qu'on appelle, *permutando*.
2. $b . a :: d . c$, ce qu'on appelle, *invertendo*.
3. $a + b . b :: c + d . d$, ce qu'on appelle, *componendo*.
4. $a - b . b :: c - d . d$, ce qu'on appelle, *dividendo*.

Car si les équations que l'on tirera (n°. 29.) de ces quatre analogies sont vrayes, les analogies le seront aussi. Or la premiere & la seconde analogie donnent $ad = bc$, la troisiéme donne $ad + bd = bc + bd$, & la quatriéme $ad - bd = bc - bd$: mais l'Hypothese $a . b :: c . d$, donnée $ad = bc$, qui est la premiere équation, & qui montre par consequent la verité des deux premieres analogies.

Si l'on ajoute, & si l'on soustrait bd de chaque membre de l'équation $ad = bc$ tirez de l'Hypothese, l'on aura $ad + bd = bc + bd$, & $ad - bd = bc - bd$, qui sont

semblables

ſemblables aux deux dernieres équations tirées des deux dernieres analogies, & qui en font par conſequent voir la verité.

Il y a encore d'autres variations dans les proportions que l'on démontrera avec la même facilité.

THEORÊME III.

32. *SI deux grandeurs quelconques* a *&* b, *ſont multipliées par une même grandeur* c, *rationelle, ou irrationelle, les produits* ac & bc, *feront en même raiſon que les mêmes quantitez* a, *&* b.

Il faut prouver que $ac \,.\, bc :: a \,.\, b$, ou, afin que la conſequence ſoit en équation, que (nº. 29.) $abc = abc$.

Parceque les deux membres de cette équation ſont ſemblables, il ſuit (nº. 29, & 31.) que ce qui étoit propoſé eſt vrai.

COROLLAIRES.

1er. IL eſt clair qu'on peut multiplier les quatre termes d'une proportion, ou l'un ou l'autre des deux raports qui la forment, ou les deux antecedens, ou les deux conſequens de ces raports, par telle quantité qu'on voudra, ſans que ces raports ceſſent d'être égaux.

2e. Et parceque les raports, ou les diviſions indiquées ſont des fractions, il ſuit qu'on peut multiplier les deux termes d'une fraction par telle quantité qu'on voudra ſans que cette fraction change de valeur. Ainſi $\frac{a}{b} = \frac{ac}{bc}$, en multipliant les deux termes par c.

3e. Une quantité quelconque, qui n'eſt point fractionnaire devient une fraction étant comparée à l'unité, ce qui n'y change rien ; c'eſt pourquoi toute quantité qui n'eſt point fractionnaire, peut être changée en une fraction, dont le dénominateur ſera telle quantité qu'on voudra. Ainſi a ou $\frac{a}{1} = \frac{ab}{b}$, en multipliant chaque terme par b.

4°. Il suit aussi qu'on peut donner à des fractions des dénominateurs semblables, lorsqu'elles en ont de differens, ce qu'on appelle *réduire les fractions à même dénomination*: car pour cela, il n'y a qu'à multiplier les deux termes de chacune par le dénominateur de l'autre, s'il n'y en a que deux. Ainsi pour réduire à même dénomination $\frac{ab}{c}$ & $\frac{df}{g}$, ayant multiplié les deux termes de la premiere par g, & ceux de la seconde par c, l'on aura $\frac{abg}{cg}$ & $\frac{cdf}{cg}$. S'il y en a un plus grand nombre, on multipliera les 2 termes de chacune par le produit des dénominateurs des autres. Ainsi pour réduire $\frac{a}{d}$, $\frac{b}{f}$, $\frac{c}{g}$ en même dénomination; ayant multiplié les deux termes de la premiere par fg, ceux de la seconde par dg, & ceux de la troisiéme par df, l'on aura $\frac{afg}{dfg}$, $\frac{bdg}{dfg}$, $\frac{cdf}{dfg}$.

Il se trouve souvent des fractions que l'on peut réduire à même dénomination, sans les changer toutes d'expression. Ainsi $\frac{abb}{cd}$ & $\frac{gh}{c}$, seront réduites en même dénomination, en multipliant les deux termes de la seconde par d: car l'on aura $\frac{dgh}{cd}$.

5°. Il suit encore que c'est la même chose de diviser le dénominateur d'une fraction, par une quantité quelconque, ou de multiplier son numerateur par la même quantité. Ainsi $\frac{\frac{ab}{c}}{d} = \frac{\frac{abd}{cd}}{d} = \frac{abd}{c}$.

THEOREME IV.

33. *Si l'on divise deux grandeurs quelconques* a & b *par une même grandeur* c, *rationelle ou irrationelle ; les quotiens* $\frac{a}{c}$ & $\frac{b}{c}$, *seront en même raison que les premieres grandeurs* a & b.

Il faut prouver que $\frac{a}{c} . \frac{b}{c} :: a . b$, ou, ayant supposé $\frac{a}{c} = p$, & $\frac{b}{c} = q$, que $p . q :: a . b$, ou afin que la consequence soit en équation, que $bp = aq$.

La premiere équation (Axio. 1. Coroll. 4.) donne $a = cp$, & la seconde, $b = cq$, d'où l'on tire (Axio. 1. Coroll. 1.) $acq = bcp$, ou en divisant par c, $aq = bp$; donc (Th. 2.) $p . q :: a . b$, ou $\frac{a}{c} . \frac{b}{c} :: a . b$, en remettant pour p, & pour q, leurs valeurs $\frac{a}{c}$ & $\frac{b}{c}$. *C. Q. F. D.*

On pourroit démontrer ce Theorême en cette sorte. L'hypothese $\frac{a}{c} . \frac{b}{c} :: a . b$; donne (Theor. 1.) $\frac{ab}{c} = \frac{ab}{c}$ qui est une équation évidente par elle-même.

2°. C'est aussi par le moyen de ce Theorême que l'on réduit les raports ou fractions à leurs plus simples expressions. Ce qui se fait en divisant l'antecedent & le consequent de chaque raport par une même quantité, que l'on nomme, *commun diviseur*, & les deux quotiens forment un autre raport, ou fraction égale à la proposée, mais plus simple.

Or il est souvent aisé d'apercevoir ce commun diviseur, & particulierement quand les deux termes du raport que l'on veut réduire sont incomplexes. Mais si on ne l'aperçoit pas par la seule inspection des termes, on cherchera (art. 1. n°. 56, ou 57.) tous les diviseurs de l'antecedent, & tous ceux du consequent ; & les diviseurs de l'antecedent qui se trouveront aussi parmi ceux du conſequent, ſeront des diviſeurs communs; mais on ne ſe ſervira que du plus grand : s'il ne s'en trouve aucun parmi ceux de l'antecedent, qui ſe trouve auſſi parmi ceux du conſequent, la fraction ne pourra être réduite à de plus ſimples termes.

EXEMPLES.

EXEMPLE I. $\frac{aab}{ac}$ ſe réduit, ou eſt égal à $\frac{ab}{c}$ en diviſant chaque terme par leur commun diviſeur a.

Exemple 2. $\frac{abc\sqrt{abd}}{cx\sqrt{ag}} = \frac{ab\sqrt{bd}}{x\sqrt{g}}$ en diviſant les parties rationelles par c, & les irrationelles par $\sqrt{a}$.

Exemple 3. $\frac{abc\sqrt{abc}}{cd\sqrt{b}} = \frac{ab\sqrt{ac}}{d}$ en diviſant les parties rationelles par c, & les irrationelles par $\sqrt{b}$.

Exemple 4. $\frac{a^3}{a^3} = \frac{1}{1} = 1$, en diviſant les deux termes par a^3 : Mais (art. 1. n°. 22.) $\frac{a^3}{a^3} = a^{3-3} = a^0$; donc $a^0 = 1$, ce que nous avions ſuppoſé dans l'endroit que nous venons de citer.

Exemple 5. $\frac{a^3}{a^5} = \frac{1}{a^2}$, en diviſant chaque terme par a^3: mais (art. 1. n°. 22.) $\frac{a^3}{a^5} = a^{3-5} = a^{-2}$; donc $a^{-2} = \frac{1}{a^2}$, ce que nous avions encore ſuppoſé au même endroit.

Exemple 6. $\frac{25ab}{15bc} = \frac{5a}{3c}$ en diviſant chaque terme par $5b$.

Exemple 7. $\frac{aac + abc}{aa + bb} = \frac{ac}{a - b}$, en diviſant chaque terme par leur commun diviſeur $a + b$.

Exemple 8. $\frac{a^3 - b^3}{aa - bb} = \frac{aa + ab + bb}{a + b}$, en diviſant chaque terme par le commun diviſeur $a - b$.

THEOREME V.

34. *Si l'on divise une même quantité* a, *par des quantitez differentes* b & c, *les quotiens seront reciproquement proportionels à leurs diviseurs.*

Il faut prouver que $\frac{a}{b} . \frac{a}{c} :: c . b$, ou, ayant supposé $\frac{a}{b} = p$, & $\frac{a}{c} = q$, que $p . q :: c . b$, ou afin que la consequence soit en équation, que $bp = cq$.

La premiere supposition donne $a = bp$, & la seconde $a = cq$; donc (Axio. 3.) $bp = cq$; & partant (Theor. 2.) $p . q :: c . b$, ou $\frac{a}{b} . \frac{a}{c} :: c . b$, en remettant pour p, & pour q, leurs valeurs $\frac{a}{b}$, & $\frac{a}{c}$. *C. Q. F. D.*

On pourroit démontrer plus simplement ce Theorême: car la consequence $\frac{a}{b} . \frac{a}{c} :: c . b$ donne (Theor. 1.) $\frac{ab}{b} = \frac{ac}{c}$, ou (art. 1. n°. 37.) $a = a$, ou, $a - a = 0$, ou $0 = 0$.

THEOREME VI.

35. *Si trois grandeurs* a, b, c, *sont en proportion continue, la premiere* a, *sera à la troisiéme* c, *comme le quarré de la premiere* aa, *au quarré de la seconde* bb.

Il faut prouver que $a . c :: aa . bb$, ou, afin que la consequence soit en équation, que $aac = abb$.

L'on a (Hyp.) $a . b :: b . c$; donc $ac = bb$, & partant $aac = abb$ en multipliant chaque membre par a. *C. Q. F. D.*

THEOREME VII.

36. LORSQUE *plusieurs raports sont égaux, comme* $\frac{a}{b} = \frac{c}{d} = \frac{d}{e}$ &c. *La somme des antecedens* $a + c + d$, *est à la somme des consequens* $b + d + e$, *comme celui qu'on voudra des antecedens, est à son consequent.*

Il faut prouver que $a+c+d \,.\, b+d+e :: a \,.\, b$, ou, afin que la conſequence ſoit en équation, que $ab+bc+bd = ab+ad+ae$, ou en ôtant de part & d'autre le terme ab qui ſe détruit par la réduction, $bc+bd = ad+ae$.

Les deux premiers raports égaux (Hyp.) donnent $ad = bc$, le premier & le troiſiéme donnent $ae = bd$; donc (Axio. 1. Coroll. 1.) $bc+bd = ad+ae$. C. Q. F. D.

COROLLAIRE.

37. Il ſuit de ce Theorême, que connoiſſant les deux premiers termes a & b, & le dernier c, d'une progreſſion geometrique, on trouvera aiſément la ſomme de tous les termes qui la compoſent: car nommant la ſomme des antecedens x; la ſomme des conſequens ſera $x-a+c$. Or par ce Theorême, $x \,.\, x-a+c :: a \,.\, b$; donc (Theor. 1.) $bx = ax - aa + ac$; ou, en tranſpoſant, & en ſuppoſant $a > b$, $ax - bx = aa - ac$; d'où l'on tire (Axio. 1. Cor. 5.) $x = \frac{aa-ac}{a-b}$. Ce qu'il falloit trouver.

Si $a > b$, ou ce qui eſt la même choſe, ſi la progreſſion va en diminuant, & qu'on la ſuppoſe infinie, en faiſant le dernier terme $c = 0$, l'on aura $x = \frac{aa}{a-b}$, pour la valeur de tous les termes de la progreſſion: car le terme ac ſe détruit à cauſe de $c = 0$.

THEORÊME VIII.

38. *La plus grande* a *de deux quantitez inégales* a *&* b *a un plus grand raport à une troiſiéme grandeur* c *que la plus petite* b; *& la même grandeur* c, *a un plus grand raport à la plus petite* b *qu'à la plus grande* a.

Il faut prouver, 1°. Que $\frac{a}{c} > \frac{b}{c}$. 2°. Que $\frac{c}{b} > \frac{c}{a}$.

L'on a par l'Hyp. $a > b$; donc (par le principe précedent, & ſes explications) $\frac{a}{c} > \frac{b}{c}$, en diviſant chaque membre de cette inégalité par c. Ce qu'il falloit premierement démontrer.

L'on a encore (Hyp.) $a > b$, donc en multipliant chaque membre de cette inégalité par c, & divisant chaque membre par ab, l'on aura $\frac{ac}{ab} > \frac{bc}{ab}$, ou (art. 1. n°. 37.) $\frac{c}{b} > \frac{c}{a}$. Ce qu'il falloit en second lieu démontrer.

Nous avons supposé dans la Multiplication, & dans la Division, que $+ \times +$, & $- \times -$ donnoit $+$; & que $+ \times -$, ou $- \times +$ donnoit $-$. En voici la preuve, en supposant seulement que $+ \times +$ donne $+$, dont personne ne doute.

39. Soit $a - b$ à multiplier par $+c$. Je dis que le produit sera $ac - bc$: car ayant supposé $a - b = p$; l'on aura en transposant $a = p + b$, & multipliant cette équation par $+c$, l'on aura $ac = pc + bc$; donc en transposant, $ac - bc = pc$; donc $a - b \times +c = ac - bc$.

40. Soit presentement $a - b$ à multiplier par $-c$. Je dis que le produit sera $-ac + bc$: car ayant supposé $a - b = p$, l'on aura en transposant $a = p + b$; donc en multipliant par $-c$, l'on aura (n°. 39.) $-ac = -pc - bc$, ou $-ac + bc = -pc$; donc $a - b \times -c = -ac + bc$.

41. Je dis aussi que $\frac{ab}{-a} = -b$: car le produit du diviseur par le quotient, doit donner le dividende, ce qui n'arriveroit pas si le quotient étoit $+b$: car $-a \times +b = -ab$, qui n'est point le dividende. Au contraire $-a \times -b = +ab$, qui est la quantité à diviser.

42. Il est de-là évident que $\frac{ab}{-d} = \frac{-ab}{d}$, puisque dans l'un & dans l'autre cas, le quotient doit être négatif, ce que nous avons aussi supposé ailleurs.

REMARQUE.

1°. TOUT le Calcul algebrique est fondé sur les trois Axiomes précedens, & sur les quatre premiers Theorêmes que l'on vient de démontrer. On n'a démontré les quatre derniers que pour faire voir l'usage de notre principe, & que par son moyen, on peut démontrer d'une maniere qui est toujours la même, toutes les proprietez des raports égaux, & inégaux, des proportions, & des progressions geometriques.

2°. L'on remarquera aussi qu'en suivant le même principe, l'on démontrera avec la même facilité toutes les proprietez des raports, proportions, & progressions arithmetiques.

3°. Que l'équation qui exprime la consequence ou la verité que l'on veut démontrer, peut toujours être délivrée de fractions, de signes radicaux, & réduite à ses plus simples termes, avant que de chercher à lui rendre semblable celle qui renferme l'Hypothese: car une équation étant vraye dans un état, elle le sera dans tous ceux qu'elle est capable de recevoir.

Il s'agit presentement d'ajouter, soustraire, multiplier, diviser, & extraire les racines des raports, ou fractions.

Addition, et Soustraction.

43. Pour les ajouter, on les écrira de suite sans changer aucun signe; & pour les soustraire, on les écrira de suite en changeant les signes de celles qui doivent être soustraites, soit que leur dénominateur soit le même, ou non. On leur donnera ensuite un même dénominateur; & aprés avoir réduit (art. 1. n°. 11.) dans l'un & l'autre cas, les numerateurs semblables, on prendra pour la somme, ou pour la difference, celles des deux expressions qui sera la plus simple.

Exemples.

Pour ajouter $\frac{ab}{c}$ avec $\frac{ad}{c}$, l'on aura $\frac{ab+ad}{c}$. Pour ajouter $\frac{aab^4}{a^4-2aabb+b^4}$ avec $\frac{aabb}{aa-bb}$, l'on écrira $\frac{aab^4}{a^4-2aabb+b^4}$ $+\frac{aabb}{aa-bb}$, ou aprés les avoir réduites en même dénomination

mination, $\frac{aab^4 + a^4bb - aab^4}{a^4 - 2aabb + b^4}$ = (art. 1. nº. 11.) $\frac{a^4bb}{a^4 - 2aabb + b^4}$ qui est une expression plus simple que la premiere.

Pour soustraire $\frac{ab}{c-d}$ de $\frac{aa-bb}{c}$, l'on écrira $\frac{aa-bb}{c}$ $- \frac{ab}{c-d}$, ou, aprés leur avoir donné un même dénominateur $\frac{aac - bbc - aad + bbd - abc}{cc - cd}$. La premiere expression est la plus simple.

MULTIPLICATION.

44. On multiplicra les numerateurs, & ensuite les dénominateurs l'un par l'autre; & les deux produits formeront une fraction que l'on réduira à son expression la plus simple.

Soit $\frac{ac}{b}$ à multiplier par $\frac{bc}{d}$. Ayant supposé $\frac{ac}{b} = p$, & $\frac{bc}{d} = q$. Il faut prouver que $\frac{abcc}{bd} = pq = \frac{acc}{d}$.

La premiere supposition donne $ac = bp$, & la seconde, $bc = dq$; donc (Axio. 1. Coroll. 1.) $abcc = bdpq$; donc (Axio. 1. Coroll. 5.) $\frac{abcc}{bd} = pq = \frac{abc}{d}$. C. Q. F. D.

De même $\frac{ab}{c} \times b + \frac{cd}{b}$, ou (Theor. 3. Coroll. 3.) $\frac{ab}{c}$ $\times \frac{bb + cd}{b} = \frac{ab^3 + abcd}{bc} = \frac{abb + acd}{c}$, en divisant les deux termes par b. Par la même raison $\frac{ab}{c} \times d$, ou $\frac{d}{1} = \frac{abd}{c}$.

DÉFINITION.

45. Le produit $\frac{ac}{bd}$ de deux raports differens $\frac{a}{b}$ & $\frac{c}{d}$, est applé *raport composé*, ou *raison composée*; & le produit $\frac{aa}{bb}$ d'un raport $\frac{a}{b}$, multiplié par lui-même, est appellé *raport doublé*, ou *raison doublée*.

DIVISION.

46. Le produit du numerateur du dividende par le dénominateur du diviſeur ſera le numerateur du quotient, & le produit du dénominateur du dividende par le numerateur du diviſeur, ſera le dénominateur du quotient. On réduira enſuite le quotient à ſon expreſſion la plus ſimple.

Soit propoſé le rapport $\frac{ab}{c}$ à diviſer par $\frac{ac}{b}$. Ayant ſuppoſé $\frac{ab}{c} = p$, & $\frac{ac}{b} = q$. Il faut prouver que $\frac{acb}{acc} = \frac{p}{q} = \frac{bb}{cc}$.

La premiere ſuppoſition donne $ab = cp$; la ſeconde, $ac = bq$; donc (Axio. 1. Coroll. 1.) $\frac{ab}{ac} = \frac{cp}{bq}$, ou, en multipliant chaque membre par b, & diviſant chaque membre par c, $\frac{abb}{acc} = \frac{p}{q} = \frac{bb}{cc}$. *C. Q. F. D.*

De même $\frac{ac}{b}$ diviſé par d, ou par $\frac{d}{1}$, donne $\frac{ac}{bd}$.

EXTRACTION.

Des racines des quantitez fractionnaires.

47. Il eſt clair par les regles de la multiplication des fractions, que pour extraire leurs racines, il n'y a qu'à extraire celle du numerateur, & celle du dénominateur & ces deux racines formeront une fraction, qui ſera la racine de la propoſée. Ainſi $\sqrt{\frac{8abbc}{4bcc}} = \frac{2b\sqrt{2ac}}{2c\sqrt{b}} = \frac{b\sqrt{2ac}}{c\sqrt{b}}$. Il en eſt ainſi des autres.

Les mêmes operations ſur les fractions irrationelles n'ont rien de particulier.

Fin de l'Introduction.

APPLICATION DE L'ALGEBRE A LA GEOMETRIE.

SECTION PREMIERE.

Où l'on donne les définitions & les principes generaux qui servent pour resoudre les Problêmes, & démontrer les Theorêmes de Geometrie.

DÉFINITIONS.

I. IL y a deux sortes de propositions dans la Geometrie, ausquelles on peut appliquer l'Algebre, qui sont les Theorêmes & les Problêmes.

1. Les Theorêmes sont des propositions qui contiennent des veritez Geometriques qui ne dépendent d'aucune operation, & qu'il faut seulement démontrer.

2. Les Problêmes ſont d'autres propoſitions qui demandent que l'on faſſe quelqu'operation, & que l'on démontre que l'operation que l'on a faite, ſatisfait à la queſtion. Ce qui s'appelle reſoudre le Problême.

Il y a des Problêmes déterminez, & d'autres indéterminez.

3. Les Problêmes déterminez ſont ceux qui n'ont qu'une ſeule ſolution, ou qu'un nombre déterminé de ſolutions. Si l'on propoſe, par exemple, de couper une ligne donnée en deux également, on voit clairement que ce Problême ne peut avoir qu'une ſeule ſolution; mais ſi
FIG. 1. l'on propoſe de couper une ligne donnée AB en un point C, en ſorte que le rectangle $AC \times CB$ ſoit égal au quarré d'une autre ligne donnée EF; il eſt clair que que ce Problême peut avoir deux ſolutions, & qu'il n'en peut pas avoir davantage: car ſi aprés avoir trouvé le point C qui ſatisfait à la queſtion, on la coupe encore en un autre point D qui ſoit autant éloigné de A que C l'eſt de B, le rectangle $AD \times DB$ ſera égal au rectangle $AC \times CB$ puiſque $AD = CB$, & $AC = DB$. Il eſt aiſé de voir qu'il n'y a point d'autre point qui puiſſe ſatisfaire au Problême.

4. Les Problêmes indéterminez ſont ceux qui ont une infinité de ſolutions: comme ſi l'on propoſe de diviſer une ligne donnée en deux parties ſans y admettre aucune autre condition, il eſt évident que tous les points de cette ligne ſatisfont au Problême. De même ſi l'on propoſe de trouver deux lignes dont le rapport ſoit égal à celui de deux autres lignes données; l'on voit évidemment que les deux lignes que l'on cherche, peuvent être priſes d'une infinité de grandeurs differentes, & qui auront toûjours entr'elles le même rapport. Semblablement

FIG. 2. 5. Si l'on demande de trouver un point B ſur la circonference d'un demi cercle ABC, en ſorte que la perpenculaire BH, menée du point cherché B ſur le diametre AC ſoit moyenne proportionnelle entre les parties AH & HC du diametre AC. On ſçait que tous les points de la circonference ont cette proprieté, c'est-à-dire que toutes les perpendiculaires, comme *BH* sont moyennes proportionnelles entre *AH* & *HC* en quelqu'endroit que l'on prenne le point *B*.

DÉFINITION.

6. Les lignes droites ou courbes qui renferment, ou sur lesquelles sont tous les points qui resolvent un Problême indéterminé, sont appellez *lieux Geometriques*. Ainsi la demi circonference *ABC* est le lieu qui contient tous les points *B*, d'où l'on peut tirer des perpendiculaires *BH* moyennes proportionnelles entre *AH*, & *HC*.

AVERTISSEMENT.

7. *Quoique l'on se propose ici de donner la maniere de démontrer les Theorêmes de Geometrie par le moyen de l'Algebre; il ne faut pas entendre cela si generalement qu'il n'y en ait quelques-uns d'exceptez: car il y en a d'Elementaires où l'Algebre n'a point de prise. On ne peut, par exemple, démontrer par l'Algebre que le quarré de l'hypothenuse d'un triangle rectangle est égal aux deux quarrez des deux autres côtez, ni que les côtez homologues des triangles semblables sont proportionnels. Il en est de même de plusieurs autres; & c'est particulierement de ces deux Theorêmes que l'Algebre a besoin, & par le moyen desquels on vient à bout de tout, comme on verra dans toute l'étendue de cet Ouvrage. Soit qu'il s'agisse de resoudre un Problême, ou de dénombrer un Theorême de Geometrie par le moyen de l'Algebre, il est toujours necessaire de trouver des équations & pour ce sujet il faut nommer toutes les lignes connues, & inconnues qui y peuvent servir, par des lettres de l'Alphabet, avec cette difference que l'on nommera les données ou connues, ou déterminées, ou constantes par les premieres* a, b, c, d, &c. *& les inconnues ou indeterminées, ou variables par les dernieres*, r, f, t, u, x, y, z.

Et parcequ'il y a souvent plusieurs chemins pour trouver les équations necessaires pour la démonstration d'un Theorême, ou pour la résolution d'un Problême, on pourroit prendre celui qui se presenteroit le premier s'ils conduisoient tous à des équations également simples, & d'où l'on pût tirer des constructions également élegantes : mais comme l'on arrive quelquefois à des équations tres composées, en suivant certaines routes, & que l'on arriveroit à de tres-simples en en suivant d'autres ; il s'ensuit que lorsqu'on ne trouve pas les premieres équations ausquelles on est parvenu par les premieres suppositions, à ces simples, il en faut chercher d'autres par d'autres voyes, & ne se point rebuter ; car lorsqu'un Problême est simple de sa nature, on trouve ordinairement des équations simples pour le resoudre : mais parceque pour trouver des équations simples, cela dépend particulierement des lignes que l'on nomme par des lettres inconnues, c'est-à-dire, qu'en nommant certaines lignes par des lettres inconnues, on arrive à des équations tres-composées, au lieu qu'en en nommant d'autres par les mêmes lettres inconnues, on arrive souvent à des équations tres-simples.

8. *On ne peut donner de regles précises pour déterminer parmi les lignes inconnues celles que l'on doit nommer par des lettres inconnues, pour parvenir aux équations les plus simples, ni pour tirer certaines lignes qui sont necessaires tant pour la démonstration des Theorêmes, que pour la résolution des Problêmes, mais l'on peut faire certaines remarques, & établir certains principes qui ne laissent pas d'avoir un grand usage dans l'un & l'autre cas. On les trouvera ailleurs.*

PRINCIPES GENERAUX

Pour appliquer l'Algebre à la Geometrie.

II. LORSQU'IL s'agit de resoudre un Problême, ou de démontrer un Theorême de Geometrie, on doit premierement bien entendre ce dont il s'agit, c'est-à-dire l'état de la question, & bien remarquer les qualitez des lignes qui doivent former la figure sur laquelle on doit operer : car il y a des lignes données de position seulement ; d'autres données de grandeur, & de position tout ensemble ; d'autres données de grandeur, & non de position ; & d'autres enfin qui ne sont données ni de grandeur ni de position.

1. Les lignes données de position seulement, sont celles dont la situation est invariable & toûjours la même, mais dont la longueur n'est point déterminée : comme la ligne *EFG*, qui étant une fois posée dans une situation perpendiculaire au prolongement du diametre *AC* d'un demi cercle *ABC*, à une certaine distance du point *C*, ne peut avoir aucune autre position.

Les lignes données de grandeur & de position tout ensemble, sont celles qui ne peuvent changer de situation, & dont la longueur est déterminée, de sorte qu'elles ne peuvent ni alonger ni acourcir : comme le diametre *AC* du demi cercle *ABC*, qui étant une fois posé dans une situation perpendiculaire à la ligne *FG*, ne peut avoir aucune autre position.

Les lignes données de grandeur, & qui ne le sont point de position, sont celles dont la grandeur ne peut varier ; quoique leur situation puisse changer, comme le demi diametre *DB*, qui demeurent toûjours de même grandeur en quelqu'endroit de la circonference *ABC* que l'on prenne le point *B*. Les lignes données de grandeur sont aussi appellées lignes *connues* ou lignes *constantes*, & & on les nomme par des lettres connues, *a*, *b*, *c*, *d*, *&c.*

Les lignes qui ne sont données ni de grandeur ni de position, sont celles qui en changeant de places, changent aussi de grandeur, comme la perpendiculaire *BH* qui changera de grandeur & de place autant de fois que le point *H* s'éloignera ou s'approchera du point *D*. Les lignes qui ne sont données ni de grandeur ni de position, sont aussi appellées lignes *inconnues*, *indéterminées*, ou *variables*, & on les nomme par des lettres inconnues *x*, *y*, *z*, *&c.*

2. Lorsqu'on veut resoudre un Problême, on le doit considerer comme déja resolu, & ayant mené les lignes que l'on juge necessaires, l'on nommera celles qui sont connues par des lettres connues, & celles qui sont inconnues par des lettres inconnues, & sans faire de distinction entre les quantitez connues & inconnues, on exami-

nera les qualitez de la queſtion, & l'on cherchera le moyen d'exprimer une même quantité en deux manieres differentes; & ces deux expreſſions d'une même quantité étant égalées l'une à l'autre, donneront une équation qui reſoudra le Problême, qui ſera déterminé, ſi elle ne renferme qu'une ſeule lettre inconnue.

Mais ſi elle renferme pluſieurs lettres inconnues, il faut tâcher par le moyen des differentes conditions du Problême de trouver autant d'équations que l'on aura employé de lettres inconnues, afin que les faiſant évanouir, de la maniere qu'il eſt enſeigné dans tous les livres d'Algebre, l'on ait enfin une équation qui n'en renferme qu'une ſeule; cette équation étant reduite, s'il eſt neceſſaire, à ſes plus ſimples termes par les manieres ordinaires expliquées dans les mêmes livres d'Algebre, donnera la ſolution du Problême qui ſera encore déterminé.

Si l'on ne peut trouver autant d'équations que l'on a employé de lettres inconnues, de ſorte qu'il reſte au moins deux inconnues dans la derniere équation, le Problême ſera indeterminé, & aura une infinité de ſolutions. Enfin, ſi dans la derniere équation il reſtoit trois ou un plus grand nombre de lettres inconnues, le Problême ſeroit encore indeterminé, mais il ſeroit d'une autre eſpece dont nous ne parlerons point.

Il eſt ſouvent facile de reconnoître par les qualitez d'un Problême, s'il eſt déterminé ou indeterminé; auquel cas on ſçait, ſi ayant employé deux inconnues, on doit trouver deux équations, ou ſi l'on n'en doit trouver qu'une ſeule: mais il arrive auſſi quelquefois que cela n'eſt pas ſi facile à diſtinguer, & c'eſt en ce cas qu'il faut tacher de trouver autant d'équations qu'on a employé d'inconnues, afin de déterminer par ce moyen la qualité du Problême.

On n'explique point plus au long ce principe; car tout ce Traité n'en eſt que l'application. On ſe contentera de faire ici quelques reflexions ſur les équations qui ne contiennent qu'une ſeule, ou deux lettres inconnues, c'eſt-à-dire ſur les équations déterminées, & ſur les indeterminées.

DES EQUATIONS DE'TERMINE'ES.

3. ON ſçait que la lettre inconnue de ces équations, a autant de valeurs ou de racines, qu'elle a de dimenſions dans le terme où elle eſt le plus élevée, que ces valeurs ſont vrayes, fauſſes, ou imaginaires; on ne dit pas qu'elles ſoient toutes d'une même eſpece dans une même équation : car dans une même équation il y en a quelquefois des trois eſpeces, de vrayes, de fauſſes, & d'imaginaires.

Les racines vrayes ou poſitives ſont celles qui ſont précedées du ſigne $+$: comme $x = +a$:

Les racines fauſſes ou negatives ſont celles qui ſont précedées du ſigne $-$: comme $x = -a$. Les racines fauſſes ſont d'un grand uſage dans la Geometrie; car comme elles ſont autant réelles que les racines poſitives, elles ſervent à determiner les poſitions des courbes autant que les poſitives, dont elles ne different qu'en ce que les poſitives devant être priſes d'un côté d'un point ou d'une ligne, les fauſſes doivent être priſes de l'autre; comme on verra dans la ſuite.

Les racines imaginaires ſont celles qui ſont ſous un ſigne radical avec le ſigne $-$: comme $x = \sqrt{-ab}$; & comme la valeur de ces racines ne peut être exprimée, on les regarde comme nulles ou $= 0$; de ſorte que $x = \sqrt{-ab}$. doit être regardée comme $x = 0$.

Dans toutes les équations où il n'y a que deux termes tous deux poſitifs, l'un connu & l'autre inconnu, ſi l'expoſant de l'inconnue eſt un nombre pair, elle aura deux valeurs réelles, l'une poſitive & l'autre negative; toutes les autres ſeront imaginaires. Par exemple, de $xx = aa$, l'on tire $x = +a$, & $x = -a$; car en quarrant les deux membres de ces deux équations l'on a toûjours $xx = aa$, puiſque $- \times -$ donne $+$ auſſi bien que $+ \times +$, &

en general de $x^p = a^p$ (p. signifie un nombre pair quelconque) l'on tire $x = \pm a$: ce qui se prouve comme on vient de faire, en élevant l'un & l'autre membre à la puissance paire p; car l'on aura toûjours $x^p = + a^p$.

Si l'un des termes est positif & l'autre negatif, toutes les valeurs de l'inconnue seront imaginaires : car on n'aura jamais le signe de $-$ aprés avoir élevé une quantité négative à une puissance paire : par exemple $-a$ élevé à une puissance paire p donnera toujours $+a^p$, & jamais $-a^p$.

Si l'exposant de l'inconnue est un nombre impair, l'inconnue n'aura qu'une racine réelle qui est positive, lorsque les deux termes des équations sont positifs ; negative lorsqu'un d'eux est negatif, toutes ses autres racines sont imaginaires : par exemple, de $x^3 = a^3$, on tire $x = a$, & non pas $x = -a$, & de $x^3 = -a^3$, on tire $x = -a$ & non pas $x = a$; car le cube d'une grandeur positive est toûjours positif, & celui d'une quantité negative est toûjours negatif. Et en general de $x^q = + a^q$ (q signifie un nombre impair) on tire $x = + a$; de même, de $x^q = - a^q$ on tire $x = - a$: car $+ a$ élevé à une puissance impaire q donne $+ a^q$: & $- a$ élevé à une puissance impaire q donne toujours $-a^q$.

On fera les mêmes raisonnemens sur les équations composées : par exemple $xx = aa + bb$ donne $x = \pm \sqrt{aa+bb}$, $xx = aa - bb$ donne $x = \pm \sqrt{aa-bb}$: mais en ce cas si b surpasse a, les deux valeurs de x sont imaginaires. $xx = \pm ax \mp bb$ donne $x = \pm \frac{1}{2}a \pm \sqrt{\frac{1}{4}aa \mp bb}$: car en transposant l'on a $xx \mp ax = \mp bb$; & ajoûtant $\frac{1}{4}aa$ de part & d'autre pour rendre le premier membre quarré, l'on aura $xx \mp ax + \frac{1}{4}aa = \frac{1}{4}aa \mp bb$; donc en extrayant la racine quarrée de part & d'autre, l'on a $x \mp \frac{1}{2}a = \pm \sqrt{\frac{1}{4}aa \mp bb}$, ou $x = \pm \frac{1}{2}a \pm \sqrt{\frac{1}{4}aa \mp bb}$. Il en est

ainsi

ainsi des autres. Mais il faut remarquer que si dans ce dernier exemple, & dans les semblables, bb a le signe de $-$, & que b surpasse $\frac{1}{2}a$, la valeur de x sera imaginaire; car puisque la quantité $\frac{1}{4}aa-bb$ qui est sous le signe *radical*, est alors negative $\sqrt{\frac{1}{4}aa-bb}$ sera une quantité *imaginaire*; & par consequent aussi $\pm\frac{1}{2}a\pm\sqrt{\frac{1}{4}aa-bb}$: car une quantité imaginaire étant combinée de quelque maniere que ce soit avec une quantité réelle, rend le tout imaginaire.

4. On connoît la nature d'un Problême déterminé par le plus haut degré, ou ce qui est la même chose, par la plus haute puissance de l'inconnue, qui se trouve dans l'équation qui sert à le résoudre, en supposant que cette équation soit réduite à son expression la plus simple. De sorte que lorsqu'en resolvant un Problême, on vient à une équation où l'inconnue n'a qu'une dimension: comme $x=\frac{ab}{c}$, qui est une équation du premier degré, le Problême est appellé *simple*.

Lorsqu'on trouve une équation où l'inconnue a deux dimensions: comme $xx=ax+bb$, qui est une équation du second degré, le Problême est nommé *plan*.

Lorsqu'on trouve une équation où l'inconnue a trois ou quatre dimensions, comme $x^3=aab$, ou $x^4=a^3b$, qui sont des équations du troisiéme & du quatriéme degré, le Problême est nommé *solide*.

Lorsqu'on vient à une équation où l'inconnue est élevée au-delà du quatriéme degré, le Problême est nommé *lineaire*.

5. Quand une équation déterminée a tous ses termes, le nombre en est plus grand de l'unité, que l'exposant de la plus haute puissance de la lettre inconnue qu'elle

renferme. Ainsi une équation du second degré ne peut avoir que trois termes ; une équation du troisiéme degré, n'en peut avoir que quatre ; une du quatriéme, cinq ; & ainsi des autres. Mais il y manque souvent quelqu'un des termes moyens, quelquefois il en manque plusieurs, & quelquefois ils y manquent tous.

Le premier terme d'une équation, est celui où l'inconnue est élevée à une puissance plus haute que dans tout autre terme. Le second, est celui où elle est moins élevée d'une dimension. Le troisiéme, celui où elle est moins élevée de deux dimensions ; & ainsi de suite. Le dernier, est celui où elle ne se trouve point du tout.

Mais il faut remarquer qu'il se rencontre souvent dans une équation des termes *complexes*, ou composez de plusieurs quantitez Algebriques, jointes ensemble par + ou par —, qui sont ceux où l'inconnue se trouve élevée à la même puissance, ou bien ceux où elle ne se trouve point du tout. Par exemple, ces quantitez $axx - bxx + cxx$, ou $abb - bcc + d^3$, ne doivent être regardées que comme un seul terme.

On écrit ordinairement le premier terme d'une équation seul dans le premier membre, & tous les autres dans le second, selon leur ordre ; ou bien on les égale tous à zero, en les écrivans tous dans le premier membre de l'équation, selon leur ordre ; & en écrivant o seul dans le deuxiéme, en observant que le premier soit toujours simple, & délivré de toute quantité connue, comme on voit dans l'équation suivante.

$$\begin{array}{llll} x^3 & + bxx & - abx & + a^3 \\ & - cxx & + bcx & - aab = 0. \\ & + dxx & & + bcc. \end{array}$$

DES EQUATIONS INDÉTERMINÉES.

III. Les équations où il se rencontre deux lettres inconnues, qu'on appelle aussi équations *locales*, servent à conſtruire les Problêmes indéterminez, comme celles où il ne s'en rencontre qu'une ſervent à conſtruire les Problêmes déterminez. Mais parceque tant qu'il y a dans une équation deux lettres inconnues ; en les regardant comme telles, on ne peut connoître ni l'une ni l'autre. C'eſt pourquoi on eſt obligé d'aſſigner à l'une des deux, une valeur arbitraire ; & la regardant enſuite comme donnée, on pourra connoitre la valeur de l'autre.

Et comme on peut aſſigner à la même inconnue une infinité de valeurs l'une aprés l'autre, l'autre inconnue en pourra auſſi avoir une infinité. Mais en donnant ainſi differentes valeurs à une des inconnues d'une équation, on doit, à chaque fois, regarder cette équation comme une équation déterminée ; & par conſequent lui attribuer tout ce qu'on a dit dans l'Article précedent des équations déterminées. En effet, reſoudre, ou plûtôt conſtruire un Problême indéterminé, c'eſt conſtruire une infinité de fois un Problême déterminé.

REMARQUE.

1. LES valeurs arbitraires que l'on aſſigne à une des lettres inconnues d'une équation indéterminée, doivent ſouvent être limitées, & être renfermées dans certaines bornes. Et ſi elles excedent ces bornes, les valeurs de l'autre inconnue, ſeront ou negatives ou imaginaires. Par exemple, dans cette équation $x = b - y$, toutes les valeurs arbitraires que l'on peut donner à l'inconnue y ne doivent point exceder la grandeur donnée b, autrement celles de x ſeroient negatives; ce qui eſt évident. Si l'on fait $y = 0$, l'on aura $x = b$; & ſi l'on fait $y = b$, l'on aura $x = 0$; car l'équation deviendra $x = b - b = 0$. Dans cette équation $xx = aa - yy$, les valeurs arbitraires que l'on peut donner à l'inconnue y, ne doivent point exceder la grandeur donnée a : car autrement les valeurs de x ſeroient imaginaires, puiſque tout le ſecond membre de l'équation ſeroit negatif. Si l'on fait $y = a$, l'on aura

$xx=aa-aa=0$. & si l'on faisoit $y=0$, l'on auroit $xx=aa$; donc $x=\pm a$. Mais dans cette équation $ax=by$, on peut donner telle valeur que l'on voudra à l'inconnue y : car x aura toujours une valeur positive, à moins que l'on ne face $y=0$, auquel cas l'on aura $ax=$, ou $x=0\frac{0}{a}=0$.

THEOREME.

2. *Si l'on assigne à une des inconnues d'une équation indéterminée du premier degré, où elles ne sont multipliées ni par elles-mêmes, ni entr'elles, tant de valeurs arbitraires qu'on voudra. Je dis que tous les points qui détermineront les valeurs correspondantes de l'autre inconnue, seront dans une ligne droite.*

DÉMONSTRATION.

SOIT l'équation $ay=bx$, en la reduisant en Analogie l'on a $a.b::x.y$; soit presentement une ligne droite AH, dont le point A soit fixe; & ayant pris sur AH l'intervalle AB égal à la ligne donnée a, mené par le point B, la ligne BC égale à la ligne donnée b, qui fasse avec AH tel angle qu'on voudra, & mené par A & C, la droite AC indéfiniment prolongée. Il est clair qu'ayant pris sur AH un point quelconque D, mené DE parallele à BC; & nommé AD, x; & DE, y; l'on aura toujours $a.b::x.y$, en quelqu'endroit de la ligne AH que l'on prenne le point D, ou ce qui est la même chose, quelque grandeur arbitraire que l'on assigne à l'inconnue x, celle de y sera toujours déterminée par la ligne AG. De sorte que la ligne AG est lieu qui renferme tous les points qui satisferont au Problême, qui doit être resolu par l'équation proposée $ay=bx$ C. Q. F. D.

FIG. 3.

COROLLAIRE.

3. SI l'équation proposée étoit déterminée, comme $ay=bc$, ce seroit toujours la même chose, excepté que la

lettre c qui tient la place de x, eſt conſtante ; ainſi ayant pris ſur AH, $AD=c$, & mené DE parallele à BC ; DE ſera la valeur de c ; mais en ce cas de tous les points de la ligne AG, il n'y a que le ſeul point E qui réſout le Problême, puiſque $AD=c$ ne peut avoir differentes valeurs.

COROLLAIRE II.

4. D'où l'on voit que les équations déterminées, & indéterminées du premier degré, ſont de même genre ; puiſqu'elles ſe conſtruiſent par les mêmes lignes, & de la même maniere.

COROLLAIRE III.

5. SI Dans l'équation précedente $ay=bx$, a étoit égale à b, elle deviendroit $y=x$; & il n'y auroit alors qu'à faire $BC=AB$; & aſſignant à x la valeur arbitraire AD ; DE (y) parallele à BC, ſeroit égale à $AD=x$.

COROLLAIRE IV.

6. IL eſt évident que dans toutes les équations indéterminées du premier degré, les inconnues ont entr'elles un rapport conſtant, c'eſt-à-dire, qu'elles ſont l'une à l'autre comme une ligne donnée, à une ligne donnée, ou en raiſon d'égalité : comme dans l'équation précedente $ay=bx$, où $x.y::a.b$, & dans celle-ci $y=x$, où $x.y::1.1$.

COROLLAIRE IV.

7. ON voit auſſi avec évidence que dans les équations indéterminées du premier degré, une des inconnues croiſſant ou diminuant, l'autre croît auſſi ou diminue ; qu'elles peuvent toutes deux augmenter ou diminuer à l'infini, en gardant toujours entr'elles le même rapport.

THEOREME.

8. *SI dans une équation indéterminée qui n'est point du premier degré, & où par conséquent les deux lettres inconnues sont multipliées ou par elles-mêmes, ou entr'elles, de quelque maniere que ce puisse être, l'on assigne à l'une des deux tant de valeurs arbitraires qu'on voudra. Je dis que tous les points qui détermineront les valeurs correspondantes de l'autre, seront dans une ligne courbe.*

DÉMONSTRATION.

DANS les équations à la ligne droite, les inconnues gardent toujours (n° 6) entr'elles un rapport constant. Or lorsque dans une équation, les deux lettres inconnues sont multipliées ou par elles-mêmes, ou entr'elles, ou de l'une & de l'autre maniere tout ensemble; elles ou les lignes qu'elles expriment, ne peuvent garder le même rapport dans toutes les variations ou changemens de valeurs qu'elles peuvent recevoir: car il faudroit pour cela, que l'une des deux fût dans un des membres de l'équation, & l'autre dans l'autre, toutes deux seules, ou accompagnées seulement de lettres connues. Mais par l'hypothese, ces deux lettres sont multipliées ou par elles-mêmes ou entr'elles; donc elles ne peuvent garder un rapport constant dans tous les changemens de valeur qu'on leur peut assigner: c'est pourquoi, en assignant tant de valeurs que l'on voudra à l'une des deux, les valeurs relatives de l'autre ne peuvent être déterminées par une ligne droite. Il faut donc qu'elles le soient par une ligne courbe. *C. Q. F. D.*

C'est ici la preuve generale, chaque équation en fournit de particulieres, en les comparant à l'équation à la ligne droite, comme on va voir par l'exemple qui suit.

EXEMPLE.

9. SOIT l'équation $yy = aa - xx$, qui eſt du ſecond degré; Il eſt clair, 1°. Que x croiſſant, y diminue : car le ſecond membre de l'équation devient d'autant plus petit, que x devient grande. 2°. On ne peut pas augmenter x en ſorte qu'elle ſurpaſſe la ligne exprimée par a : car le ſecond membre deviendroit negatif; & la valeur de y ſeroit par conſequent imaginaire. 3°. Si l'on fait $x = a$, l'équation deviendra $yy = aa - aa = 0$. Il eſt donc évident que cette équation ne ſe rapporte point à la ligne droite; puiſque ſes qualitez ſont toutes differentes de celles des équations du premier degré; & partant qu'elle ſe rapporte à une ligne courbe.

Pour déterminer & décrire cette courbe par le moyen de ſon équation $yy = aa - xx$. Soit une ligne droite CH, donnée de poſition dont l'extremité C ſoit fixe, & dont les parties CP ſoient nommées x; ſoit une autre ligne CG perpendiculaire à CH, & dont les parties CQ ſoient nommées, y; ſoit auſſi une ligne donnée KL nommeé, a; ayant mené PM parallele à CG, & QM parallele à CH; QM ſera $= CP = x$, & $PM = CQ = y$. FIG. 4.

Si l'on aſſigne preſentement tant de valeurs differentes qu'on voudra à l'une des inconnues x (CP) l'on déterminera par la Geometrie, les valeurs correſpondantes de y (PM). De ſorte que tous les points M ſeront à la courbe à laquelle ſe rapporte l'équation propoſée $yy = aa - xx$.

Suppoſons premierement $x = 0$; le point P tombera en C, & le point M, ſur la ligne CG; & effaçant dans l'équation, le terme xx, qui devient nul par la ſuppoſition de $x = 0$, l'on aura $yy = aa$, donc $y = \pm a$; c'eſt pourquoi ſi on prolonge CG du côté de C; & qu'on faſſe Ce, & CE chacun $= KL = a$; CE ſera la valeur poſitive de y, & Ce ſa valeur negative, & les points E & e, ſeront la courbe dont il s'agit.

Suppoſons en ſecond lieu $y = 0$, le point Q ſe confondra avec le point C, le point M tombera sur CH, & l'on aura $0 = aa - xx$, ou $xx = aa$; donc $x = \pm a$; c'est pourquoi, si l'on prolonge CH du côté de C, & qu'on prenne de part & d'autre du point C, CB & CA chacune égale $KL = a$; CB sera la valeur positive de x, & CA sa valeur negative, & les points B & A, seront à la même courbe en question. D'où l'on voit déja que les quatre points A, E, B, e, sont également distans du point C.

Si l'on assigne à x une valeur quelconque CP moindre que CB pour déterminer la valeur de $PM = y$, l'on aura en extrayant la racine quarrée $y = \pm \sqrt{aa - xx}$ d'où l'on tire cette construction. Ayant prolongé PM du côté de P; du point C pour centre, & pour demi diametre l'intervalle $KL = a$, l'on décrira un cercle qui coupera PM en M & m; PM sera la valeur positive de y, & Pm sa valeur négative, & les points M, m seront à la courbe cherchée; car à cause du triangle rectangle CPM; l'on a $PM^2 = CM^2 - CP^2$, c'est-à-dire en termes Algebriques $yy = aa - xx$; dont $y = \pm \sqrt{aa - xx}$.

Or il est évident que pour déterminer la valeur de y (PM) dans toutes les positions du point P, il faudra décrire un cercle du centre C, & du rayon KL; c'est pourquoi ce cercle est lui-même la courbe cherchée; ce qui d'ailleurs étoit facile à remarquer: mais on a jugé à propos de faire sur l'équation au cercle, qui est la plus simple de toutes les courbes, les raisonnemens que l'on vient de faire, pour donner une idée de ceux que l'on doit faire sur les équations aux autres courbes, afin de les décrire par leur moyen, d'en marquer les principales déterminations, & d'en découvrir les principales proprietez.

COROLLAIRE

COROLLAIRE I.

10. ON voit clairement qu'au lieu d'avoir aſſigné à x, dans l'équation précédente, des valeurs CP priſes ſur CH pour trouver tous les points M, m, ou pour déterminer les valeurs correſpondantes de $y = PM$, l'on auroit pû regarder x comme inconnue, & aſſigner à y des valeurs CQ priſes ſur CG, qui auroient ſervi à déterminer de la même maniere les valeurs correſpondantes de $x = QM = CP$, en tirant de l'équation précedente, $x = \sqrt{aa - yy}$.

COROLLAIRE II.

11. IL eſt clair que ſi une des inconnues x de cette équation $yy = aa - xx$ devenoit une conſtante, la valeur de l'autre y pourroit de même être déterminée par le moyen du cercle; d'où il ſuit en general que toutes les équations déterminées du ſecond degré peuvent être conſtruites par le moyen du cercle; & qu'elles ſont de même genre que les équations indéterminées du même ſecond degré.

REMARQUE.

12. ON remarquera 1°. Que dans toutes les poſitions du point P, la ligne PM doit toujours demeurer parallele à CG; & que dans toutes les poſitions du point Q, la ligne QM doit toujours demeurer parallele à CH. 2°. Qu'il y a toujours deux points, l'un (P) ſur CH, & l'autre (Q) ſur CB, qui peuvent ſervir également à déterminer un même point (M). 3°. Que tout ce qu'on vient de dire du cercle ſe peut appliquer à toutes les autres courbes, lorſqu'il s'agit de les décrire par le moyen de leurs équations.

DÉFINITIONS.

13. DANS toutes les courbes, les lignes droites (CH) dont au moins une des extremitez (C) eſt fixe, & dont

les parties (*CP*) ſont nommées par l'inconnue de l'équation à qui on donne des valeurs arbitraires (*CP*) pour déterminer la grandeur de la ligne (*PM*) exprimée par l'autre inconnue, ſont nommées *axes* ou *diametres* de ces courbes.

14. Les mêmes parties (*CP*) ſont nommées *abciſſes* ou *coupées*.

15. Les lignes (*PM*) exprimées par l'inconnue de l'équation dont on cherche la valeur en ſuppoſant l'autre inconnue comme donnée à chaque poſition du point *P*, & qui demeurent paralleles elles-mêmes, pendant que le même point *P* change de place, ſont nommées *appliquées*, ou *ordonnées* à l'axe *CH*.

16. Parceque *QM* eſt égale & parallele à *CP*, & *CQ* à *PM*, & que le point *Q* pris ſur *CG* peut ſervir à trouver le point *M* auſſi bien que le point *P*; on peut prendre *CG* pour l'axe ou le diametre de la courbe; *CQ* pour l'abciſſe, ou coupée ; & *QM*, pour l'appliquée ou ordonnée ; c'eſt pourquoi on nommera *CH*, & *CG*, *axes* ou *diametres conjuguez*; *CP* & *PM*, ou *CQ* & *QM* enſemble *coordonnées* ; le parallelogramme *CPMQ* formé par les coordonnées, le parallelogramme des coordonnées ; & le point *C*, le *commencement*, ou *l'origine* des coordonnées.

17. Les équations indéterminées ne ſervent pas ſeulement à conſtruire les Problêmes indéterminez, ou à décrire les courbes auſquelles elles ſe rapportent, & dont elles expriment la nature. On pourroit encore par leur moyen conſtruire tous les Problêmes déterminez : car il n'y a point de Problême déterminé, quelque ſimple qu'il puiſſe être, où pour le reſoudre, on ne puiſſe employer deux lettres inconnues, & trouver par conſequent deux équations indéterminées, qui étant conſtruites enſemble, ſelon les regles qu'on donnera dans la ſuite, les lignes droites ou courbes, auſquelles elles ſe rapportent, détermineroient par leur interſection les points qui ſatisferoient aux Problêmes, d'où l'on auroit tiré ces équa-

tions. On pourroit aussi tirer de ces sortes de constructions des démonstrations tres-simples, à la maniere des Anciens. Mais il arriveroit quelquefois que les Problêmes ne seroient pas tous construits avec les lignes les plus simples qu'ils le puissent être, quoique d'ailleurs la construction en fût tres-simple. Or selon Mr *Descartes*, & selon la raison même, c'est un vice en Geometrie d'employer dans la construction d'un Problême, des lignes plus composées que celles qu'exige sa nature.

On trouvera dans l'art. 4. n°. 17, 18, 19, 20 & 21. des regles pour faire connoître quand un Problême determiné peut être construit par le moyen de deux équations indéterminées. En voici pour distinguer les courbes les plus simples d'avec les plus composées.

18. C'est le degré d'une équation indéterminée qui fait connoître que la courbe dont elle exprime la nature est plus ou moins simple. Et le degré d'une équation est déterminé par la plus haute puissance de celle des deux inconnues, qui est la plus élevée, lorsqu'elles ne le sont pas égal[illegible]ent, ou par le produit des deux inconnues, quand il s'y rencontre, & qu'il a plus de dimensions que les mêmes inconnues dans les autres termes. Ainsi lorsque dans une équation, l'une ou toutes les deux inconnues, soit qu'elles soient multipliées, ou par elles-mêmes, ou entr'elles, ont deux dimensions; comme $ax = yy$, ou $ax - xx = yy$, ou $xy = ab$; l'équation est du *second degré*, & la courbe dont elle exprime la nature, est du *premier genre*.

Lorsque l'une ou toutes les deux, ou leur produit, a trois dimensions: comme $x^3 + axy = a^3$, ou $x^3 - axy = y^3$, ou $xxy = ayy + a^3$, l'équation est du *troisiéme degré*, & la courbe dont elle exprime la nature, est du *second genre*, & ainsi de suite. Or on convient que les courbes du premier genre sont plus simples que celles du second; & celles-ci plus que celles du troisiéme, *&c.* C'est pourquoi ce seroit un vice de construire un Problême par le moyen d'une courbe du second genre, lorsqu'il peut être conſtruit par le moyen d'une courbe du premier. Il en eſt ainſi des autres genres.

REMARQUE.

19. LORSQU'ON décrit une courbe par le moyen de ſon équation, on regarde une des lettres inconnues qu'elle renferme, comme donnée à chaque fois qu'on change ſa valeur pour déterminer la valeur correſpondante de l'autre; on doit donc auſſi regarder à chaque fois l'équation, comme une équation déterminée; & parceque les équations déterminées, ſont d'autant plus faciles à conſtruire, que leurs inconnues ont moins de dimenſions; il eſt à propos dans les équations indéterminées, où les inconnues ne ſont pas également élevées, de prendre pour conſtante, celle qui a plus de dimenſions; & pour inconnue, celle qui en a moins.

Et puiſque trouver un point d'une courbe, c'eſt réſoudre un Problême déterminé; lorſque dans une équation indéterminée, l'inconnue que l'on ne prend point pour conſtante, n'aura qu'une dimenſion, la deſcription de la courbe dépendra de la conſtruction des Problêmes ſimples déterminez. Lorſque cette inconnue aura deux dimenſions; la deſcription de la courbe dependra de la conſtruction des Problêmes plans; lorſqu'elle en aura trois ou quatre, la deſcription de la courbe dépendra de la conſtruction des Problêmes ſolides; & lorſqu'elle en aura un plus grand nombre, la deſcription de courbe dépendra de la conſtruction des Problêmes lineaires.

On remarquera auſſi que toutes les operations que l'on fait en Geometrie, dépendent de la Geometrie plane, c'eſt-à-dire de la conſtruction des équations déterminées du premier, & du ſecond degré; c'eſt pourquoi lorſque l'inconnue que l'on ne prend point pour conſtante dans une équation indéterminée, aura plus de deux dimenſions, on ne pourra conſtruire cette équation par elle-même, il la faudra changer en deux autres équations, où l'une des inconnues n'excede point deux dimensions ; & par le moyen de ces deux équations, on décrira les deux courbes dont elles exprimeront la nature, & leur intersection sera un des points de la courbe dont l'équation proposée exprime la nature.

En déterminant le genre des courbes, comme on a dit (n°. 17.) on trouvera que le premier genre n'en renferme que quatre, qui sont le cercle, la parabole, l'ellipse, & l'hyperbole. De sorte que toutes les équations du second degré appartiennent à quelqu'une de ces quatre courbes. Mais comme le cercle, à cause de sa description qui est tres-simple, passe pour la plus simple des quatre, ce seroit encore un vice en Geometrie, d'employer une des trois autres, lorsque le cercle peut être employé.

C'est parceque l'on construit la plus grande partie des Problêmes de Geometrie par le moyen de ces quatre courbes, que je me suis déterminé à donner dans cet Ouvrage les élemens de la parabole, de l'ellipse & de l'hyperbole, les proprietez du cercle étant assez connues d'ailleurs, afin de n'y supposer que les simples élemens de Geometrie.

Les Geometres distinguent deux sortes de courbes ; les courbes *Geometriques*, & les courbes *Méchaniques*.

20. Les courbes geometriques, sont celles dont les axes ou les diametres conjuguez, & les coordonnées sont des lignes droites, qui peuvent toujours former un parallelogramme, que nous avons nommé (n°. 16.) le parallelogramme des coordonnées, & qui ont des équations reglées qui expriment le raport que ces coordonnées ont entr'elles ; & dont on peut trouver par le moyen de ces équations, non seulement tous les points, mais tel point qu'on voudra, indépendamment des autres.

21. Les courbes méchaniques sont celles dont les coordonnées ne sont point toutes deux droites, ou, dont l'une des coordonnées les rencontrent en une infinité de points. Et comme dans l'équation qui exprime la nature d'une courbe, l'une des deux lettres inconnues doit avoir au

moins autant de dimensions, qu'il y a de points où la ligne exprimée par cette inconnue rencontre la courbe, il faudroit que dans les équations de ces courbes, au moins une des inconnues eut une infinité de dimensions, ce qui est impossible.

AVERTISSEMENT.

22. *Avant Mr Descartes, on ne prenoit pour Geometrique que ce qui se faisoit par le moyen du cercle, & de la ligne droite, & tout ce qui se faisoit par d'autres courbes étoit reputé méchanique. Mais Mr Descartes, & aprés lui tous les nouveaux Geometres, ont pris pour Geometrique, tout ce qui se fait par le moyen des courbes Geometriques. Et les mêmes Auteurs ne prennent pour méchanique, que ce qui se fait par le moyen des courbes méchaniques.*

OBSERVATIONS
Pour l'Application de l'Algebre à la Geometrie.

IV. VOICI les Remarques ou Observations dont on a parlé dans le premier Article, n°. 8.

1. Lorsqu'on veut résoudre un Problême, il faut toujours employer deux lettres inconnues, pour nommer deux lignes indéterminées, qui ayent leur origine en un point fixe, & qui fassent toujours un angle constant, c'est-à-dire, que la ligne nommée par l'une des lettres inconnues, croissant ou diminuant, celle qui est nommée par l'autre lettre inconnue, demeure toujours parallele à elle-même, ou à quelque ligne donnée. Ainsi, lorsqu'on a nommé (art. 3. n°. 9.) CP, x; & PM, y; l'on a eu égard à cette Observation. De même le demi cercle AMB étant donné; s'il étoit question de déterminer le point M sur sa circonference; ayant abaissé la perpendiculaire MP, l'on pourroit nommer indifferemment AP, ou CP, ou BP, x; car les points A, C, & B sont fixes; & PM, y. Et si le Problême est déterminé, on trouvera deux équations indéterminées; mais on n'en trouvera qu'une seule, s'il est indéterminé.

2. Si l'on employe plus de deux inconnues, il faut qu'il y en ait deux qui expriment des lignes, dont la

position soit telle qu'on vient de dire dans l'observation précedente ; on placera ensuite les autres, comme on voudra. Mais on peut presque toujours se dispenser d'en employer plus de deux, en exprimant les autres lignes inconnues, dont on a besoin, ou par la proprieté du triangle rectangle, ou par celle des triangles semblables.

3. S'il y a un point donné *B* sur un des côtez *AH* d'un angle donné *GAH* ; la droite *BC* perpendiculaire à *AH*, ou parallele à quelque ligne donnée de position, sera donnée de grandeur & de position ; comme aussi les intervalles *AB*, *AC* ; & partant ces lignes peuvent être nommées par des lettres connues *a*, *b*, *c*. Mais si le point *B*, est cherché, les lignes *AB*, *BC*, *AC* seront indéterminées, ou variables : & l'on en pourra nommer deux *AB* & *BC*, ou *AC* & *BC* par deux lettres inconnues *x*, & *y* : car elles ont les qualitez requises par la premiere Observation. Fig. 3.

4. S'il y a un point donné *D* hors d'une ligne *AB* donnée de position & de grandeur, la ligne *DC* perpendiculaire à *AB*, ou parallele à quelque ligne donnée de position, & les deux parties *AC*, *CB*, de la ligne *AB* seront aussi données de grandeur & de position. Mais si le point *D* est cherché, les lignes *DC*, *AC*, & *CB* seront variables, & l'on pourra nommer une des parties *AC*, de la donnée *AB*, *x* ; *CD* *y* ; & *CB* (ayant nommé *AB*, *a*) sera $a - x$. Fig. 5.

5. Un angle *GAH*, & un point *B* au dedans de cet angle (Fig. 6), ou au dehors (Fig. 7) étant donnez de position ; les paralleles *BC*, *BD*, ou leurs égales *AC*, *AD*, seront aussi données, & on les pourra nommer *a* & *b* : mais si le point *B* est cherché, les paralleles *AC*, *AD*, seront inconnues, & on les pourra nommer *x*, & *y*. Fig. 6. 7.

6. Ce seroit la même chose, si le point *B* étoit donné ou cherché sur une courbe donnée *HBG*, dont *AG*, & *AH* sont les deux axes, ou deux diametres conjuguez : mais le point *B* étant cherché, on pourroit nommer *GC*, & *CB*, ou *HD*, & *DB*, ou (si la courbe rencon- Fig. 8.

troit encore *CG* prolongée en un point *F*) *FC*, & *CB*, *x* & *y*.

FIG. 8. 7. Lorſqu'on détermine par une operation repetée, pluſieurs points *B* ſur un plan où il y a des lignes qui ſervent à déterminer tous ces points, & qu'on veut trouver une équation qui exprime la nature de la courbe ſur laquelle les mêmes points ſe doivent rencontrer, il faut toujours nommer par une lettre inconnue, quelque ligne; comme *BC*, qui part d'un des points *B*, & qui étant parallele à quelque ligne donnée *AH*, rencontre une autre ligne *AG* donnée de poſition en quelque point *C*, & nommer par une autre lettre inconnue quelque partie de la ligne *AG* compriſe entre le point variable *C*, & quelque point fixe *A*, ou *G*.

FIG. 9. 8. Un angle *GAH*, & un point fixe *D* hors de cet angle, étant donnez de poſition ſur un plan; s'il s'agit de mener une ligne *DEF* par quelque point cherché *E* ou *F* ſur un des côtez de cet angle, dans de certaines conditions, les parties *AE*, *AF* ſeront inconnues, & pourront être nommées *x*, & *y* : mais les paralles *DB*, *DC*, aux côtez *AH*, *AG*, ou leurs égales *AC*, *AB* ſeront données, & pourront être nommées, *a*, & *b*.

9. Si l'on eſt obligé de tirer des lignes autrement que ſelon les regles contenues dans les Obſervations precedentes; on les tirera de maniere qu'elles forment plûtôt dans la figure, ſur laquelle on opere, des triangles ſemblables, que des triangles rectangles : car les triangles ſemblables donnent des équations plus ſimples que les triangles rectangles.

10. La proprieté du triangle rectangle, & des triangles ſemblables, donnent preſque toutes les équations dans leſquelles on tombe, en appliquant l'Algebre à la Geometrie.

11. Les hypothenuſes des triangles rectangles doivent toujours être exprimées par le moyen des deux côtez qui forment l'angle droit, à moins qu'elles ne ſoient données de grandeur. Ainſi les deux côtez étant nommez *x*

&

& y, l'hypothenuſe ſera $\sqrt{xx+yy}$.

12. On ne doit jamais nommer les lignes égales, ou qui doivent être égales, par des lettres differentes.

13. S'il y a de la difficulté à employer, & à nommer des lignes qui ſemblent neceſſaires à la reſolution d'un Problême ; on pourra employer en leur place d'autres lignes, pourvû qu'elles ayent entr'elles le même rapport. Par exemple, en ſuppoſant que BC, & DE ſoient paralleles, s'il s'agit d'employer AB, & BD; & que AC, & CE ſoient nommées ; on pourra employer AC, & CE au lieu de AB, & BD ; puiſque $AC . CE :: AB . BD$. FIG. 3.

14. On abrege le calcul, & on trouve ſouvent des équations plus ſimples, en prenant pour l'origine des inconnues le point qui diviſe par le milieu une ligne donnée de grandeur : & l'on tombe par ce moyen dans un principe tres-connu, & qui eſt ſouvent d'un grand ſecours dans l'Application de l'Algebre à tous ſes uſages. Le voici.

15. La moitié de la ſomme de deux grandeurs, plus la moitié de leur difference eſt égale à la plus grande ; & la moitié de la ſomme de deux grandeurs, moins la moitié de leur difference eſt égale à la plus petite. Ainſi, nommant la ſomme $2m$, & la difference $2n$; la plus grande ſera $m+n$, & la plus petite $m-n$.

16. Il n'eſt pas neceſſaire de prendre tant de précautions, pour nommer les lignes de la figure ſur laquelle on opere, quand il s'agit de démontrer un Theorême : car comme il n'y a point de lignes dont il ſoit neceſſaire de déterminer la longueur, on les peut toutes nommer par telles lettres qu'on voudra, connues, ou inconnues : mais on doit toujours ſuivre les regles précedentes pour tirer les lignes neceſſaires.

On conſidere neanmoins quelquefois les Theorêmes qu'on veut démontrer, comme des Problêmes à reſoudre. Et en ce cas, on peut ſuivre les principes précedens.

AVERTISSEMENT.

Toutes ces Observations peuvent apporter beaucoup de facilité pour trouver des équations dans l'Application de l'Algebre à la Geometrie: mais la premiere & la septiéme sont les plus considerables de toutes; car en suivant ce qui y est prescrit, les Problêmes indéterminez, seront toujours resolus par la voye la plus simple, ou plûtôt par la seule voye naturelle; c'est pourquoi si en ce cas, on avoit employé plus de deux inconnues, il faudroit faire évanouir celles qui expriment des lignes dont la position n'est point conforme à ce qui est dit dans ces deux Observations. Mais parcequ'on ne peut pas construire tous les Problêmes déterminez par le moyen de deux équations indéterminées, pour les raisons que l'on a dites art. 3. n°. 17; on est quelquefois obligé d'abandonner ces deux Observations. Voici à peu prés ce qu'il y a à observer, quand on les veut suivre.

17. Quand en résolvant un Problême avec deux inconnues, suivant la premiere Observation, on trouvera deux équations indéterminées; le Problême sera déterminé, & on le pourra construire avec ces deux équations, si elles se rapportent toutes deux à la ligne droite, ou l'une à ligne droite, & l'autre au cercle, ou toutes deux au cercle; car il n'y a point de lignes plus simples que la droite, & la circulaire.

18. Si l'une de ces deux équations indéterminées se rapporte au cercle, & que l'autre soit du seconddegré, il faudra faire évanouir l'une des deux inconnues, & si l'équation déterminée qui en resulte, n'est point du premier, ou du second degré, on examinera si elle ne peut point être divisée par quelque binome composé de quelqu'un des diviseurs du dernier terme, & d'une puissance du premier qui lui soit égale, pour la réduire, si cela se peut, à une équation déterminée du second degré. Si par ce moyen on n'y réussit point, il faudra, si elle est du quatriéme degré, faire évanouir le second

terme; la transformer en une équation du troisiéme, & voir si elle ne peut point ensuite être divisée par quelque binome, composé d'un des diviseurs de deux dimensions du dernier terme, & du quarré de l'inconnue qu'elle renferme; & la réduire par ce moyen à une équation du second degré. Mais si l'on ne trouve aucun binome plan, qui puisse diviser l'équation transformée, le Problême sera solide, & on pourra le construire avec les deux équations indéterminées, de la maniere qu'on dira dans la neuviéme Section; & la construction sera même beaucoup plus simple, & plus élegante que celle qu'on tireroit de l'équation déterminée, qui resulte de l'évanouissement de l'une des inconnues, comme on pourra voir en comparant les constructions des Problêmes solides de la neuviéme Section, avec celles de la dixiéme.

19. Si par la seule division l'équation déterminée peut être réduite à une équation du second degré, le Problême sera plan, & on le construira par le moyen de l'équation réduite à deux dimensions, comme on enseignera dans la Section suivante.

Si pour réduire l'équation déterminée à une équation du second degré, il faut employer la transformation, on pourroit encore le construire par le moyen de l'une des deux équations du second degré que l'on en tire : mais la construction en sera beaucoup plus simple, si en abandonnant ce qui est dit dans la premiere Observation, on prend d'autres lignes pour inconnues, & que l'on en tire de nouvelles, selon qu'on le jugera necessaire, & que par ce moyen on puisse venir à une équation déterminée du second degré. Et si l'on n'y réussit pas du premier coup, il faudra encore tenter d'autres voyes; car quand un Problême est simple, on peut trouver une équation simple, & conforme à sa nature, soit d'une maniere, soit d'une autre.

20. Si aucune des deux équations indéterminées ne se rapporte point au cercle, & n'y puisse être réduite par la combinaison de l'une avec l'autre, ou autrement;

& que l'équation qui résulte de l'évanouissement de l'une des inconnues, soit du troisiéme ou du quatriéme degré, & ne puisse être réduite par la division, ou par la transformation à une équation du second degré; il faudra par son moyen construire le Problême, comme il sera enseigné dans la dixiéme Section: car il sera necessairement solide; & quand on chercheroit d'autres équations par d'autres voyes, elles ne pourroient être plus simples que par leurs termes, un Problême ne pouvant jamais changer de nature.

21. Enfin si l'équation qui résulte de l'évanouissement de l'une des deux lettres inconnues renfermées dans les deux équations indéterminées, excede le quatriéme degré, & n'y puisse être réduite par la division; le Problême sera lineaire, & on le construira par le moyen des deux équations indéterminées, comme on dira dans la douziéme Section.

22. La raison de tout ceci, est que pour construire les Problêmes simples, & plans, on ne doit employer que la ligne droite & le cercle; puisqu'on le peut toûjours. Et si on les construisoit par le moyen des deux équations indéterminées que l'on trouve en employant deux lettres inconnues, on y employeroit souvent d'autres courbes, qui ne sont pas si simples que le cercle.

Pour construire les Problêmes solides dont les équations sont du troisiéme ou quatriéme degré, on ne doit employer que le cercle, & une courbe du premier genre, puisque cela se peut aussi toujours.

Mais parceque pour construire les Problêmes lineaires, dont les équations excedent le quatriéme degré, l'on ne peut faire servir le cercle; leur construction sera plus simple par le moyen des deux équations que l'on trouve en employant deux inconnues, selon la premiere Observation, que de toute autre maniere: car, à mon avis, c'est en quelque façon gêner la Geometrie que d'y introduire, souvent avec beaucoup de difficulté, de certaines courbes préferablement à d'autres.

qui se présentent naturellement, & dont la description est souvent tres-simple : en quoi je voudrois que les courbes fussent préferées, sans avoir égard à leur genre, de la maniere qu'on le détermine ordinairement.

AVERTISSEMENT.

Lorsqu'on sçait qu'un Probléme est simple, ou plan, il n'est point necessaire d'avoir égard à la premiere observation, ni d'employer deux lettres inconnues pour le resoudre. Il y a aussi des Problémes si simples, qu'il n'y a aucune difficulté, ni pour nommer les lignes, ni pour trouver des équations.

Tout ce qu'on a dit dans cette premiere Section sera éclairci par toute la suite de cet Ouvrage, qui n'en est que l'Application, & un Commentaire.

SECTION II.

Où l'on donne la maniere d'exprimer Geometriquement les quantitez Algebriques, & de resoudre les Problêmes simples, & plans; ou ce qui est la même chose, de construire les équations déterminées du premier & du second degré.

V. ON peut exprimer Geometriquement toutes les quantitez Algebriques, par le moyen des quatre operations suivantes, qui sont de trouver des troisiémes, quatriémes, & moyennes proportionnelles, & de tirer les racines de la somme, ou de la difference de deux ou de plusieurs quarrez.

1. Pour exprimer Geometriquement $\frac{ab}{c}$; ayant mené
FIG. 3. une ligne droite AH, dont l'extremité A soit fixe, fait $AB=c$, $AD=a$, mené $BC=b$, qui fasse avec AB un angle quelconque ABC, s'il n'est pas determiné d'ailleurs, & mené ACG; la ligne DE parallele à BC sera $\frac{ab}{c}$: car à cause des paralleles BC, DE, l'on aura $AB\ (c) . AD\ (a) :: BC\ (b) . DE=\frac{ab}{c}$. Ce seroit la même chose s'il falloit exprimer geometriquement $\frac{aa}{c}$: car il n'y auroit qu'à faire $BC=AD=a$, aprés avoir fait $AB=c$; où l'on remarquera que toute quantité fractionaire peut être regardée comme le quatriéme terme d'une proportion qui renferme les trois autres, & dont le dénominateur est le premier.

De même pour exprimer geometriquement $\frac{aa+ab}{c+d}$; en réduisant en proportion l'on a $c+d \,.\, a+b :: a \,.\, \frac{aa+ab}{c+d}$. Faisant donc $AB=c+d$, $AD=a+b$, $BC=a$; DE parallele à BC, sera $=\frac{aa+ab}{c+d}$. Ce sera la même chose si l'on veut exprimer geometriquement $\frac{aa-bb}{c}$: car en réduisant en proportion l'on a $c \,.\, a+b :: a-b \,.\, \frac{aa-bb}{c}$. Semblablement, pour exprimer geometriquement $\frac{aab}{cd}$ qui contient deux proportions, $c \,.\, a :: a \,.\, \frac{aa}{c}$, & $d \,.\, b :: \frac{aa}{c} \,.\, \frac{aab}{cd}$, l'on exprimera d'abord $\frac{aa}{c}$, comme on vient de voir pour les quantitez précedentes, & ensuite $\frac{aab}{cd}$. Il en est ainsi des autres quantitez fractionnaires.

2. Pour exprimer geometriquement $\sqrt{ab}$. Il faut prendre sur une ligne droite AH, $AD=a$, & $DB=b$, FIG. 10.
& ayant décrit un demi cercle sur le diametre AB; la perpendiculaire DE au point D, sera égale à $\sqrt{ab}$: car nommant DE, x; l'on aura $a\,(AD) \,.\, x\,(DE) :: x\,(DE) \,.\, b\,(DB)$; dont $xx=ab$, & $x=\sqrt{ab}$. De même pour exprimer $\sqrt{aa+ab}$, on voit que $aa+ab$, est la produite de $a+b$; par a. Ainsi ayant fait $AD=a+b$, & $DB=a$; DE, sera $\sqrt{aa+ab}$.

Semblablement, pour exprimer $\sqrt{aa-bb}$; puisque $aa-bb$, est le produit de $a+b$ par $a-b$, en faisant $AD=a+b$, & $DB=a-b$; DE sera $=\sqrt{aa-bb}$. On peut encore exprimer autrement cette quantité, comme on va voir n°. 3.

Pour exprimer $\frac{m}{n}\sqrt{aa-bb}$; ayant trouvé, comme on vient de faire $DE=\sqrt{aa-bb}$, & l'ayant nommée; c, l'on aura $\frac{mc}{n}$ au lieu de $\frac{m}{n}\sqrt{aa-bb}$, & l'on trouvera

FIG. 3. (nº. 1.) $DE=\frac{mc}{n}$, faisant $AB=n$, $BC=m$, & $AD=c$.

3. Pour exprimer geometriquement $\sqrt{aa+bb}$. Puisque $aa+bb$ est la somme de deux quarrez, il est clair que

FIG. 11. si l'on décrit un triangle ABC rectangle en B, un de ses côtez AB étant nommé a; & l'autre BC b; l'hypothenuse AC sera $=\sqrt{aa+bb}$. Il ne seroit pas plus difficile d'exprimer la racine de la somme de plusieurs quarrez, comme $\sqrt{aa+bb+cc}$, &c.

Pour exprimer geometriquement $\sqrt{aa-bb}$, qui est la difference de deux quarrez; il est évident qu'ayant décrit un triangle rectangle dont l'hypotenuse soit $=a$ racine du quarré positif, & un des côtez $=b$ racine du quarré négatif, l'autre côté sera $=\sqrt{aa-bb}$. Ce qui

FIG. 12. se fait en cette sorte; soit décrit sur le diametre $AB=a$, le demi cercle ACB, & soit inscrit dans le demi cercle la ligne $AC=b$, & mené CB; l'angle ACB, étant droit à cause du demi cercle; CB sera $=\sqrt{aa-bb}$. La même chose s'execute encore en la maniere suivante. Soit dé-

FIG. 13. crit un demi cercle sur le diametre $AB=2a$, élevée au centre C la perpendiculaire CH, prise $CG=b$ racine du quarré negatif, menées EF, & FD paralleles à AB, & à HC, & mené le rayon CF; GF ou CD sera $=\sqrt{aa-bb}$, puisque $CF=a$, & CG, ou $DF=b$. Cette derniere maniere convient mieux à la construction des équations que la precedente.

4. Il

4. Il y a des quantitez Algebriques plus composées que celles dont on vient de parler (n°. 1, 2, 3;) & que l'on ne peut exprimer geometriquement, qu'aprés y avoir fait certains changemens. Or ces changemens consistent particulierement à mettre l'expression Algebrique d'un quarré en la place de l'expression Algebrique d'un rectangle, ou de mettre l'expression Algebrique d'un rectangle dont un côté soit donné en la place d'un autre rectangle, ou d'un quarré. Ainsi pour exprimer geometriquement cette quantité fractionnaire $\frac{aa+bb-cd}{b}$, dont le numerateur n'est point le produit de deux quantitez que l'on puisse separer par la division; & qui ne peut par consequent être réduite en analogie; il faut donc changer le quarré Algebrique bb, en un rectangle dont un côté soit a, & le rectangle Algebrique cd, en un autre rectangle Algebrique, dont un côté soit aussi a, afin que la lettre a se trouve dans tous les termes. Soit pour ce sujet x, le côté du rectangle qui doit être égal à bb, dont l'autre côté est la ligne donnée, exprimée par a; l'on aura, selon les termes de la question, $ax=bb$; donc $x=\frac{bb}{a}$; ayant donc (n°. 1) exprimé geometriquement $\frac{bb}{a}$; & l'ayant nommée f; l'on aura $f=x$; & partant $af=bb$. Soit semblablement y le côté du rectangle qui doit être égal à cd, dont l'autre côté est la même donnée a; l'on aura $ay=cd$; donc $y=\frac{cd}{a}$: & ayant nommé g l'expression de $\frac{cd}{a}$ trouvée (n°. 1); l'on aura $ag=cd$; la quantité précedente sera donc changée en celle-ci, $\frac{aa+af-ag}{b}$, en mettant pour bb, & pour cd, leurs valeurs af, & ag que l'on vient de trouver, qui est facile à exprimer; puisqu'on la peut à present réduire

en l'analogie ſuivante $b . a :: a + f - g . \frac{aa + af - ag}{b}$. On auroit pû changer le quarré aa, & le rectangle cd, au lieu que l'on a changé bb, & cd.

5. Pour exprimer la quantité $\sqrt{aa - bc}$, il faut changer le quarré aa en un rectangle, dont un côté ſoit b ou c; ou bien le rectangle bc en un autre, dont un côté ſoit a, & on en aura enſuite facilement l'expreſſion geometrique (n°. 2). Il en eſt ainſi des autres.

6. Les manieres dont nous venons de nous ſervir pour exprimer geometriquement les quantitez Algebriques ſont generales: on les peut ſouvent abreger par le moyen de quelques lignes menées paralleles à quelques autres lignes données de poſition, ou en décrivant quelques cercles, ſelon que l'indique la figure de chaque Problême que l'on conſtruit: mais comme ces manieres ſont particulieres, on n'en peut rien dire ici, cela dépend du genie du Geometre, qui veut réſoudre & conſtruire les Problêmes le plus élégamment qu'il lui eſt poſſible. On les trouvera pratiquées dans pluſieurs exemples.

CONSTRUCTION

Des Equations déterminées du premier degré, & de celles du ſecond qui n'ont point de ſecond terme.

7. ON voit clairement que les expreſſions geometriques des quantitez Algebriques, donnent auſſi la réſolution des équations du premier degré, & de celles du ſecond, qui n'ont point de ſecond terme; car ſi ces mêmes quantitez étoient égalées à des lettres inconnues, leur valeur ſeroit déterminée par ces expreſſions. Par exemple, pour conſtruire cette équation

$xx = aa - bc$, d'où l'on tire $x = \pm\sqrt{aa - bc}$, il n'y a qu'à exprimer $\sqrt{aa - bc}$, comme on vient de faire ; & l'expression prise de part & d'autre, de l'origine de x sera sa valeur positive, & negative. Il en est ainsi des autres.

CONSTRUCTION

Des Equations du second degré, qui ont un second terme.

VI. Les Equations du second degré qui ont un second terme se peuvent toutes réduire à quelqu'une des quatre formules suivantes.

1. $xx = ax + bb$.

2. $xx = -ax + bb$.

3. $xx = ax - bb$.

4. $xx = -ax - bb$, dont les racines sont,

1. $x = \frac{1}{2}a \pm \sqrt{\frac{1}{4}aa + bb}$.

2. $x = -\frac{1}{2}a \pm \sqrt{\frac{1}{4}aa + bb}$.

3. $x = \frac{1}{2}a \pm \sqrt{\frac{1}{4}aa - bb}$.

4. $x = -\frac{1}{2}a \pm \sqrt{\frac{1}{4}aa - bb}$.

CONSTRUCTION
de la premiere & seconde Formule.

1. POUR la premiere & la seconde Formule. Soit dans la figure sur laquelle on opere, & d'où l'on a tiré l'équa-
FIG. 14. & 15. tion que l'on veut construire, A le commencement de x qui va vers H. Ayant élevé au point A la ligne AB perpendiculaire à AH, & $= b$ racine du dernier quarré bb; on prendra AC (Fig. 14.) $= \frac{1}{2}a$ du côté de H, par rapport à A pour la premiere formule où il y a $+\frac{1}{2}a$; & de l'autre côté de H (Fig. 15) pour la seconde formule, où il y a $-\frac{1}{2}a$; & du centre C l'on décrira par B, le cercle DBE, qui coupera AH en E, & en D. Je dis que AE sera la valeur positive de x, & AD sa valeur negative.

DE'MONSTRATION.

PUISQUE $AC = \frac{1}{2}a$, & $AB = b$; $CB = CE$ sera $= \sqrt{\frac{1}{4}aa + bb}$; & par consequent $x = AE = \pm\frac{1}{2}a + \sqrt{\frac{1}{4}aa + bb}$. *C. Q. F. D.*

On prouvera de même que AD, est la valeur negative de x qui doit être prise de l'autre côté de A par rapport à H.

CONSTRUCTION
de la troisiéme & quatriéme Formule.

FIG. 13. & 16. 1. SOIT A le commencement de x qui va vers P. Ayant pris AC du côté de P, par rapport à A pour la troisiéme Formule, où il y a $+\frac{1}{2}a$ (Fig. 13.); & de l'autre côté de P sur le prolongement de AP pour la quatriéme formule, où il y a $-\frac{1}{2}a$ (Fig. 16); l'on décrira du centre C & du demi diametre $CA = \frac{1}{2}a$ le demi cercle AHB, on élevera ensuite CH perpendiculaire à AB, sur laquelle ayant pris $CG = b$, racine du dernier quarré, on menera EF parallele à AB, qui coupera le demi cercle aux points E & F, d'où l'on abaissera les perpendiculaires FD, EI. Je dis que AD & AI, seront les deux valeurs positives de x (Fig. 13), pour la troisiéme Formule; négatives (Fig. 16), pour la quatriéme.

DÉMONSTRATION.

Puisque AC ou $CF = \frac{1}{2}a$, & $CG = b$; GF, ou CD sera $= \sqrt{\frac{1}{4}aa - bb}$, & par consequent $AD = x = \pm\frac{1}{2}a \pm \sqrt{\frac{1}{4}aa - bb}$, & $AI = x = \pm\frac{1}{2}a \mp \sqrt{\frac{1}{4}aa - bb}$, lesquelles valeurs sont toutes deux réelles & positives dans la Fig. 13. qui appartient à la troisiéme Formule, & toutes deux réelles, mais négatives dans la Fig. 16 qui appartient à la quatriéme Formule. *C. Q. F. D.*

REMARQUE.

3. Si $b = CG$ est $= \frac{1}{2}a = CH$, le point G tombera en H, les points D & I en C, & les deux valeurs de x, seront égales.

4. Si CG est plus grande que CH; les deux mêmes valeurs de x seront imaginaires, & le Problême sera impossible. Ce qui se connoît aussi par l'inspection des deux Formules que l'on construit.

5. On peut encore construire ces équations, en faisant évanouir le second terme, aprés quoi on trouvera les valeurs de l'inconnue par l'art. 5. n°. 2.

6. Il y a encore d'autres équations qui appartiennent au second degré : comme $x^4 = \pm aa\,xx \pm a^3 b$, mais on les ramene à quelqu'une des quatre Formules précedentes en égalant le quarré xx de l'incónnue à un rectangle, dont un côté est une autre inconnue ; & l'autre côté est une lettre connue de l'équation. On prend ordinairement celle qui s'y trouve le plus frequemment. Ainsi, en faisant $ay = xx$, & mettant dans l'équation $aayy$ pour x^4, & ay pour xx, l'on aura $yy = \pm ay \pm ab$, qui étant construite par les regles précedentes ; la moyenne proportionnelle entre a & y, sera la valeur de x.

Par le moyen des équations du premier, & du second degré, l'on fait tout ce que les Anciens prenoient pour Geometrique.

EXEMPLES.

VII. Nous allons resoudre plusieurs Problêmes du premier & du second degré, pour servir d'exemples à la construction des équations plus composées que les précedentes.

PROBLÊME SIMPLE.

FIG. 17. 1. DECRIRE *un quarré* GFHI *dans un triangle donné* ABC.

Je remarque 1°. Que le triangle ABC étant donné, la perpendiculaire AD le sera aussi. 2°. Que pour former le quarré, il suffit de trouver dans la perpendiculaire AD, un point E, tel que DE soit égale à FG menée par le point E parallele à BG : car alors ayant mené FH, & GI paralleles à AD ; $FHIG$ sera un quarré.

Ayant donc supposé le Problême résolu, & nommé les données BC, a ; AD, b ; & l'inconnue DE, ou FG, x ; AE sera $b - x$. Les triangles semblables ABC, AFG donneront $b\,(AD) \,.\, a\,(BC) :: b - x\,(AE) \,.\, x\,(FG)$; donc $bx = ab - ax$ ou $ax + bx = ab$, d'où l'on tire

$x = \frac{ab}{a+b}$, qui donne cette construction.

On prendra sur *DB* prolongée du côté de *B* l'intervale *DK* = *BC*, & *KL* = *AD*, & ayant joint *LA*, on menera *KE* parallele à *LA*, qui coupera *AD* au point cherché *E*.

DÉMONSTRATION.

A Cause des paralleles *LA*, *KE* l'on a *IK* ou (const.) *AD* . *AE* :: *KD* ou (const.) *BC* . *DE*: mais *AD* . *AE* :: *BC* . *FG*; donc *BC* . *DE* :: *BC* . *FG*; & par consequent *DE* = *FG*; & partant *FHIG*, est un quarré. *C. Q. F. D.*

PROBLÊME SIMPLE.

2. U*N demi cercle*, ABC, *dont le centre est* D, *avec une perpendiculaire* FB *à son diametre* AC, *qui le divise en deux parties quelconques*, AF, FC, *& un autre demi cercle* FSC, *décrit sur le diametre* FC, *étant donnez; il faut trouver dans le triligne mixte* BFSCB, *le centre* O *d'un cercle, dont la circonference touche les trois côtez du triligne mixte, comme on voit dans la Figure.* FIG. 18.

Ayant supposé le Problême resolu, mené (art. 4. n°. 1) les lignes *OI*, *OE* paralleles à *FC* & à *FB*, & les lignes *OK*, *OS* aux points touchans *K*, *S*; qui étant prolongées, iront passer aux centres *D*, & *G* des cercles *ABC*, *FSC*, comme il est démontré dans les élemens de Geometrie.

Nommant donc les données *AD*, ou *DC*, ou *DK*, a; *FG*, ou *GC*, ou *GS*, b; *DE*, c; *FB*, f; & les inconnues *FE*, ou *IO*, ou *OK*, ou *OS*, x; *FI*, ou *EO*, y; *DO* sera $a - x$; *GO*, $b + x$; *GE*, $b - x$; & *DE*, $c + x$. Les triangles rectangles *OED*, *OEG* donneront $DO^2 - DE^2 = EO^2$, ou en termes Algebriques $aa - 2ax + xx - cc - 2cx - xx = yy = GO^2 - GE^2 = bb + 2bx + xx - bb + 2bx - xx$, ou en retranchant ce qui doit être retranché, $aa - cc - 2ax - 2cx = 4bx$, d'où l'on tire $x = \frac{aa - cc}{4b + 2a + 2c}$, où je remarque que $aa - cc = a + c \times a - c = AF \times FC = FB^2 = ff$, & que $4b + 2c = AC = 2a$; & partant $x = \frac{ff}{4a}$, d'où l'on tire cette construction.

Soit prolongée la perpendiculaire BF en M, en sorte que $FM = 2\ AC = 4a$; du centre F par B soit décrit le demi cercle BQP, qui rencontrera FM en P, & BC prolongée, s'il est necessaire, en Q. Et ayant joint QM, soit menée par P la droite PE parallele à QM, qui rencontrera FC en E; ayant ensuite mené EO, parallele à FB, & décrit du centre D, & du demi diametre $DL = DC - FE$ le cercle LOH; il coupera EO au point cherché O, qui sera le centre du cercle ISK, qui satisfait au Problême.

DÉMONSTRATION.

Soit du centre G, & du demi diametre $Gf = GF + FE$ décrit le cercle fOr. A cause des triangles semblables, MFQ, PFE; FM, ou (const.) $2\ AC \,.\, FQ :: PE$, ou $FQ \,.\, FE$; donc $2\ AC \times FE = FQ^2 = FB^2 = AF \times FC$; donc $2\ AC \times FE = AF \times FC$. Et partant $2\ AC \,.\, AF :: FC \,.\, FE$. *dividendo* $AC + FC \,.\, AF$, ou $HE :: FL \,.\, FE$. Encore *dividendo* $2\ FC \,.\, HE :: EL \,.\, FE$, ou Cr; donc $HE \times EL = 2\ FC \times Cr = FC \times 2\ Cr = fE \times Er$; Et partant $HE \times EL = fE \times Er$: mais $HE \times EL = EO^2$; donc aussi $fE \times Er = EO^2$; c'est pourquoi le point O est commun aux deux cercles HOL, fOr, & à la perpendiculaire EO: mais par la construction, les lignes OK, OI, OS sont égales; & les points K, S, I, sont les points touchans; puisque les lignes OS, & KO, vont aux centres G & D des cercles ABC, FSC, & que OI, est perpendiculaire à FB; donc le point O, est le centre du cercle ISK, qui satisfait au Problême. *C. Q. F. D.*

PROBLÊME

PROBLÊME PLAN.

3. *Un demi cercle* AEB, *dont le centre est* C, *& une perpendiculaire* DE *à son diametre étant donnez; il faut trouver sur* DE *le point* F, *par où, & par le point* A, *ayant mené la ligne* AFG; GF *soit égale au demi diametre* AC. FIG. 19.

Ayant supposé le Problême résolu, & nommé les données AC, ou CB, ou FG, a; AD, b; DE, c; & l'inconnue AF, x; DF sera $\sqrt{xx-bb}$; l'on a par la proprieté du cercle $DE^2 - DF^2 = AF \times FG$, ou $cc - xx + bb = ax$, ou $xx = -ax + cc + bb$; d'où l'on tire $x = -\frac{1}{2}a \pm \sqrt{\frac{1}{4}aa + cc + bb}$, qui fournit cette construction.

Soient menées du point E aux extremitez A & B du diametre AB, les droites EA, EB. Et ayant fait $EL = \frac{1}{2}AC - \frac{1}{2}a$, soit décrit du centre A par L, l'arc LH qui coupera AB en H. Et du centre H, & du demi diametre EL, soit décrit un cercle qui coupera AB aux points I & K. Je dis que AI, sera la valeur positive de x; c'est pourquoi si du centre A l'on décrit les deux arcs KG, IF qui couperont la circonference AEB en G, & DE en F; la droite AF étant prolongée rencontrera la circonference AEB en G, & FG sera par consequent $= AC$; puisqu'elle est égale à IK double de $EL = \frac{1}{2}AC$.

DÉMONSTRATION.

Par la construction, & à cause des triangles rectangles AEL, ADE; $AL^2 - EL^2 = AH^2 - IH^2 = AK \times AI = AG \times AF = AE^2 = AD^2 + DE^2 = AB \times AD = AD \times DB + AD^2$; donc $AG \times AF$, ou $AF \times FG + AF^2$, ou $AF \times FG + AD^2 + DF^2$

$= AD \times DB + AD^2$; donc, en retranchant AD^2 de part & d'autre, $AF \times FG + DF^2 = AD \times DB = DE^2$; donc $AF \times FG = DE^2 - DF^2$; d'où il suit que la ligne AF prolongée, rencontre le demi cercle AEB au point G où l'arc KG le coupe. *C. Q. F. D.*

PROBLÊME PLAN.

FIG. 20. 4. UN *demi cercle* BEC *dont le centre est* D, *& un point* A *hors du demi cercle, étant donnez de position sur un Plan; il faut trouver le point* E, *ou* F *sur sa circonference, par où, & par le point* A, *ayant mené la ligne* AFE, *sa partie* FE, *soit égale au demi diametre* BD.

Ayant supposé le Problême resolu, & nommé les données AC, a; AB, b; BD, ou FE, c; AE sera $x + c$; la proprieté du cercle donnera $a\ (AC) . x + c\ (AE) :: x\ (AF) . b\ (AB)$; donc $xx + cx = ab$, ou $xx = -cx + ab$, d'où l'on tire $x = -\frac{1}{2}c \pm \sqrt{\frac{1}{4}cc + ab}$ qui donne cette construction.

Ayant mené du point A la tangente AI, & du point touchant I le rayon ID, l'on prendra $IK = \frac{1}{2}BD = \frac{1}{2}c$; du centre A par K, l'on décrira l'arc KL qui coupera AC en L; & du centre L, & du rayon IK, l'on décrira un cercle qui coupera AC en O & M. Enfin du centre A par les points O & M, l'on décrira les arcs OF, ME, qui couperont le cercle BEC aux points F, E; de sorte que la ligne AF prolongée, ira au point E; & FE sera par consequent $= BD$; puisqu'elle est égale à $OM = 2IK = BD$.

DÉMONSTRATION.

A Cause du triangle AIK, rectangle en I; $AK^2 =$

$IK^2 = AL^2 - OL^2 = AM \times AO = AE \times AF = AI^2$: mais $AC \times AB = AI^2$; donc $AE \times AF = AC \times AB$; d'où il suit que le point *E* est commun au cercle *BEC*, à l'arc *ME*, & à la droite *AFE*. *C. Q. F. D.*

PROBLÊME PLAN.

5. *UN triangle* ABC, *& un point* D *hors du triangle étant donnez, il faut mener du point* D *une ligne* DEF, *en sorte que le triangle* ABC, *soit au triangle* EBF, *en la raison donnée de* m *à* n. FIG. 21.

Ayant supposé le Problême résolu; puisque le point *D* est donné de position, les lignes *DG* parallele à *AB*, & *GB* qui est le prolongement du côté *BC*, seront (art. 4. n° 5) aussi données; nommant donc les données *AB*, a; *BC*, b; *DG*, g; *GB*, f; & les inconnues *EB* (art. 4 n° 8) x; & *BF*, y; *GF* sera $f+y$, & l'on aura par les qualitez du Problême $AB \times BC . EB \times BF :: m . n$: car il est facile de démontrer que $AB \times BC . EB \times BF :: ABC . EBF$; donc en termes analytiques, $ab . xy :: m . n$; donc $nab = mxy$. Et les triangles semblables *DGF*, *EBF* donnent, g. (*DG*). $f+y$ (*GF*) :: x (*EB*). y (*BF*); donc $gy = fx + xy$; & faisant évanouir y, l'on aura $mfxx = - nabx + nabg$, ou $xx = - \frac{nabx + nabg}{mf}$. Pour réduire cette équation à la seconde Formule de l'article 6, & pour la construire, soit fait $m . n :: a$ (*AB*). $\frac{na}{m}$ qui soit *BI* que je nomme c; mettant donc c dans l'équation en la place de $\frac{na}{m}$, elle se changera en celle-ci $xx = - \frac{cbx + cbg}{f}$. Ayant mené *CL* parallele à *AB*, *IK* parallele à *BC*, & *GIL* qui rencontrera *CL* en *L*; l'on aura, à cause des triangles semblables *GBI*, *IKL*, *GB* (f). *BI* (c) :: *IK* (b). $KL = \frac{bc}{f}$ qui étant nommée d, & mettant d en la place de $\frac{bc}{f}$ dans la derniere équation, elle deviendra celle-ci $xx = -dx + dg$, d'où l'on tire $x = -\frac{1}{2}d + \sqrt{\frac{1}{4}dd + dg}$, qui montre que pour avoir la valeur de $x = BE$, il faut divifer DG en H; en forte que $DH . HG :: HG . KL$; & mener HE parallele à GB qui coupera AB au point cherché E; de forte que la ligne DEF menée de D par E, réfout le Problême.

DE'MONSTRATION.

PAR la conftruction $DH . HG$, ou $EB :: EB . KL$, & les triangles femblables DHE, EBF donnent $DH . EB :: HE$, ou $GB . BF$; donc $EB . KL :: GB . BF$; & partant $EB \times BF = GB \times KL$: mais les triangles femblables GBI, IKL, donnent $GB . BI :: IK$, ou $BC . KL$; donc $BI \times BC = GB \times KL$; donc $EB \times BF = BI, \times BC$. Mais $AB \times BC . EB \times BF$, ou $IB \times BC :: AB . IB ::$ (conft.) $m . n$, comme le triangle ABC, au triangle EBF. C.Q.F.D.

FIG. 22. 6. Si l'on veut que le point donné D, foit dans le triangle, il n'y a qu'à changer le figne où f fe rencontre; parcequ'alors GB, deviendra négative de pofitive qu'elle étoit, c'eft-à-dire, que le point G tombera entre B & C; & l'on aura $xx = -\frac{nabx + nabg}{-mf}$ ou $xx = \frac{nabx - nabg}{mf}$ qui fervira à conftruire le Problême en cette forte.

Soit divifée AB en I, en forte que $AB . BI :: m . n$. Et ayant pris fur GD, $GO = BI$, on menera par les points B, & O la droite indéfinie BOL, & par C la ligne CL parallele à AB, qui rencontrera BOL en L. Soit enfuite prolongée GD en H; en forte que $DH . HG :: HG . CL$, & menée HE parallele à BC, qui coupera AB en E. Je dis que la ligne EDF menée par les points E & D, réfout le Problême.

DÉMONSTRATION.

Elle est la même que la précedente.

REMARQUE I.

7. L'équation précedente $xx = \frac{nabx - nabg}{mf}$, étant réduite à celle-ci $xx = dx - dg$, comme l'on a fait celle du cas précedent (n°. 5), fait voir que si la moyenne proportionnelle entre DG (g), & CL (d) surpasse $\frac{1}{2} CL$, le Problême sera impossible : car alors les deux valeurs de x seront imaginaires.

REMARQUE II.

8. Si dans les deux constructions précedentes, le point F étoit tombé au-de-là du point C, hors du triangle ; il auroit fallu mener la parallele DG de l'autre côté du point G, qui auroit rencontré le côté AC, prolongé du côté de A dans le premier cas, & l'on se seroit servi du côté AC, comme l'on a fait du côté BC. FIG. 21. 22.

REMARQUE. III.

9. Ce seroit encore la même chose, si le point D étoit donné sur un des côtez BC prolongé : car DG parallele à AB, rencontreroit le côté AC prolongé du côté de A, & l'on trouveroit comme on vient de faire, le point E, par où ayant mené la droite DEF, l'on auroit le triangle AEF, qui seroit au triangle ABC, comme n à m. FIG. 23.

REMARQUE IV.

10. Si le point D étoit au sommet de l'un des angles comme en A ; il n'y auroit qu'à diviser BC en F ; ensorte que $BC . BF :: m . n$, & mener AF : car en ce cas $ABC . ABF :: m . n$. FIG. 24.

REMARQUE V.

FIG. 25. 11. Si le point D étoit sur un des côtez AB; en nommant AB, a; BC, b; DB, g; qui sont les données, & l'inconnue BF, x; l'on auroit, selon l'hypothese, ab. $gx :: m . n$; & partant $mgx = nab$; donc $x = \frac{nab}{mg}$: qui fournit cette construction.

On divisera BC en H, en sorte que $BC . BH :: m . n$; & ayant pris BF quatriéme proportionnelle à DB, AB, BH, l'on menera la ligne DF qui satisfera au Problême.

DÉMONSTRATION.

AYANT mené AH, les triangles ABH, DBF seront égaux; puisque (const.) $DB . AB :: BH . BF$: mais le triangle ABC est au triangle $ABH :: BC . BH :: m . n$; donc $ABC . DBF :: m . n$, C. Q. F. D.

COROLLAIRE.

12. ON peut par le moyen de ce Problême, & des remarques qu'on y a faites, résoudre toutes les questions de la Geodesie.

FIG. 26. Soit par exemple, un rectiligne quelconque $ABCEGH$, & un point D hors de ce rectiligne, donnez de position; il faut mener la ligne DOF, qui divise le même rectiligne, de maniere que la partie $OHGEF$, soit à la partie $OABCF$, comme m à n.

On menera du point D aux angles du rectiligne des droites DG, DE, DC, DB. Or puisque l'on connoit la superficie du rectiligne entier, & qu'on peut connoitre celle de toutes les parties qui le composent; on connoitra aussi si quelqu'une des lignes DB, DC, DE, DG, satisfait au Problême. Mais si aucune n'y satisfait, de sorte que la partie $LHGE$ soit trop petite, & la partie $KHGEC$ trop grande; il est necessaire, selon cette hypothese, que la ligne DOF passe entre les lignes DC, DE, afin que la

Figure ſoit diviſée dans la raiſon demandée : mais parceque l'on connoit le rapport de toute la Figure à ſes parties *KABC*, *LABCE*, l'on connoitra auſſi le rapport du quadrilatere *LKCE* à ſa partie *OKCF* ; c'eſt pourquoi, 1°. Si les lignes *KL*, *CE* ſont paralleles, il n'y a qu'à diviſer *CE* en *F*, en ſorte que *CE* ſoit à *CF* dans la raiſon convenable, & mener *DOF*, qui ſatisfera à la queſtion : car *CE* . *KL* :: *CF* . *KO*, ou *DCE* . *DKL* :: *DCF* . *DKO* ; & *dividendo* *LKCE* . *DCE* :: *OKCF* . *DCF* : *permutando* *LKCE* . *OKCF* :: *DCE* . *DCF* :: *CE* . *CF*.

2°. Si les lignes *CE*, *KL* ne ſont point paralleles, elles concourront de part ou d'autre en un point *P*, que l'on trouvera en cette ſorte. Ayant mené *LR* & *LQ* paralleles à *KC*, & à *CF*, ces droites ſeront données de grandeur auſſi bien que *KQ*. Soit donc fait à cauſe des triangles ſemblables *KQL*, *KCP* ; *KQ* . *QL* :: *KC* . *CP* ; *CP* ſera donc auſſi donnée de grandeur ; c'eſt pourquoi tirant *KS* perpendiculaire à *CE*, qui ſera auſſi donnée ; l'on aura la ſuperficie du triangle *KCP* ; & par conſequent (no. 9), le rapport de tout le triangle à ſa partie *OKCF*, & le Problême ſera réſolu. FIG. 27.

PROBLÊME PLAN.

13. D*E'CRIRE un triangle* ABC *rectangle en* A, *dont le plus petit côté* AB, *& la difference* DC *des ſegmens de l'hypothenuſe, faits par la perpendiculaire* AE, *ſoient données de grandeur.* FIG. 28.

Ayant ſuppoſé le Problême reſolu, l'on décrira du centre *A*, & du rayon *AB*, le cercle *GBF*, qui paſſera par le point *D* ; puiſque *DC*, eſt la difference des ſegmens *BE*, *EC* de l'hypothenuſe *BC* ; & ayant prolongé *AC* en *G* ; *GC* ſera $=AB+AC$; & $FC=AC-AB$. Nommant donc les données *AB*, *a* ; *DC*, *b* ; & l'inconnue *CF*, *x* ; *AC* ſera $a+x$; & *GC*, $2a+x$; & l'on aura à cauſe du cercle *CD* (b) . *CF* (x) :: *CG*

$(2a + x) . CB = \frac{2ax + xx}{b}$; donc à cause de l'angle droit ABC. $BC^2 = AB^2 + AC^2$, ou en termes Algebriques $\frac{4aaxx + 4ax^3 + x^4}{bb} = 2aa + 2ax + xx$, ou en ordonnant l'équation,

$$x^4 + 4ax^3 + \begin{matrix} 4aaxx \\ -bbxx \end{matrix} - 2abbx - 2aabb = 0,$$

qui est une équation du quatriéme degré ; & qui ne peut être divisée par aucun binome composé de l'inconnue, & d'un des diviseurs du dernier terme : mais avant que de conclure quelle est la nature du Problême, il faut faire évanouir le second terme. Faisant donc $x + a = z$, l'on a $x = z - a$; & mettant cette valeur de x dans l'équation en la place de x, & les puissances de cette valeur en la place des puissances semblables de x, l'on aura cette nouvelle équation

$$z^4 \begin{matrix} -2aazz \\ -bbzz \end{matrix} \begin{matrix} +a^4 \\ -aabb \end{matrix} = 0 ;$$

& comme le quatriéme terme est aussi évanoui, il suit que le Problême est plan : car faisant $ay = zz$, l'équation se changera en celle-ci,

$$aayy \begin{matrix} -2a^3y \\ -abby \end{matrix} \begin{matrix} +a^4 \\ -aabb \end{matrix} = 0, \text{ ou } yy = \frac{2aay + bby + abb - a^3}{a},$$

que l'on peut ramener à une des 4 formules précedentes; trouver par consequent la valeur de y, & chercher ensuite une moyenne proportionnelle entre y & a, qui sera la valeur de z, d'où ayant ôté a, on aura celle de x qu'il falloit trouver. Mais ces sortes de constructions sont tres-composées ; c'est pourquoi dans de pareils cas, il faut tâcher, en prenant d'autres voyes, de trouver une équation du second degré, qui donneroit une construction beaucoup plus simple, plus élegante, & plus naturelle. Prenons donc BD pour l'inconnue ; & l'ayant nommée x; BC sera $b + x$; BE, $\frac{1}{2}x$; & EC, $\frac{1}{2}x + b$; & l'on aura à cause de l'angle droit BAC, $BE \times EC = \frac{1}{4}xx + \frac{1}{2}bx = AE^2$: & à cause du triangle rectangle

gle AEB, l'on aura $BE^2 + AE^2 = \frac{1}{4}xx + \frac{1}{4}xx + \frac{1}{2}bx = aa = AB^2$, qui se réduit à $xx = -bx + 2aa$; d'où l'on tire $x = -\frac{1}{2}b \pm \sqrt{\frac{1}{4}bb + 2aa}$, qui donne cette construction.

D, étant le commencement de x qui va vers B, on prendra sur CD, prolongée de part & d'autre, $DG = 2a = 2AB$, & $DH = a = AB$, & ayant décrit sur le diametre GH, le demi cercle GRH, on élevera au point D la perpendiculaire DR, qui rencontrera la circonference en R. Et du centre O, milieu de DC, on décrira par R, le demi cercle BRK qui coupera DG au point cherché B. De sorte que DB sera la valeur positive de x, & DK sa valeur négative; c'est pourquoi ayant décrit sur l'hypotenuse BC, le triangle rectangle BAC, dont le petit côté AB soit $= a$, le Problême sera résolu. FIG. 29

DE'MONSTRATION.

PAR la construction $AB = a$, & $DC = b$; il ne reste donc qu'à prouver que la perpendiculaire AE qui tombe de l'angle droit A sur l'hypothenuse BC, divise BD par le milieu en E.

La proprieté du cercle donne $BD \times DK = DR^2 = GD \times DH$; donc $BD . GD$ ou $2\,DH :: DH . DK$, ou en prenant la moitié des consequens, $BD . DH$ ou $AB :: AB . \frac{1}{2}DK$; donc $BD \times \frac{1}{2}DK$, ou $\frac{1}{2}BD \times DK = AB^2$; donc DK, ou $CB . AB :: AB . \frac{1}{2}BD$: Mais les triangles semblables CBA, ABE donnent $CB . AB :: AB . BE$; donc $AB . \frac{1}{2}BD :: AB . BE$; donc $\frac{1}{2}BD = BE$. C. Q. F. D.

PROBLÊME PLAN.

FIG. 30. 14. *Un quarré* ABCD *dont les côtez* AB, AD *sont prolongez étant donné ; il faut trouver sur l'un des prolongemens* AE, *le point* E, *en sorte que la ligne menée par* E, *& par l'angle* C, *terminée par l'autre prolongement* BF, *soit égale à une autre ligne donnée* KL, *qui ne soit point moindre que le double de la diagonale du quarré.*

Ayant supposé le Problême résolu, & nommé AD, ou AB, a; KL, b; & les inconnues AE, x; AF, y; DE sera, $x-a$; le triangle rectangle FAE donnera $AE^2 + AF^2 = xx + yy = bb = (hyp.)\ EF^2$, qui est une équation au cercle. Et les triangles semblables FAE, CDE; donneront y. (FA). $x\ (AE) :: a\ (CD)$. $x-a\ (DE)$; donc $xy - ay = ax$, qui est une équation à l'hyperbole par rapport à ses asymptes; & ayant fait évanouir y, & ordonné l'équation, on aura

$$A.\ x^4 - 2ax^3 + \begin{matrix} 2aaxx \\ -bbxx \end{matrix} + 2abbx - aabb = 0,$$

qui est une équation du quatriéme degré, & qui ne peut être divisée par aucun binome; c'est pourquoi pour déterminer quelle est la nature du Problême, il faut, suivant les principes de Mr Descartes, & ce que nous avons dit art. 4. no. 18, faire évanouir le second terme. Soit pour ce sujet $x - \frac{1}{2}a = z$; donc $x = z + \frac{1}{2}a$; $xx = zz + az + \frac{1}{4}aa$; $x^3 = z^3 + \frac{3}{2}azz + \frac{3}{4}aaz + \frac{1}{8}a^3$; $x^4 = z^4 + 2az^3 + \frac{3}{2}aazz + \frac{1}{2}a^3z + \frac{1}{16}a^4$, & mettant ces valeurs de x, de xx, de x^3, & de x^4 dans l'équation A, elle deviendra celle-ci.

$$B.\ \begin{matrix} z^4 + \frac{1}{2}aazz + a^3z + \frac{5}{16}a^4 \\ -bbzz \quad + abbz - \frac{1}{4}aabb, \end{matrix} = 0.$$

où il n'y a point de second terme.

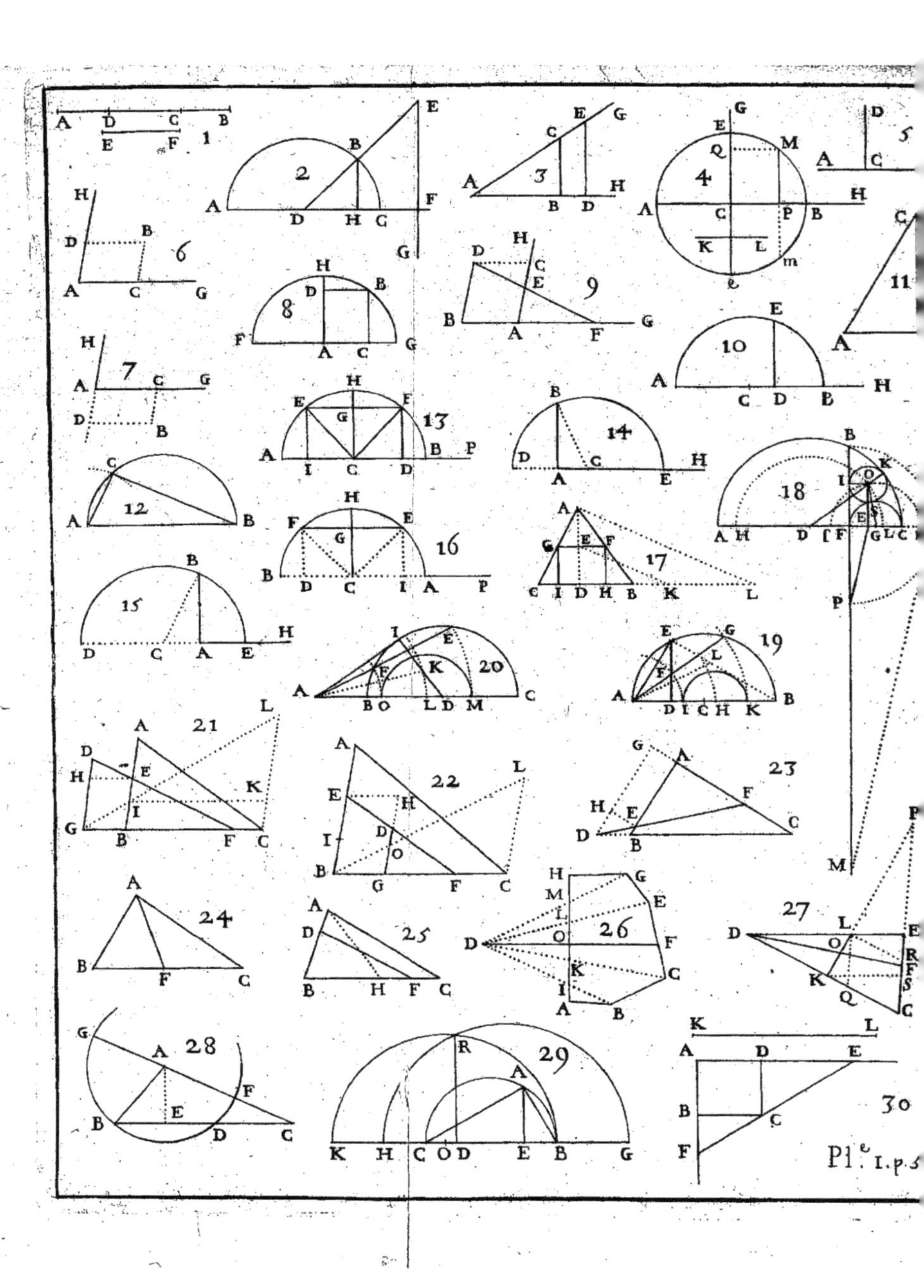
Pl.e I. p.3

Pour transformer presentement l'équation B en une équation du troisiéme degré, on se servira de ces deux équations:

$C.\quad zz - yz - s = 0.$

$D.\quad zz + yz + t = 0$, que je multiplie l'une par l'autre, pour avoir celle-ci:

$$E.\quad \begin{array}{l} z^4 - szz - syz - ts = 0. \\ - yyzz - tyz \\ + tzz \end{array}$$

qui est semblable à l'équation B. Mais pour abreger le calcul, j'égale les quantitez connues de chaque terme de l'équation B à de simples lettres connues; à sçavoir,

$\frac{1}{2}aa - bb = p.$

$a^3 + abb = q.$

$\frac{5}{16}a^4 - \frac{1}{4}aabb = r.$ De sorte que l'équation B devient celle-ci.

$F.\quad z^4 + pzz + qz + r = 0.$

Je compare présentement les deux équations E & F, terme à terme, chacun à son correspondant; ce qui me donne les trois équations suivantes: car les deux premiers termes ne donnent rien.

$G.\ t - yy - s = p.$

$H.\ -ty - sy = q.$

$I.\quad -ts = r.$

L'équation I donne $s = \frac{-r}{t}$; & mettant en la place de s, cette valeur dans les deux équations G & H, & multipliant ensuite par t, l'on a les deux suivantes.

$K.\ tt - tyy + r = pt.$

$L.\ -tty + ry = qt.$

L'équation K donne $tt = tyy + pt - r$, & mettant cette valeur de tt dans l'équation L, l'on a $-ty - pty + 2ry = qt$, d'où l'on tire $M.\ t = \frac{2ry}{y^3 + py + q}$; & mettant cette valeur de t dans les équations H & I, l'on

aura les deux qui suivent, $N.\ \frac{-2ryy}{y^3+py+q} - \int y = q$, & $O.\ \frac{-2\int ry}{y^3+py+q} = r$; d'où faisant évanouir l'inconnue $\int$, ôtant les fractions, & retranchant ce qui doit être retranché, l'on aura $P.\ y^6 + 2py^4 + ppyy - qq = 0$, qui est
$$-4ryy$$
l'équation transformée, & qui se rapporte au troisiéme degré; & remettant à present dans l'équation P, en la place de p, q, & r leurs valeurs, l'on aura,

$$Q.\ y^6 + aay^4 + b^4yy - a^6$$
$$-2bby^4 \qquad -2a^4bb = 0$$
$$-aab^4$$

Si l'on tente presentement toutes les divisions de cette équation par les binomes qu'on peut former par le quarré de l'inconnue y, c'est-à-dire, par yy; (car il n'est point ici necessaire de les tenter par aucun autre); & par quelqu'un des diviseurs Plans du dernier terme, l'on trouvera qu'elle se peut diviser par celui-ci.

$R.\ yy - aa - bb = 0$; & le quotient sera,

$$S.\ y^4 + 2aayy + a^4$$
$$- bbyy + aabb = 0.$$

qui est une équation du second degré; & qui par consequent fait connoitre que le Problême est Plan.

Si on veut le résoudre sans chercher une autre équation du second degré: Voici la méthode qu'on doit suivre.

L'on a déja l'équation $O.\ \frac{-2\int ry}{y^3+py+q} = r$, d'où l'on tire $T.\ \int = -\frac{y^3-py-q}{2y}$. Il ne s'agit plus que de chercher une valeur semblable de t; ce qui se fait en cette sorte. L'équation I donne $t = \frac{-r}{\int}$; mettant donc cette valeur de t dans les deux équations G & H, l'on aura $-r - \int yy - \int\int = p\int$, & $ry - \int\int y = q\int$: & faisant évanouir le quarré $\int\int$, l'on aura $-r - \int yy - \frac{ry+q\int}{y}$

$= ps$, d'où l'on tire $s = \frac{-2ry}{y^3 + py - q}$; & cette valeur de s, substituée dans l'équation I, donne aprés avoir ôté les fractions, & ce qu'il y a à ôter, $V.\ t = \frac{y^3 + py - q}{2y}$. Si l'on met presentement dans les deux équations C, & D, en la place de s, & de t leurs valeurs prises dans les deux équations T, & V, l'on aura les deux suivantes.

$$zz - yz + \frac{y^3 + py + q}{2y} = 0, \text{ \&}$$

$$zz + yz + \frac{y^3 + py - q}{2y} = 0, \text{ ou}$$

$$X.\ zz - yz + \frac{1}{2}yy + \frac{1}{2}p + \frac{q}{2y} = 0, \text{ \&}$$

$$Y.\ zz + yz + \frac{1}{2}yy + \frac{1}{2}p - \frac{q}{2y} = 0$$

Mais l'équation R, donne $yy = aa + bb$, & $y = \sqrt{aa + bb}$; l'on a aussi $p = \frac{1}{2}aa - bb$, & $q = a^3 + abb$; substituant donc dans les deux équations X, & Y en la place de y, de yy, de p, & de q, leurs valeurs; l'on aura aprés les réductions ordinaires,

$$zz - z\sqrt{aa + bb} + \frac{3}{4}aa + \frac{1}{2}a\sqrt{aa + bb} = 0, \text{ \&}$$

$$zz + z\sqrt{aa + bb} + \frac{3}{4}aa - \frac{1}{2}a\sqrt{aa + bb} = 0, \text{ ou}$$

$$zz = z\sqrt{aa + bb} - \frac{3}{4}aa - \frac{1}{2}a\sqrt{aa + bb}, \text{ \&}$$

$$zz = -z\sqrt{aa + bb} - \frac{3}{4}aa + \frac{1}{2}a\sqrt{aa + bb}, \text{ dont}$$

les racines sont,

$$z = \frac{1}{2}\sqrt{aa + bb} \pm \sqrt{-\frac{1}{2}aa + \frac{1}{4}bb - \frac{1}{2}a\sqrt{aa + bb}}, \text{ \&}$$

$$= -\frac{1}{2}\sqrt{aa + bb} \pm \sqrt{-\frac{1}{2}aa + \frac{1}{4}bb + \frac{1}{2}a\sqrt{aa + bb}}.$$ Mais pour ôter le second terme de l'équation A, l'on a fait

$z = x - \frac{1}{2}a$; c'est pourquoi en mettant dans les deux dernieres équations, en la place de z, sa valeur $x - \frac{1}{2}a$; l'on aura les deux qui suivent,

$$x = \frac{1}{2}a + \sqrt{\frac{1}{4}aa + \frac{1}{4}bb} \pm \sqrt{-\frac{1}{2}aa + \frac{1}{4}bb - \frac{1}{2}a\sqrt{aa+bb}}.$$

$$x = \frac{1}{2}a - \sqrt{\frac{1}{4}aa + \frac{1}{4}bb} \pm \sqrt{-\frac{1}{2}aa + \frac{1}{4}bb + \frac{1}{2}a\sqrt{aa+bb}},$$

dont la construction résout le Problême.

Il faut demeurer d'accord que cette méthode de Mr Descartes, de reconnoitre la nature d'un Problême dont l'équation est du quatriéme degré, & de tirer de cette équation du quatriéme degré, deux équations du second, quand le Problême est Plan, est parfaitement belle, & digne de son genie; c'est pourquoi j'ai jugé à propos de la mettre ici tout au long; parceque je ne l'ai vûe nulle part entierement expliquée. Il est neanmoins à propos, comme on a déja remarqué, aprés avoir reconnu qu'un Problême dont l'équation est du quatriéme degré est Plan, de chercher par d'autres voyes une équation du second degré; parceque la construction du Problême en devient plus simple, comme on va voir par cet exemple.

FIG. 31. 15. Les mêmes choses que dans l'énoncé du Problême, étant supposées, on prolongera *BC* vers *G*, l'on menera *EG* perpendiculaire à *FE*, qui rencontrera *CG* en *G*, & l'on abaissera du point *E* sur *CG* la perpendiculaire *EH*: ce qui formera les triangles semblables *CBF*, *CEG*, *CHE*, & *EHG*: & outre cela les triangles *CBF*, *EHG* égaux, puisque $BC = EH$; c'est pourquoi ayant nommé les données *AB* ou *AD*, a; *KL* ou *FE*, b; & les inconnues *CG*, x; *CE*, y; *BG* sera, $a + x$; & *FC* ou *EG* $b - y$; les triangles semblables *CBF*, *CEG*, donneront $a\ (CB) . b - y\ (CF) :: y\ (CE) . x\ (CG)$; donc $ax = by - yy$; & le triangle rectangle *CEG* donnera $CG^2 = xx = bb - 2by + 2yy = CE^2 + EG^2$, ou

$\frac{bb - xx}{2} = by - yy = ax$, ou $bb - xx = 2ax$, d'où l'on tire $x = -a \pm \sqrt{aa + bb}$, qui donne cette construction.

Soit prolongée *CD* en *I*, en sorte que *CI*=*KL*; décrit du centre *B* par *I*, le cercle *IG*, qui coupera *BC* prolongée en *G*; & sur le diametre *CG*, le demi cercle *CEG*, qui coupera *AD* prolongée *E* & *e*, ou la touchera en un seul point *E*, si le Problême est possible, c'est-à-dire, si *KL* surpasse ou égale le double de la diagonale du quarré *AC*. Je dis que la ligne *FE*, ou *ef*=*KL*; & que par conséquent le Problême est résolu.

DÉMONSTRATION.

A Cause des triangles semblables *CBF*, *CEG*. *CB*. *CF* :: *CE*. *CG*; donc $CB \times CG = CF \times CE$. Et à cause du cercle *IG* dont le centre est *B*; $CI^2 = BG^2 - BC^2 = 2BC \times CG + CG^2 = 2CF \times CE + CE^2 + EG^2$ ou $CF^2 = FE^2$; donc $CI^2 = FE^2$; donc $CI = FE = KL$. *C. Q. F. D.*

On démontrera de même que *ef*=*KL*.

PROBLÊME PLAN.

16. L*A somme* AB *des deux côtez* AE, EI *d'un triangle* AEI, *l'angle* AEI *que doivent former les deux côtez* AE, EI; *& la perpendiculaire* EG *menée de cet angle sur la base* AI, *étant donnez, décrire le triangle* AEI. FIG. 32.

Ayant supposé le Problême résolu, soit prolongée *AE* en *B*, en sorte que *EB* = *EI*, & menée par *A* la ligne *AD* parallele à *EI*, & égale à *AB*; la ligne menée par les points *B* & *I*, rencontrera *AD* en *D* : car *BE*= *EI*, & *BA*= *AD*. Soit faite *AK* perpendiculaire à *BD*, qui sera divisée par le milieu en *K*, puisque le triangle *BAD* est isoscele. Ayant enfin mené *BH* perpendiculaire à *AI* prolongée, & nommé les données *KB*, ou *KD*, *c*; la perpendiculaire *EG*, *b*; *AK*, *d*; & les inconnues *AI*,

z; KI, x; BH, u; BI sera $c-x$, & ID, $c+x$. Les triangles semblables IAK, IBH donneront z (IA). d (AK) :: $c-x$ (IB). u (BH); donc $u=\frac{cd-dx}{z}$. Et les triangles semblables HBA, GEA, & BEI, BAD donnent, u (HB). b (GE) :: BA. EA :: $2c$ (BD) $c+x$ (ID). d'où l'on tire $u=\frac{2bc}{c+x}$; donc $\frac{2bc}{c+x}=\frac{cd-dx}{z}$, ou $2bcz=ccd-dxx$: mais le triangle rectangle AKI, donne $xx=zz-dd$; c'est pourquoi en mettant cette valeur de xx, dans l'équation précedente, l'on en tire $zz=-\frac{2bcz}{d}+cc+dd$: Mais en nommant AB, a; l'on a, à cause du triangle rectangle AKB, $aa=cc+dd$; mettant donc dans l'équation en la place de $cc+dd$ sa valeur aa, l'on a celle-ci $zz=-\frac{2bcz}{d}+aa$, d'où l'on tire $z=-\frac{bc}{d}+\sqrt{\frac{bbcc}{dd}+aa}$, qui fournit cette construction.

Soit prise $AF=GE$, & menée FL parallele à KB; soit prolongée KA en C, en sorte que $AC=FL$; & ayant mené AM parallele à KB, & égale à AB, l'on décrira du centre C par M, le cercle MN, qui coupera AK prolongée en N; & du centre A par N, l'on décrira le cercle NIO qui coupera KB, en I; & ayant joint AI, l'on menera IE parallele à DA, qui formera le triangle AIE, qu'il falloit décrire.

DÉMONSTRATION.

Il est clair que $AE+EI=AB$, que l'angle AEI, est tel qu'on le souhaite, & que $AN=AI$. A cause de FL (const.) parallele à KB, l'on a AK (d). KB (c) :: AF, ou GE (b). $FL=\frac{bc}{d}=$ (const.) AC, & par-

tant

tant $CN\ \frac{bc}{d} + z$; & par la proprieté du cercle, $CN^2 - CA^2 = AM^2 = AB^2$; ce qui est en termes Algebriques $\frac{2bcz}{d} + zz = aa$, ou $zz = -\frac{2bcz}{d} + aa$ qui est l'équation que l'on a construite; d'où il suit que la construction précedente résout le Problême. *C. Q. F. D.*

J'ai copié ce Problême dans le Traité des lieux Geometriques de Mr de la Hire, parcequ'il ouvre le chemin à la résolution de plusieurs Problêmes semblables, comme est celui qui suit : j'y ai ajouté la construction, & la démonstration que cet Auteur n'avoit pas donnée.

PROBLÊME PLAN.

17. D*E'CRIRE un triangle* AEI, *dont on connoit la somme des côtez* AE + EI = AB, *la base* AI, *& dont l'angle* AEI, *soit égal à un angle donné.* FIG. 32.

En supposant la préparation précedente, & nommant les données AK, d; AI, b; & l'inconnue KI, x; l'on aura par la proprieté du triangle rectangle AKI, $xx = bb - dd$; donc $x = \sqrt{bb - dd}$, qui donne cette construction.

Soit du centre A & du rayon AI, décrit le cercle OIN qui coupera KB au point cherché I; ce qui n'a pas besoin de démonstration.

PROBLÊME PLAN.

18. U*N rectangle* ABCD *étant donné, il faut décrire un autre rectangle* EHGF; *dont les côtez soient également éloignez de ceux du rectangle* ABCD, *& que le rectangle* ABCD, *soit au petit* EHGF *dans la raison donnée de* m *à* n. FIG. 33.

Ayant supposé le Problême résolu, & nommé les données AD, ou BC, a; AB, ou DC, b; & l'inconnue AL, ou LE, x; EF sera, $a-2x$, & EH, $b-2x$.

L'on aura par les qualitez du Problême, $ab . ab - 2ax - 2bx + 4xx :: m . n$. donc $mab - 2max - 2mbx + 4mxx = nab$, d'où l'on tire $xx = \frac{1}{2} ax + \frac{1}{2} bx + \frac{nab - mab}{4m}$. Ce qui fournit cette construction.

Soit prise $AI = \frac{1}{2} a + \frac{1}{2} b$, & décrit sur le diametre AI, le demi cercle API. Et ayant élevé au centre K, la perpendiculaire KP, pris $KO = \sqrt{\frac{nab - mab}{4m}}$ & mené par O la ligne QOR, qui rencontrera le demi cercle aux points Q & R, par où l'on menera QL & RM paralleles à PK, qui couperont AI aux points cherchez L & M. De sorte qu'ayant pris AS, BT, & BV égales à AL, l'on formera le rectangle $EHGF$, & le Problême sera résolu.

DÉMONSTRATION.

Par la proprieté du cercle $AL \times LI = LQ^2$ ou en termes Algebriques $x \times \frac{1}{2} a + \frac{1}{2} b - x = \frac{1}{2} ax + \frac{1}{2} bx - xx = \frac{mab - nab}{4m}$, ou $xx = \frac{1}{2} ax + \frac{1}{2} bx + \frac{nab - mab}{4m}$, qui est l'équation que l'on a construite. C. Q. F. D.

J'ai démontré la construction de ces deux derniers Problêmes algebriquement, pour indiquer la maniere de démontrer tous les autres de même; ce qui est si facile, que je ne crois pas qu'il soit necessaire d'apporter un plus grand nombre d'exemples.

Les Démonstrations, faites à la maniere des anciens, éclairent plus l'esprit que les Démonstrations Algebriques, quoiqu'elles ne soient pas plus certaines: mais aussi elles ne ſont pas ſi faciles à trouver, comme il eſt aiſé de juger par les Démonſtrations des Problêmes précedens, que l'on auroit pû démontrer par l'Algebre auſſi facilement que les deux derniers.

SECTION III.

Où l'on donne la Méthode de démontrer les les Theorêmes de Geometrie.

METHODE.

VIII. APRE'S avoir mené les lignes que l'on juge necessaires, en suivant les Observations de l'article 4, on nommera celles qui doivent entrer dans la question, comme lorsqu'on veut résoudre un Problême, avec cette difference, que l'on peut se servir de toutes les lettres indifferemment : car comme l'on ne cherche la grandeur d'aucune ligne, on les peut regarder comme étant toutes connues, ou inconnues.

Cela fait, on exprimera en termes Algebriques, les veritez que l'on veut démontrer, & on cherchera des équations par les proprietez du triangle rectangle, & des triangles semblables, ou autrement, que l'on ramenera par le moyen des substitutions aux mêmes expressions, que celles qui expriment les veritez dont il s'agit, & alors le Theorême sera démontré.

S'il arrive que tous les termes de l'équation sur laquelle on opere, se détruisent, de sorte qu'il reste $o = o$, le Theorême sera encore démontré : car c'est une marque que la chose est telle qu'on l'a supposée, sans qu'il soit necessaire de déterminer la grandeur d'aucune des lignes qui ont été nommées. Ceci arrive ordinairement lorsque l'on regarde les Theorêmes qu'on veut démontrer, comme des Problêmes qu'on veut résoudre.

Il arrive aussi quelquefois que l'on croit résoudre un Problême, & il se trouve par la mutuelle destruction des termes de l'équation, que c'est un Theorême, qui se trouve aussi par ce moyen démontré. Tout ceci sera éclairci par les Exemples qui suivent.

EXEMPLE I.

Theorême.

1. *SI une ligne droite donnée* AB, *est coupée également en* C, *& inégalement en* D; *le quarré de la moitié* CB *moins le quarré de la partie du milieu* CD, *sera égal au rectangle des deux parties inégales* AD, DB. FIG. 34.

Ayant nommé AC, ou CB, a; CD, b; AD sera, $a+b$; & DB, $a-b$.

Il faut démontrer que $aa-bb$ (CB^2-CD^2) $=$ $AD\times DB$.

DÉMONSTRATION.

En multipliant $a+b$ (AD) par $a-b$, (DB) l'on aura $aa-bb$ (CB^2-CD^2) $= AD\times DB$. *C. Q. F. D.*

EXEMPLE II.

Theorême.

2. *SI une ligne droite* AB, *coupée par le milieu en* C, *est prolongée en* D *d'une grandeur quelconque. Je dis que le quarré de* CD *moins le quarré de* CB, *sera égal au rectangle de la toute* AD, *par la partie prolongée* BD. FIG. 35.

Ayant nommé CD, a; AC, ou CB, b; AD sera, $a+b$; & BD, $a-b$.

Il faut démontrer que $aa-bb$ (CD^2-CB^2) $=$ $AD\times DB$.

DÉMONSTRATION.

Si l'on multiplie $a+b$ (AD) par $a-b$ (DB, l'on aura $aa-bb$ (CD^2-CB^2) $= AD \times DB$. C. Q. F. D.

On démontrera de même les autres propositions du second Livre d'Euclide, où il s'agit des proprietez des lignes divisées de differentes manieres.

EXEMPLE III.

Theorême.

FIG. 36. 3. D*ANS tout triangle obtusangle* ABC, *dont l'angle* ABC *est obtus, si l'on prolonge un des côtez* BC *du côté de* B, *& que l'on abaisse du point* A *sur le prolongement, la perpendiculaire* AD; *le quarré du côté* AC *opposé à l'angle obtus, sera égal à la somme des quarrez des deux autres côtez* AB, BC, *& outre cela à deux rectangles dont* BC *est un côté, & le prolongement* BD, *l'autre.*

Ayant nommé AC, a; AB, b; BC, c; DB, d; AD, g; DC sera $c+d$.

Il faut prouver que aa (AC^2) $= bb+cc+2cd$ ($AB^2+BC^2+2BC \times BD$).

DÉMONSTRATION.

A Cause du triangle rectangle ABC; aa (AC^2) $=$ gg (AD^2) $+ dd+2cd+cc$ (DC^2) : Mais le triangle rectangle ADB donne $bb=gg+dd$; mettant donc en la place de $gg+dd$ sa valeur bb; l'on aura $aa=bb+2cd+cc$. C. Q. F. D.

FIG. 37. Si l'on fait DB $(=d)=0$, le point D tombera en B, & l'angle ABC sera droit; & l'on aura $aa=bb+cc$: car $2cd$ devient nulle à cause de $d=0$: mais si l'on fait d negative, & moindre que $c=BC$; le point D tombera entre B, & C; & partant les deux angles ABC, & C seront aigus, & l'on aura en changeant le signe du terme où d se rencontre, $aa = bb - 2cd + cc$, ou $aa + 2cd = bb + cc$, ou $AC^2 + 2BC \times BD = AB^2 + BC^2$; c'est-à-dire que dans tout triangle, le quarré du côté opposé à un angle aigu, avec deux fois le rectange du côté sur lequel tombe la perpendiculaire, par la partie interceptée entre la perpendiculaire, & cet angle aigu est égal à la somme des quarrez des deux autres côtez.

EXEMPLE IV.

Theorême.

4. S*I dans un cercle* ABGD, *dont le centre est* C, *l'on mene librement deux droites* BE, DF *qui se coupent en* O. *Je dis que* BO × OE = DO × OF. FIG. 38.

L'on menera par le point O, le diametre $ACOG$, les rayons CB, CD, & les perpendiculaires CI sur BE, & CK sur DF; & ayant nommé les rayons CA, CG, CB, CD, a; BI, ou IE, b; DK, ou KF, c, OI, d; OK, f; CI, g; CK, h; CO k; BO sera, $b + d$; OE, $b - d$; DO, $c + f$; & OF, $c - f$. Il faut démontrer que $bb - dd$ ($BO \times OE$) $= cc - ff$ ($DO \times OE$).

DÉMONSTRATION.

LES triangles rectangles CIB, CKD, CIO, CKO, donnent 1°. $aa = bb + gg$, 2°. $aa = cc + hh$, 3° $kk = dd + gg$, 4°. $kk = ff + hh$; & faisant évanouir aa dans les deux premieres équations, kk dans la troisiéme & quatriéme, l'on aura 5°. $bb + gg = cc + hh$, 6°. $dd + gg = ff + hh$; & soustrayant les deux membres de la sixiéme équation des deux membres de la cinquiéme, le premier du premier, & le second du second, il viendra $bb - dd = cc - ff$. C. Q. F. D.

EXEMPLE V.

Theorême proposé en forme de Problême.

FIG. 39. 5. UN *cercle* AEBF, *dont le centre est* C, *&* *un diametre* AB *étant donnez*; *il faut trouver au dedans du cercle le point* D, *d'où ayant abaissé la perpendiculaire* DI *sur le diametre* AB, *&* *par où ayant mené une droite quelconque* EDF; $ED \times DF + DI^2$ *soit* $= AI \times IB$.

Ayant mené par D la droite GDH parallele à AB; puisque $GD \times DH = ED \times DF$, on peut mettre $GD \times DH$ en la place de $ED \times DF$; de sorte que le Problême se réduit à trouver le point D; en sorte que $GD \times DH + DI^2 = AI \times IB$.

Ayant supposé le Problême résolu, mené CK parallele à ID, le rayon CH, & nommé les données CH, AC, ou CB, a; & les inconnues CI, ou KD, x; CK, ou ID, y; AI sera $a - x$; IB, $a + x$; KH, $\sqrt{aa - yy}$; DH, $\sqrt{aa - yy} + x$; DG, $\sqrt{aa - yy} - x$, & les conditions du Problême donneront $aa - yy - xx$ $(GD \times DH) + yy$ $(DI^2) = aa - xx (AI \times IB)$ qui se reduit à $0 = 0$. C'est pourquoi le Problême proposé est un Theorême, & comme il ne reste aucune ligne pour déterminer la position du point D; il suit que l'on peut prendre ce point par tout où l'on voudra dans le cercle.

L'on auroit pu démontrer ce Theorême comme le précedent, & l'on pourroit aussi démontrer tous les Theorêmes, comme on a fait celui-ci, en les considerant comme des Problêmes.

EXEMPLE

EXEMPLE VI.

Theorême.

6. LES *parallelogrammes* BD, CE, *& les triangles* ABC, DCF *qui ont même hauteur* AG, *sont entr'eux comme leurs bases* BC, CF. FIG. 40.

Ayant nommé *BC*, a; *CF*, b; & la hauteur *AG*, c; l'on aura $ac =$ au parallelogramme *BD* que je nomme, x, & $bc =$ au parallelogramme *CE*, que je nomme y; il faut démontrer que x (*BD*) . y . (*CE*) :: a . b.

DE'MONSTRATION.

PUISQUE $x = ac$, & $y = bc$, l'on a $x . y :: ac . bc$; donc $bcx = acy$, ou $bx = ay$; donc $x . y :: a . b$. *C. Q. F. D.*

C'est la même chose pour les triangles.

EXEMPLE VII.

Theorême.

7. LES *triangles semblables* ABC, DEF *sont entr'eux comme les quarrez de leurs côtez homologues* AB, DE. FIG. 41.

Ayant nommé *AB*, a; *BC*, b; *DE*, c; *EF*, d; le triangle *ABC*, x; & le triangle *DEF*, y; les produits ab (*AB* × *BC*), & cd (*DE* × *BF*) seront en même raison que les triangles *ABC*, & *DEF*, ou x, & y; c'est pourquoi l'on aura $ab . cd :: x . y$; donc $cdx = aby$: mais la ressemblance de ces triangles donne a . (*AB*) b :: (*BC*) :: c (*DE*) d (*EF*); donc $ad = bc$; donc $d = \frac{bc}{a}$; & mettant cette valeur de d dans la premiere équation, l'on aura $\frac{bccx}{a} = aby$, ou $ccx = aay$; donc $x . y :: aa . cc :: AB^2 . DE^2$. *C. Q. F. D.*

L'on démontrera de même, que tous les polygones semblables sont entr'eux comme les quarrez de leurs côtez homologues. Et comme les cercles sont aussi des polygones semblables d'une infinité de côtez, dont les diametres sont les côtez homologues ; il suit que les cercles sont entr'eux comme les quarrez de leurs diametres, ce que l'on démontre aussi facilement que pour les triangles semblables.

EXEMPLE VIII.

Theorême.

8. *Les solides semblables sont entr'eux comme les cubes de leurs côtez homologues.*

FIG. 42, 43. Soient deux Spheres AB, & CD ; ayant nommé le diametre AB de la Sphere AB, a ; sa circonference, c ; le diametre CD de la Sphere CD, b ; sa circonference, d ; la Sphere AB, x ; & la Sphere CD, y. Il faut démontrer que $x \,.\, y :: a^3 \,.\, b^3$.

DÉMONSTRATION.

La Sphere AB est égale à $\frac{aac}{6}$, & la Sphere $CD = \frac{bbd}{6}$; donc $x \,.\, y :: \frac{aac}{6} \,.\, \frac{bbd}{6} :: aac \,.\, bbd$; donc $bbdx = aacy$: Mais les cercles étant des polygones semblables, leurs diametres sont comme leurs circonferences ; c'est pourquoi $a \,.\, b :: c \,.\, d$; donc $ad = bc$; & partant $d = \frac{bc}{a}$; mettant donc cette valeur de d dans la premiere équation, l'on a $\frac{b^3cx}{a} = aacy$, ou $b^3x = a^3y$; donc $x \,.\, y :: a^3 \,.\, b^3$. *C. Q. F. D.*

On démontrera la même chose, & de la même maniere pour les autres solides semblables.

EXEMPLE IX.

Theorême.

FIG. 44 9. *Les triangles* ABC, DEF *dont les bases* BC, EF, *& les hauteurs* AG, DH *sont en raison reciproque, sont égaux.*

Ayant nommé BC, a; EF, b; AG, c; DH, d; le triangle ABC, x; & le triangle DEF, y; l'on aura le triangle $ABC = \frac{ac}{2} = x$, & le triangle $DEF = \frac{bd}{2} = y$; donc $x . y :: \frac{ac}{2} . \frac{bd}{2} :: ac . bd$; donc $bdx = acy$: Mais (*hyp*) $a . b :: d . c$; donc $ac = bd$; c'eſt pourquoi la premiere équation $bdx = acy$ devient $x = y$, $ABC = DEF$. *C. Q. F. D.*

On démontrera de la même maniere que les parallepipedes, les priſmes, les cilindres, les cones, & les piramides dont les baſes, & les hauteurs ſont en raiſon reciproque, ſont en raiſon d'égalité.

On ne donnera pas davantage d'exemples de la Méthode de démontrer par l'Algebre les Theorêmes de Geometrie: car les quatre Sections ſuivantes, où l'on démontrera les proprietez les plus conſiderables des Sections coniques, en fourniront un aſſez grand nombre.

SECTION IV.

Des Sections du Cone & du Cilindre.

DÉFINITIONS GENERALES.

FIG. 45, 46, 47. IX. 1. ON appelle *Section Conique*, une ligne courbe *IDH*, qui est la commune Section d'un Plan *EDF*, & de la superficie d'un Cone *ABC*, dont *A* est le sommet; & la base est un cercle dont le diametre est *BC*.

2. Le triangle *ABC* est appellé le *triangle par l'axe*; parcequ'il est la commune Section du Cone, & d'un Plan qui passe par le sommet *A*, & par le diametre *BC* de la base, & que l'axe du Cone, est dans le Plan du même triangle *ABC*.

SUPPOSITION.

3. ON suppose que le Plan *EDF*, est perpendiculaire au Plan du triangle *ABC*, & que le Plan du triangle *ABC*, est perpendiculaire à la base du Cone.

COROLLAIRE.

4. D'où il suit que *DG*, qui est la commune Section du Plan *EDF*, & du triangle *ABC*, est perpendiculaire à *EGF*, qui est la commune Section du même Plan *EDF*, & de la base du Cone; & que la même *EGF*, est perpendiculaire à *BC*; & par consequent coupée (Fig. 45, & 47) par le milieu en *G*; d'où l'on conclura aussi que si l'on mene par quelque point *L* de la ligne *DG*, une ligne *MN* parallele à *BC*, & une autre ligne *IH* parallele à *EF*; ces deux lignes *MN*, & *IH*, seront dans un plan parallele à la base du Cone, dont la commune Section avec la superficie du Cone, sera un cercle qui passera par les points *M*, *I*, *N*, *H*, & dont le diametre sera

MN, qui coupera à angles droits, & par le milieu en *L*, la ligne *IH*.

Il suit aussi que le point *D*, qui est commun à la courbe *IDH*, & au côté *AB* du triangle *ABC*, est plus prés du sommet *A* dans les suppositions précedentes, que tout autre point de la même Courbe.

DÉFINITIONS PARTICULIERES.

5. LA Section Conique *IDH*, est nommée *parabole*, lorsque le Plan coupant *EDF*, est parallele à un des côtez *AC* du Cone ou du triangle *ABC*; *DG* est nommée *l'axe* de la parabole; *D*, son *sommet*; *DL*, l'*abcisse*, ou la *coupée*; *IL*, ou *LH*, l'*appliquée*, ou l'*ordonnée* à l'axe. FIG. 45.

6. La Section Conique *IDH*, est appellée, *ellipse*, lorsque le Plan coupant *EDF*, coupe les deux côtez *AB*, *AC* du Cone ou du triangle par l'axe, & n'est point parallele à la base du Cone. La ligne *Dd* est nommée l'*axe*, ou *diamètre principal*; le point *K* milieu de *Dd*, le *centre*; la ligne *VKR* menée par le centre *K* perpendiculaire à *Dd*, l'*axe*, ou le *diametre conjugué* à l'axe *Dd*; *DL*, l'*abcisse* ou la *coupée*; *LI*, ou *LH*, l'*ordonnée*, ou l'*appliquée* à l'axe *Dd*. FIG. 46.

Il peut arriver un cas où la Section est un cercle, quoique le Plan coupant ne soit point parallele à la base du Cone : mais cela ne fait rien à notre dessein.

7. La Section Conique *IDH*, est appellée *hyperbole*, lorsque le Plan coupant *EDF*, coupe aussi la superficie Conique opposée, & y forme une autre hyperbole *edf*, opposée à la premiere, que l'on démontrera ailleurs lui être égale, & semblable; *Dd* est nommée l'*axe* déterminé de l'hyperbole, ou des hyperboles opposées; *D*, & *d*, le *sommet* de l'axe *Dd*; *DL*, l'*abcisse*, ou la *coupée*; *LI*, ou *LH*, l'*appliquée*; ou l'*ordonnée*; le point *K* milieu de *Dd*, le *centre*. FIG. 47.

PROPOSITION. I.

Theorême.

FIG. 45. 8. *En supposant les mêmes choses que l'on a supposées dans la Figure où la courbe* IDH, *est une parabole; & outre cela, si on mene* DO *parallele à* BC, *ou à* MN; *si on prend* AP $= DO$, *& qu'on mene* PQ *parallele à* DO, *ou à* MN. *Je dis que* $DL \times PQ = LI^2 = LH^2$.

Puisque le Plan coupant EDF est (n°. 5.) parallele à AC; $AP = DO$ sera $= LN$; & ayant nommé les données AO, b; DO, ou AP, ou LN, c; PQ, p; & les inconnues DL, x; & LI, y.

Il faut prouver que px ($PQ \times DL$) $= yy$ (LI^2).

DEMONSTRATION.

Les triangles semblables AOD, DLM, donnent $AO(b) . OD(c) :: DL(x) . LM = \frac{cx}{b}$: Or (n°. 4),

& par la proprieté du cercle ($LM \times LN$) $\frac{ccx}{b} = (LI^2) = yy$: mais la ressemblance des triangles AOD, APQ donne $b . (AO) . c (OD) :: c (AP) . p (PQ)$; donc $cc = bp$. Mettant donc bp en la place de cc dans la premiere équation, l'on aura $px = yy$, C. Q. F. D.

DEFINITION.

9. La ligne $PQ = p$, est appellée le *parametre* de l'axe de la parabole.

PROPOSITION II.

Theorême.

10. *En supposant les mêmes choses que dans la Figure où la courbe* IDH *est une ellipse ; & outre cela, si l'on divise* Dd *par le milieu en* K, *& si l'on mene* SKT *parallele à* MN, *&* VKR *parallele à* HI ; RV, *sera la commune Section de l'ellipse, & d'un cercle* SRTV, *dont le diametre est* ST, *& qui est coupé dans la superficie Conique par un Plan parallele à la base du Cone, ou au Plan du cercle* MINH, *puisque* HI *est* (*n°.* 4) *la commune Section de l'ellipse, & du cercle* MINH. *De sorte que* V *&* R *seront dans la circonference du cercle* SRTV, *& dans celle de l'ellipse. Cela posé, je dis que* $DL \times Ld \,.\, LI^2 :: DK^2 \,.\, KR^2$. FIG. 46.

Ayant nommé les données DK, ou Kd, a; SK, g; KT, f; KV, ou KR, b; & les indéterminées KL, x; LI, ou LH, y; DL sera $a - x$, & dL, $a + x$.

Il faut démontrer que $aa - xx$ ($DL \times Ld$) . yy (LI^2) :: aa (DK^2) . bb (KR^2).

DEMONSTRATION.

Les triangles semblables dKT, dLN, & KDS, LDM, donnent dK (a) . KT (f) :: dL ($a + x$) . $LN = \frac{af + fx}{a}$, & KD (a) . KS (g) :: LD ($a - x$) $LM = \frac{ag - gx}{a}$; donc par la proprieté du cercle $\frac{aafg - afgx + afgx - fgxx}{aa}$ ($LN \times LM$) $= yy$ (LI^2), qui se reduit à $\frac{aafg - fgxx}{aa} = yy$: mais $fg = TK \times KS =$ (par la proprieté du cercle) $KR^2 = bb$; c'est pourquoi mettant dans l'équation précedente pour fg sa valeur bb, l'on aura $\frac{aabb - bbxx}{aa} = yy$, ou $aa - xx = \frac{aayy}{bb}$, d'où l'on tire $aa - xx \,.\, yy :: aa \,.\, bb$, C. Q. F. D.

Si l'on avoit nommé *DL*, x; l'on auroit trouvé cette équation $2ax - xx = \frac{aayy}{bb}$

PROPOSITION III.

Theorême.

FIG. 47. 11. *EN supposant les mêmes choses que l'on a supposées dans la Figure où la courbe* IDH *est une hyperbole, & outre cela, si l'on divise* Dd *par le milieu en* K, *& qu'ayant mené* KTS *parallele à* MN, *on trouve une moyenne proportionnelle* KR *entre* KS, *&* KT. *Je dis que* $DL \times Ld . LI^2 :: DK^2 KR^2$.

Ayant nommé les données *KD*, a; *KR*, b; *KS*, g; *KT*, f; & les indéterminées *KL*, x; *LI*, ou *IH*, y; *LD* sera, $x - a$; & *Ld*, $x + a$.

DÉMONSTRATION.

LES triangles semblables *dKT*, *dLN*, & *DKS*, *DLM*, donnent, $dK(a) . KT(f) :: dL(x+a) . LN = \frac{fx+af}{a}$, & $DK(a) . KS(g) :: DL)x-a(. LM = \frac{gx-ag}{a}$; donc par la proprieté du cercle $\frac{gfxx-aafg}{aa}$ $(ML \times LN) = yy$ (LI^2). L'on a aussi par la construction $g(KS) . b(KR) :: b . (KR) . f(KT)$; donc $gf = bb$; c'est pourquoi si l'on met dans l'équation précedente, en la place de gf sa valeur bb, l'on aura $\frac{bbxx - aabb}{aa} = yy$, ou $xx - aa = \frac{aayy}{bb}$, d'où l'on tire $xx - aa . yy :: aa . bb$. C. Q. F. D.

Si l'on avoit nommé *DL*, x; l'on auroit eu cette équation $2ax + xx = \frac{aayy}{bb}$.

DÉFINITION.

DÉFINITION.

12. La ligne VKR double de KR menée par K parallele à IH, est appellée l'*axe conjugué* à l'axe Dd. FIG. 46, 47.

13. Dans l'ellipse & dans l'hyperbole, la troisiéme proportionnelle à deux diametres conjuguez quelconques, est appellée le *parametre* de celui qui occupe le premier lieu dans la proportion.

14. Suivant cette Définition, il est aisé de déterminer le parametre de l'axe Dd dans l'ellipse, & dans l'hyperbole : car il n'y a qu'à prendre $DP = 2KT$; & la droite PQ, parallele à MN, qui rencontre le côté AB du cone en Q, sera le parametre qu'on cherche : car, ayant nommé la ligne PQ, p ; les triangles semblables DKS, DPQ, donnent a (DK) . g (KS) :: $2f$ (DP, ou $2KT$) . p (PQ) ; donc $pa = 2fg$: mais (n°. 11) $fg = bb$; donc $pa = 2bb$, d'où l'on tire $a . b :: 2b . p$, ou $2a . 2b :: 2b . p$, c'est à-dire $Dd . RV :: RV . PQ$.

15. Puisque (n°. 14) $a . b :: 2b . p :: b . \frac{1}{2}p$; donc $aa . bb :: a . \frac{1}{2}p :: 2a . p$; donc $aap = 2abb$; donc $\frac{aa}{bb} = \frac{2a}{p}$; c'est pourquoi, si l'on met dans les deux équations précedentes (n°. 10, & 11) au lieu de $\frac{aa}{bb}$ sa valeur $\frac{2a}{p}$; l'on aura $aa - xx = \frac{2ayy}{p}$, & $xx - aa = \frac{2ayy}{p}$; d'où l'on tire $aa - xx$, ou $xx - aa . yy :: 2a . p$, c'est-à-dire, $DL \times LD . LI^2 :: Dd . PQ$.

PROPOSITION IV.

Theorême.

FIG. 48. 13. *LA même hyperbole* IDH, *dont l'axe déterminé est* Dd, *le centre* K, *le diametre ou l'axe conjugué* RV *perpendiculaire à* Dd, *une ordonnée* IL *parallele à* RV, *étant mise sur un Plan. Je dis qu'ayant fait au sommet* D, DB, *&* DE *paralleles, & égales à* KR, *ou* KV; *les lignes* KB, KE *menées du centre* K *par les points* B, E, *& indéfiniment prolongées, ne rencontreront jamais l'hyperbole, & qu'elles s'en approcheront de plus en plus à l'infini.*

DÉMONSTRATION.

AYANT mené du sommet D, les droites DG, DO paralleles à KB, & à KE; du point I, les droites IM, IP paralleles aux mêmes KE, KB, & prolongé IL de part & d'autre qui rencontre KB & KE en C, & F; & nommé, comme dans la proposition précedente, les données DK, a; DB, ou DE, b; KO, ou GD, ou KG, ou OD, qui sont toutes égales, c; & les indeterminées KL, x; LI, ou LH, y; IP ou MK, s; IM, ou PK z.

Les triangles semblables KDB, KLC, donnent $KD(a)$. $DB(b)::KL(x)$. $LC=\frac{bx}{a}$; donc $IC=\frac{bx}{a}-y$ & $IF=\frac{bx}{a}+y$: car puisque (const.) $DB=DE$, LC sera $=LF$; & puisque (n°. 4) $LI=LH$, IC, sera $=HF$. De plus, les triangles semblables DBG, ICM, & DEO, IFP donnent, b. (DB). $c(DG)::\frac{bx}{a}-y(IC)$. z (IM), & $b(DE)$. $c(DO)::\frac{bx}{a}+y(IF)$. $s(IP)$; d'où l'on tire ces deux équations $bz=\frac{bcx}{a}-cy$, & $bs=\frac{bcx}{a}+cy$: mais l'on a par la Proposition précedente xx

$-aa = \frac{aayy}{bb}$; c'eſt pourquoi ſi on fait évanouir x, & y, par le moyen de ces trois équations, l'on aura celle-ci $fz = cc$, c'eſt-à-dire, $PI \times IM = KG \times GD$, qui fait voir que f, ou PI, ou MK croiſſant, z ou MI diminue ; ce qui peut aller à l'infini. Et comme fz, ou $PI \times IM$, doit toujours être $= KG \times GD$; il ſuit que quelque grande que l'on ſuppoſe f, ou PI, ou KM, il faut que MI ait encore quelque longueur ; & partant KM ne rencontrera jamais l'hyperbole IDH. *C. Q. F. D.*

DE'FINITION.

LES lignes KC, & KF ſont nommees *aſymptotes* de l'hyperbole.

COROLLAIRE.

IL eſt clair que tous les parallelogrammes, comme $KIMP$, ſont égaux entr'eux, & au parallelogramme $KGDO$, en quelqu'endroit de l'hyperbole que l'on prenne le point I.

PROPOSITION V.

Theorême.

14. SOIT AB *une ſuperficie cilindrique coupée par un Plan* AB *qui paſſe par l'axe du cilindre. Je dis que ſi l'on coupe la ſuperficie cilindrique par un autre Plan* dIDHd *perpendiculaire au Plan* AB, *& incliné à l'axe du cilindre, la commune Section* dIDHd *de ce Plan, & de la ſuperficie cilindrique, ſera une ellipſe.* FIG. 49.

DE'MONSTRATION.

AYANT diviſé Dd qui eſt la commune Section des Plans AB, & $dIDHd$ par milieu en K, & pris librement un point L ſur la même Dd ; ſi l'on ſuppoſe la ſuperficie cylindrique coupée par deux Plans paralleles entr'eux, & perpendiculaires à l'axe du cilindre, qui paſſent par les points K & L, les communes Sections $SVTR$, $MHNI$

de ces deux Plans, avec la ſuperficie cilindrique, ſeront deux cercles dont les communes Sections *VKR*, *HLI*, avec le Plan *dIDHd*, ſeront perpendiculaires à *Dd*, à *ST*, & à *MN*; & dont les communes Sections *ST*, *MN*, avec le Plan *AB*, ſont les diametres; d'où il ſuit que $KV = KR$, & $LH = LI$, & que le point *K* qui diviſe *Dd* par le milieu, diviſe de même *ST*; & partant le point *K* eſt le centre du cercle *SVT*.

Ayant donc nommé les données *KD*, ou *Kd*, *a*; *SK*, ou *KT*, ou *KR*, ou *KV*, *b*; & les indéterminées *KL*, *x*; *LI*, *y*; *DL* ſera $a + x$, & *Ld* $a - x$.

Les triangles ſemblables *DKS*, *DLM* donnent *DK* $(a) . KS (b) :: DL (a + x) . LM = \frac{ab + bx}{a}$. Pareillement les triangles ſemblables *dKT*, *dLN* donnent $dK (a) . KT (b) :: dL (a - x) . LN = \frac{ab - bx}{a}$. Mais à cauſe du cercle *MIN*, $ML \times LN = LI^2$, c'eſt-à-dire en termes Algebriques $\frac{aabb - bbxx}{aa} = yy$, ou $aa - xx = \frac{aayy}{bb}$; & comme cette équation eſt la même que la précedente (nº. 10). Il ſuit que la courbe *dIDHd*, eſt une ellipſe. *C. Q. F. D.*

PROPOSITION VI.

Theorême.

18. *Si les bases des superficies coniques ; & par consequent les courbes* IMH, *qui sont les communes Sections des mêmes superficies coniques par des Plans paralleles aux bases, ont cette proprieté qu'une puissance quelconque de leurs appliquées* LH, *ou* LI, *soit égale au produit de deux puissances de* LM, *&* LN, *telles que la somme de leurs exposans, soit = à l'exposant de la puissance de* LI, *c'est-à-dire par exemple, que* $LI^{p+q} = LM^p \times LN^q$, ou $LM^q \times LN^p$. *Je dis que les Sections coniques* IDH, *telles que nous les avons définies (n°. 5, 6, & 7) sont de même genre que les courbes* IMH. FIG. 45, 46, 47.

En donnant aux lignes les mêmes noms qu'on leur a données (n°. 8, 10, & 11) ; & faisant $p+q=m$. p & q, signifient tels nombres qu'on voudra entiers ou rompus.

Soit premierement le Plan coupant *EDF* parallele à *AC*. Il faut prouver que la courbe *IDH*, est une parabole du même genre que la courbe *IMH*.

DÉMONSTRATION.

L'on trouvera, comme on a fait (n°. 8) $LM = \frac{cx}{b}$; donc $LM^p = \frac{c^p x^p}{b^p}$. $LN = DO$ a été nommée c ; donc $LN^q = c^q$: mais par la proprieté de la courbe *IMH*, $LM^p \times LN^q = LI^m$, c'est-à-dire, en termes Algebriques, $\frac{c^q c^p x^p}{b^p} = y^m$, qui est une équation à une parabole du même genre que la courbe *IMH*, puisque l'inconnue y, dont l'exposant est plus grand que celui de x, est élevée à la même puissance que $LI = y$, dans l'équation à la courbe *IMH*. *C. Q. F. D.*

Ce sera la même Démonstration pour l'ellipse & pour

l'hyperbole, & pour la Section du cilindre.

Mr De la Hire pui est le seul que je sçache qui a parlé de ces courbes, les appelle celles du second, troisiéme, quatriéme, cinquiéme genre, &c.

Si dans l'équation précedente $LI^m = LM^p \times LN^q$, on fait $p = 2$, & $q = 1$, ou $p = 1$, & $q = 2$; $m = p + q$ sera $= 3$, & l'équation deviendra $LI^3 = LM^2 \times LN$, ou $LI^3 = LM \times LN^2$, & la courbe *IMH*, sera un cercle du second genre.

Dans la même supposition de $p = 2$, & $q = 1$, l'équation $\frac{c^q c^p x^p}{b^p} = y^m$, devient $\frac{c^3 xx}{bb} = y^3$, qui est du même degré que celle de la courbe *IMH*, & qui appartient par consequent à une parabole du second genre, qu'on appelle *seconde parabole cubique*.

Si $p = 1$, & $q = 2$, l'équation $\frac{c^q c^p x^p}{b^p} = y^m$ deviendra $\frac{c^3 x}{b} = y^3$, qui se rapporte encore à une parabole du second genre, qu'on appelle *premiere parabole cubique*. Il en est ainsi des autres.

REMARQUE.

16. On détermineroit avec la même facilité la nature, & le genre de la courbe *IDH*, dans le Cone, & dans le Cilindre; si la courbe *IMH*, dont le Plan est parallele à la base *BC*, étoit une Section conique d'un genre quelconque. Et en general, la nature de la courbe *IMH* étant donnée, on déterminera aisément la nature de la courbe *IDH*; & au contraire. De sorte qu'il n'y a point de courbe que l'on ne puisse considerer comme la Section d'une espece de Cone ou de Cilindre, & déterminer par son moyen la nature de la courbe *IMH* parallele à la base de ce Cone, & de ce Cilindre; ou bien qu'il n'y a point de courbe, que l'on ne puisse supposer être la base d'un Cone, ou d'un Cilindre, &

déterminer par son moyen la nature des Sections de ce Cone, & de ce Cilindre. De maniere qu'on peut avoir des Sections coniques d'une infinité de genres, & de plusieurs especes dans chaque genre. Or comme les genres les plus composez renferment un plus grand nombre de courbes que les plus simples, il y aura d'autant plus d'especes de Sections coniques dans chaque genre, qu'il sera plus composé.

On s'est contenté de démontrer dans le Cone, la principale proprieté des Sections coniques du premier genre, attendu qu'on en va démontrer dans les trois Sections suivantes, toutes les proprietez necessaires pour l'Application de l'Algebre à la Geometrie, en les décrivant par des points trouvez sur des Plans. On ne les a même considerées dans le Cone que parcequ'elles y ont pris leur origine & leur nom; & pour faire voir que celles qu'on décrit sur des Plans, sont précisément les mêmes que celles qu'on coupe dans le Cone, & qu'on peut par consequent leur donner les mêmes noms.

SECTION V.

Où l'on démontre les principales proprietez de la parabole, décrite par des points trouvez sur un Plan.

PROPOSITION I.

Theorême.

FIG. 50. X. UNE *ligne droite* DFP, & *deux points fixes* D, & F *sur cette ligne, étant donnez de position sur un Plan. Je dis que si l'on mene librement la ligne* MPm, *perpendiculaire à* DFP; & *si du centre* F, & *du rayon* DP, *l'on décrit un cercle; il coupera la perpendiculaire* MPm, *en deux points* M & m, *qui seront à la parabole.*

DÉMONSTRATION.

IL est clair qu'ayant divisé DF par le milieu en A, le cercle décrit du centre F, & du rayon DA, touchera en A, la perpendiculaire menée par le point A, & ne rencontrera point celles qui seroient menées au-dessus de A par rapport à F: mais qu'il coupera en deux points toutes celles qui seront menées au-dessous de A, comme MPm; d'où il suit que la courbe qui passe par les points M, m trouvez, comme on vient de dire, passe aussi par le point A.

Ayant mené FM, & nommé les données, ou constantes AF, ou AD, a; & les indéterminées, ou variables AP, x; PM, y; FP sera $x-a$, ou $a-x$; & FM, ou DP, $x+a$.

Le triangle rectangle FPM donne $xx-2ax+aa+yy=aa+2ax+xx$, qui se réduit à $4ax=yy$, ou (en faisant

sant $4a = p$) $px = yy$. Or comme cette équation est la même que celle de l'article 9. n°. 8 ; il suit que la courbe *MAm*, est une parabole, dont le parametre est $p = 4a = 4AF = 2FD$. *C. Q. F. D.*

COROLLAIRE I.

1. Il est évident que $2FD . PM :: PM . AP$: car l'équation $4ax = yy$, étant réduite en analogie, donne $4a . y :: y . x$.

COROLLAIRE II.

2. Il est clair que si l'on mene par *D* la ligne *ED* parallele à *PM*, & par les points *M*, *m* qui sont communs à la parabole & à la perpendiculaire *MPm*, les droites *ME*, *me* paralleles à *PD*, elles seront égales entr'elles, à *PD*, & à *FM*, & que les parties *PM*, *Pm* de la perpendiculaire *MPm*, seront aussi égales.

DÉFINITIONS.

3. La ligne *AP* est nommée l'*axe* de la parabole ; *A*, le *sommet* de l'axe, ou de la parabole ; *PM*, ou *Pm* l'*appliquée*, ou l'*ordonnée* ; *AP*, l'*abcisse* ou la *coupée* ; *F*, le *foyer* ; *D*, le *point generateur* ; *Ee*, la *ligne generatrice* ; *AB*, quadruple de *AF*, ou de *AD*, le *parametre* de l'axe.

COROLLAIRE III.

4. L'on voit par l'équation précedente $4ax = yy$ que *x* croissant *y* croît aussi ; & qu'ainsi la parabole s'éloigne toujours de plus en plus de son axe à mesure que le point *P* s'éloigne du sommet *A*, & que cela peut aller à l'infini : car il n'y a rien dans l'équation qui empêche d'augmenter *x* à l'infini.

COROLLAIRE IV.

5. D'où il suit que les lignes comme *EM* menées paralleles à *AP* passent au dedans de la parabole étant prolongées vers *R*, & ne la rencontre qu'en un seul point *M*.

COROLLAIRE V.

6. Si dans l'équation $4ax = yy$, l'on fait $x = a$, le point P tombera en F, & l'on aura $4aa = yy$; donc $2a = y$; c'est-à-dire que l'appliquée FO qui part du foyer est égale à la moitié du parametre ; & si l'on fait $x = 4a$, l'on aura $16aa = yy$, ou $4a = y$, c'est-à-dire que AP, & PM seront chacune égale au parametre.

COROLLAIRE. VI.

7. Il est manifeste que la quantité constante qui accompagne l'inconnue ou l'indéterminée qui n'a qu'une dimension dans un des membres de l'équation, est l'expression du parametre de l'axe de la parabole, lorsque le quarré de l'autre indéterminée est seul dans l'autre membre : par exemple dans cette équation $\frac{aax}{c} = yy$, $\frac{aa}{c}$, est l'expression du parametre de l'axe de la parabole dont l'abcisse est x; & l'appliquée y.

PROPOSITION II.

Theorême.

8. *Les quarrez des ordonnées* PM, QN *sont entr'eux comme les abcisses correspondantes* AP, AQ.

Ayant nommé comme dans la Proposition précedente AB, $4a$; AP, x; PM, y; & AQ, s; QN z.

Il faut prouver que PM^2 (yy). QN^2 (zz) :: AP (x). AQ (s).

D'EMONSTRATION.

L'on a par la Proposition précedente $4ax = yy$, & $4as = zz$; donc $yy . zz :: 4ax . 4as :: x . s$. C. Q. F. D.

PROPOSITION III.

Theorême.

9. *Les mêmes choses étant toujours supposées. Je dis que, si d'un point quelconque* m *pris sur la parabole, on mene* me *parallele à* PA, *qui rencontrera la generatrice en* e, *&* *par le sommet* A, *la droite* AC *parallele à* De *qui rencontrera* em *en* C; *le cercle* mIe *décrit sur le diametre* me *coupera* AC *par le milieu en* I.

Ayant nommé la donnée *AD*, ou *eC*, *a*; & les indéterminées *AP*, ou *Cm*, *x*; *Pm*, ou *AC*, *y*; & *CI*, *s*.

Il faut prouver que $CI\,(s) = \frac{1}{2}\,AC\,\left(\frac{1}{2}\,y\right)$.

DÉMONSTRATION.

L'on a par la premiere proposition $4ax = yy$, & par la proprieté du cercle $ax\,(eC \times Cm) = ss\,(CI^2)$, ou $4ax = 4ss$; donc $y = 2s$, ou $\frac{1}{2}\,y = s$. *C. Q. F. D.*

PROPOSITION IV.

Theorême.

10. *En supposant encore les mêmes choses, si l'on prend* AG, *menée par le sommet* A *parallele aux appliquées* PM, *pour l'axe de la parabole, &* GM *parallele à* AP, *pour l'appliquée, en nommant* AG *ou* PM, x; GM, *ou* AP, y; *& le parametre* 4AF, 4a. *Je dis que* $4AF \times GM = AG^2$.

DÉMONSTRATION.

L'on a par la premiere Proposition $4ay = xx$. *C. Q. F. D.*

L'on n'a mis ici cette Proposition que pour faire voir qu'il est indifferent de prendre celui qu'on voudra des deux axes conjuguez pour l'abcisse, & l'autre pour l'appliquée ; ce qui convient à toutes les courbes Geometriques, où les deux indéterminées forment toujours un parallelogramme que nous avons nommé (art. 3 n°. 16) le parallelogramme des coordonnées.

PROPOSITION. V.

Problême.

11. UNE *équation à la parabole*, $bx = yy$, *étant donnée, décrire la parabole, lorsque les coordonnées sont perpendiculaires l'une à l'autre.*

b, étant (n°. 7) le parametre ; x, l'abciſſe ; & y, l'appliquée de la parabole qu'il faut décrire, comme il eſt démontré dans la premiere Propoſition.

Soit A le commencement de x, qui va vers P ; & de y qui va vers B, ayant pris $AB = b$, & prolongé AP du côté de A, on fera AF, & AD chacune égale à $\frac{1}{4}b = \frac{1}{4}AB$, & l'on décrira une parabole AM par la premiere Propoſition qui ſatisfera au Problême, & dont A ſera le ſommet, F le foyer, & D le point generateur.

DÉMONSTRATION.

AYANT mené une ordonnée quelconque PM ; AF étant, $\frac{1}{4}b$; AP, x ; PM, y ; FP ſera, $x - \frac{1}{4}b$, ou $\frac{1}{4}b - x$; & $FM = PD$ (n°. 2), $x + \frac{1}{4}b$. Et le triangle rectangle FPM donnera $xx + \frac{1}{2}bx + \frac{1}{16}bb = xx - \frac{1}{2}bx + \frac{1}{16}bb + yy$ qui ſe reduit à $bx = yy$. *C. Q. F. D.*

REMARQUE

12. SI l'on avoit nommé (Prop. 1) DP, x ; & DF, a ; l'on auroit trouvé $2ax - aa = yy$; & ſi l'on avoit nom-

mé FP, x; & DF, a; l'on auroit trouvé $2ax + aa = yy$. Ce qui fait voir que lorsqu'une équation à la parabole a plus de deux termes, l'origine des inconnues n'est point au sommet de l'axe.

PROPOSITION VI.

Problême.

XI. *Une parabole* AM, *dont l'axe est* AP, *le sommet* A, *le foyer* F, *le point generateur* D, *& la ligne generatrice* EDH, *étant donnée. On propose de mener d'un point quelconque* M, *donné sur la parabole, la tangente* MT. Fig. 51.

Ayant mené par le point donné M la droite MH paralle à l'axe AP, & joint les points F, H; la ligne MOT menée du point M par le point O milieu de FH, sera la tangente cherchée.

Démonstration.

Puisque (Art. 10. n°. 2.) $MF = MH$, & que FH est coupée par le milieu en O; la ligne MO est perpendiculaire à FH; c'est pourquoi si l'on prend sur MO prolongée ou non prolongée un point quelconque G, d'où l'on mene GF, & GH, & GI parallele à AP, le triangle FGH sera isoscele: mais à cause de l'angle droit GIH, GH surpasse GI; c'est pourquoi GF surpasse aussi GI; & par consequent le point G est hors de la parabole, & partant MO ne la rencontre qu'au point M, où elle la touche. *C. Q. F. D.*

On peut ajouter pour confirmer cette Démonstration, que si d'un point quelconque R pris au dedans de la parabole, on mene RF du point R au foyer, & RH parallele à AP qui rencontre la parabole en M, & la generatrice en H, la ligne RH surpassera toujours RF: car ayant mené MF, elle sera (Art. 10. n°. 2.) $= MH$: mais $RM + MF$ surpassent RF; & partant RH surpasse RF; c'est pourquoi puisque GF surpasse GI; le point G est hors de la parabole. On ne peut pas dire que le point G soit sur la parabole: car $GF(=GH)$ seroit $= GI$.

COROLLAIRE I.

1. IL est clair que MO prolongée rencontre l'axe AP aussi prolongée en T : car l'angle FOT étant droit, l'angle OFT sera aigu.

COROLLAIRE II.

2. SI l'on prolonge HM vers R, & la tangente MO du côté de M vers S; l'angle RMS sera égal à l'angle $OMF = OMH$.

COROLLAIRE III.

3. D'où il suit par les loix de la *Catoptrique* que si le foyer F étoit un point lumineux, les rayons reflechis à la rencontre de la parabole seroient paralleles à l'axe. Ou ce qui est la même chose, les rayons paralleles à l'axe venant d'un point lumineux infiniment éloigné, se reflechissant à la rencontre de la parabole, leurs réflechis passeroient tous au foyer F.

PROPOSITION VII.

Theorême.

4. *EN supposant la même chose que dans la Proposition précedente, Je dis que, si l'on mene par le point touchant* M, *la droite* MQ *parallele à* HF, *qui rencontrera l'axe* AP *en* Q, *la partie de l'axe* PQ, *comprise entre le point* Q, *& l'ordonnée* PM *qui part du point* M, *sera égale à la moitié du parametre de l'axe de la parabole.*

DÉMONSTRATION.

A Cause des paralleles HF, MQ & HM, FQ, les triangles MPQ, HDF sont semblables & égaux; c'est pourquoi $PQ = DF =$ (Prop. 1.) à la moitié du parametre de l'axe.

DÉFINITION.

5. LA ligne PT est nommée *soutangente*, MQ *perpendiculaire*; & PQ, *souperpendiculaire*, ou *sounormale*.

PROPOSITION VIII.

Theorême.

6. L*ES choses demeurant dans le même état que dans la Proposition precedente. Je dis que la soutangente* PT *est double de l'abscisse* AP, *comprise entre le sommet* A. *&* *l'ordonnée* PM *qui part du point touchant* M.

Ayant nommé comme dans la premiere Proposition les données *AF*, ou *AD*; *a*; *PQ* (n°. 5.) 2*a*; & les variables *AP*, *x*; *PM*, *y*; *PT*, *t*.

Il faut prouver que $t = 2x$.

DE'MONSTRATION.

L'ANGLE *FOT* étant (Prop. 6) droit, l'angle *QMT* (n°. 4) sera aussi droit; c'est pourquoi 2*a* (*QP*). *y* (*PM*) :: *y*. *t* (*PT*); donc $2at = yy$: Mais (Prop. 1) $4ax = yy$; donc $2at = 4ax$; & partant $t = 2x$. *C. Q. F. D.*

7. Cette Proposition fournit un moyen aisé de mener une tangente à la parabole; car si d'un point quelconque *M*, on mene l'ordonnée *MP* perpendiculaire à l'axe *AP*; ayant fait $AT = AP$, la ligne *MT* sera la tangente cherchée.

PROPOSITION IX.

Theorême.

8. U*NE Parabole* AM *dont* AP *est l'axe*; A, *le sommet*; F, *le foyer*; D, *le point generateur*; DE, *la ligne generatrice. Si par un point quelconque* M *pris sur la parabole*, *on mene* (n°. 7) *la tangente* MT, *&* *par quelqu'autre point* L, *la ligne* LG *parallele à la tangente* MT. *Je dis que la ligne* MR *menée par le point touchant* M *parallele à l'axe* AP, *coupera* GL *par le milieu en* O.

Ayant mené par les points *L*, *M*, *O*, & *G*. Les lignes *BLI* qui rencontre *MR* prolongée en *I*, *MP*, *OC*,

FIG. 52. & *GRS* perpendiculaires à l'axe *AP*, & nommé *AF*, ou *AD*, a; le parametre de l'axe sera (Art. 10) $4a = 4AF$; AP, x; PM, ou BI, ou SR, y; AC, m; BC, ou IO, $ſ$; CS, ou OR, z; AB sera, $m - ſ$; AS, $m + z$; CP, ou OM, $m - x$; & PT (nº 6), $2x$.

Il faut prouver que $OG = OL$, ou ce qui revient au même $OR = OI$, ou $ſ = z$.

DÉMONSTRATION.

Les triangles semblables (Const.) *TPM*, *ORG*, *OIL*, donnent les deux Analogies suivantes.

$TP(2x) . PM, (y) :: OR(z) . RG = \frac{yz}{2x}$; &

$TP(2x) . PM(y) :: OI(ſ) . IL = \frac{yſ}{2x}$; donc $SG = y + \frac{yz}{2x}$, & $BL = y - \frac{yſ}{2x}$: mais (Art. 10 nº 8)

$x(AP) . m + z(AS) :: yy(PM^2) . yy + \frac{2yyz}{2x} + \frac{yyzz}{4xx}(SG^2)$. & $x(AP) . m - ſ(AB) :: yy(PM^2) . yy - \frac{2yyſ}{2x} + \frac{yyſſ}{4xx}(BL^2)$, d'où l'on tire ces deux équations

$A . myy + yyz = xyy + \frac{2xyyz}{2x} + \frac{xyyzz}{4xx}$, &

$B . myy - yyſ = xyy - \frac{2xyyſ}{2x} + \frac{xyyſſ}{4xx}$, & ôtant le premier membre de la seconde équation *B* du premier membre de la premiere *A*, & le second de la seconde du second de la premiere, l'on a $yyz + yyſ = \frac{2xyyz + 2xyyſ}{2x} + \frac{xyyzz - xyyſſ}{4xx}$, d'où l'on l'on tire $z = ſ$, ou $OR = OI$; donc $OL = OG$. C. Q. F. D.

Il peut arriver differens cas: car le point *O* s'éloignant de *M*, le point *L* tombera en *A*, ou de l'autre côté de *A* par rapport à *M*: mais l'on prouvera toujours de la la même maniere que $z = s$, $OG = OL$; c'est pourquoi la Proposition est generalement vraye.

DÉFINITIONS.

9. La ligne *MR* parallele à l'axe *AP* est appellée *diametre*, parcequ'elle coupe toutes les *GL* par le milieu en *O*; le point *M*, le *sommet* du diametre *MR*; *MO*, l'*abscisse*, ou *coupée*; *OL*, ou *OG*, l'*ordonnée*, ou l'*appliquée* à ce diametre.

PROPOSITION X.

Theorême.

10. *En supposant les mêmes choses que dans la Proposition precedente. Je dis que le quarré d'une ordonnée quelconque* OL, *ou* OG *au diametre* MR, *est égal au rectangle de l'abscisse* MO *par* 4MF, *ou* (*Art.* 10. n°. 2.), *ayant prolongé* OM *en* H, *par* 4MH.

Ayant nommé l'abscisse *MO*, t; l'ordonnée *OL*, ou *OG*; u; *MF*, ou *MH*, b; & les autres lignes comme dans la Proposition precedente.

Il faut prouver que $4bt = uu$, ($4MF \times MO = OG^2$).

DÉMONSTRATION.

Si l'on ajoute les deux premiers & les deux seconds membres des deux équations *A* & *B* de la Proposition precedente, aprés avoir mis z en la place de s; puisque (Prop. preced.) $z = s$; l'on aura $2myy = 2xyy + \frac{2xyy\,zz}{4xx}$, ou $zz = 4mx - 4xx$, ou $zz = 4tx$, en mettant t pour $m - x = PC = MO$: mais le triangle rectangle *ORG*, ou *OIL* donne zz (OR^2) $+ \frac{yy\,zz}{4xx}$ (RG^2. Prop. preced.) $= uu$ (OG^2, ou OL^2), qui devient $4tx + 4at = uu$ en mettant pour zz sa valeur $4tx$, & pour yy sa valeur (Prop. 1) $4ax$: mais $x + a = PD = MF = MH = b$;

donc en substituant b en la place de $x + a$ dans l'équation precedente, elle deviendra $4bt = uu$, ou $4MF \times MO = OG^2$. *C. Q. F. D.*

DÉFINITION.

11. LA ligne égale à $4b = 4MF = 4MH$ est nommée le *parametre* du diametre MO.

PROPOSITION XI.

Problême.

12. *UNE équation à la parabole (* ax = yy *) dont les coordonnées* x & y *ne sont point perpendiculaires, étant donnée, décrire la parabole.*

FIG. 53. Soit M le sommet du diametre MO, dont le parametre est a, & l'origine des variables x, qui va vers O, & y qui va vers K en faisant avec MO l'angle oblique OMK. Il faut décrire par M la parabole LMG dont l'équation est $ax = yy$.

Ayant prolongé OM & pris $MH = \frac{1}{4} a =$ (Prop. preced.) au quart du parametre du diametre MO, on menera par H la droite HE perpendiculaire à HO, qui sera (Prop. preced.) la ligne generatrice; & ayant fait l'angle KMF = l'angle KMH, pris $MF = MH$ & mené par F la ligne FD parallele à MO qui coupera la generatrice HE en D. Par la Proposition precedente, & par la sixiéme, F sera le foyer; FD, l'axe; D le point generateur, & A milieu de FD le sommet de l'axe de la parabole qu'il faut décrire. On la décrira par la premiere Proposition.

DÉMONSTRATION.

ELLE est claire par la Proposition precedente, & par la sixiéme.

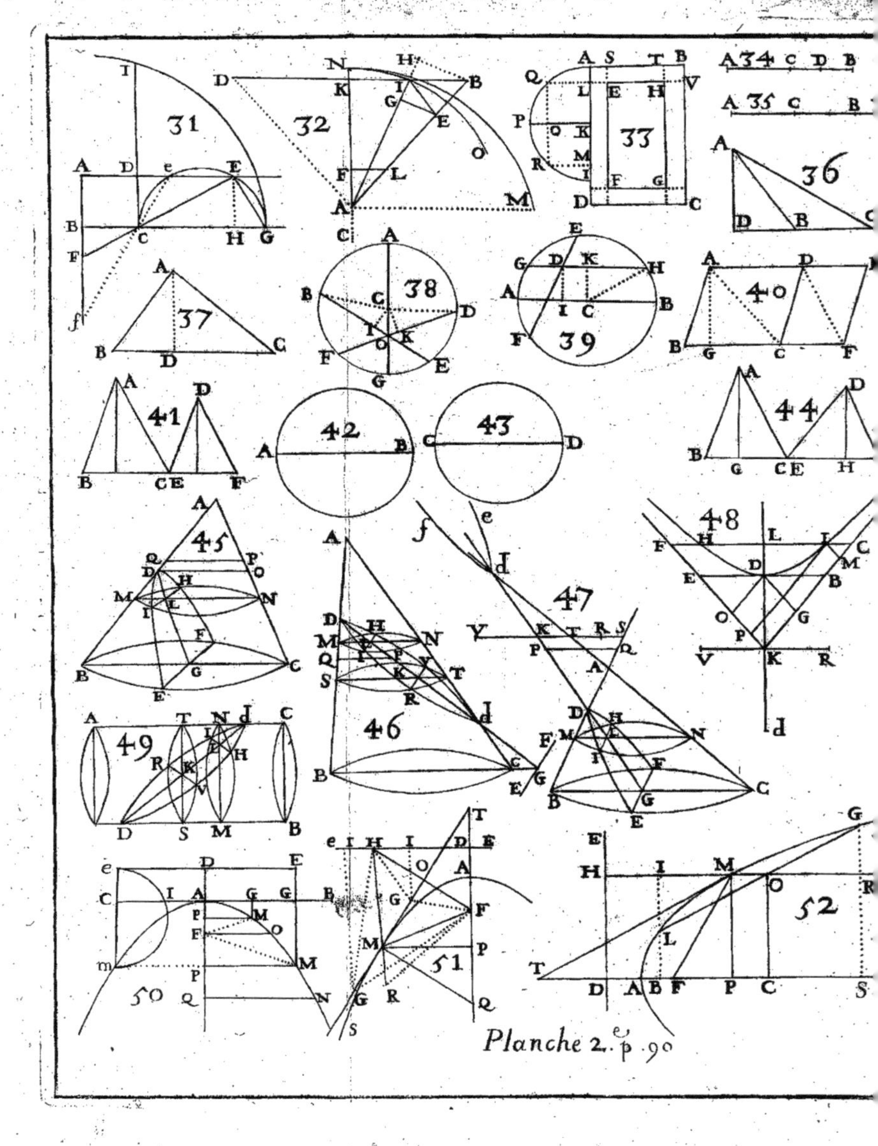

Planche 2.e p.90

SECTION VI.

Où l'on démontre les principales proprietez de l'Ellipse décrite par des points trouvez sur un Plan.

PROPOSITION I.

Theorême.

XII. *Une ligne droite* AB*, divisée par le milieu en* C, *& deux points fixes* F, G *également distans du milieu* C, *ou des extremitez* A *&* B, *étant donnée de grandeur & de position ; si l'on prend entre* F *&* G *un point quelconque* H, *& que du centre* F *& du rayon* AH ; *du centre* G *& du rayon* BH, *l'on décrive deux cercles ; ces deux cercles se couperont en deux points* M, m *de part & d'autre de la ligne* AB ; *puisque leurs demidiametres surpassent* FH + HG. *Et je dis que les points* M *&* m, *& tous ceux qui seront trouvez de la même maniere, en prenant d'autres points* H, *seront à une Ellipse dont* C *est le centre,* AB *le grand axe,* DE *l'axe conjugué à l'axe* AB, *qui est double de la moyenne proportionnelle entre* AF *&* FB, *ou* AG *&* GB. FIG. 54.

DÉMONSTRATION.

D'un des points M, trouvez comme on vient de dire, ayant abbaissé la perpendiculaire MP, mené FM & GM, & nommé les données AC, ou CB, a ; FC, ou CG, c ; & les indéterminées CP, x ; PM, y ; AP sera, $a - x$; PB, $a + x$; FP, $c - x$ ou, $x - c$; & PG, $c + x$.

Il est clair par la description que $FM + MG = AB = 2a$; puisque $FM = AH$, & $MG = HB$; nommant donc la difference de FM, & MG, $2f$; FM sera, $a - f$ & MG, $a + f$. Cela posé.

Les triangles rectangles *FPM*, *GPM* donneront, $cc - 2cx + xx + yy = aa - 2af + ff$, & $cc + 2cx + xx + yy = aa + 2af + ff$, & en ôtant la premiere de la seconde, le premier membre du premier & le second du second, l'on aura $4cx = 4af$, d'où l'on tire $f = \frac{cx}{a}$, & mettant cette valeur de f, & celle de son quarré ff dans l'une des deux premieres équations, l'on aura $cc - 2cx + xx + yy = aa - 2cx + \frac{ccxx}{aa}$ d'où l'on tire en reduisant, transposant, & divisant par $aa - cc$, $aa - xx = \frac{aayy}{aa - cc}$.

Mais lorsque le point *P* tombe en *C*, *PM* (y) devient *CD*, & (x) devient nulle, ou $= 0$; c'est pourquoi en effaçant le terme xx, l'on a $aa = \frac{aayy}{aa - cc}$, ou $aa - cc = yy = CD^2$, & partant $y = \pm CD$: nommant donc *CD*, b; l'on a, $aa - cc = bb$; d'où l'on tire $a - c$ (*AF*). b (*CD*) :: b (*CD*) $a + c$ (*FB*). Qui est une des choses qu'il falloit démontrer. Or mettant bb dans l'équation $aa - xx = \frac{aayy}{aa - cc}$ en la place de $aa - cc$ l'on a, $aa - xx = \frac{aayy}{bb}$. Et comme cette équation est la même que celle qu'on a trouvée (Art. 9 n. 10) il suit que la courbe *ADBE* est une Ellipse. Ce qui est une des autres choses proposées.

Si dans l'équation $aa - xx = \frac{aayy}{bb}$, l'on fait $y = 0$, l'on aura $xx = aa$; donc $x = \pm a$, ce qui fait voir que l'Ellipse passe par les points *A* & *B*. Et en faisant $x = 0$ l'on a trouvé $y = \pm CD$ qui montre que l'Ellipse *AM* passe aussi par les points *D* & *E*, en faisant $CE = CD$; c'est pourquoi (Art. 9 n. 6) *AB*, est le diametre principal de l'Ellipse; *DE* son axe conjugué, & *C* le centre. Ce qu'il falloit enfin démontrer.

DÉFINITIONS.

1. Les points F & G ſont nommez les *foyers* de l'Ellipſe ; CP, l'*abciſſe* ou *coupée*, & PM, ou Pm l'*ordonnée*, ou l'*appliquée* à l'axe AB.

COROLLAIRE I.

2. Il eſt clair que les lignes FM, GM menées des foyers à la circonference de l'Ellipſe ſont, par la deſcription, enſemble égales à l'axe AB, & que $PM = Pm$.

COROLLAIRE II.

3. Il eſt auſſi évident que le rectangle des deux parties AF, FB ou AG, GB de l'axe AB faites par un des foyers F, ou G, eſt égal au quarré du demi axe conjugué DC : car dans la Démonſtration precedente l'on a trouvé $aa - cc = CD^2$. Or $aa - cc = a + c \times a - c$, $AF \times FB = CD^2$.

COROLLAIRE III.

4. On voit par les termes de l'équation $aa - xx = \frac{aayy}{bb}$, & par les ſignes $+$ & $-$ qui les precedent que x croiſſant y diminue : car plus x devient grande, plus $aa - xx$ diminue, & par conſequent auſſi yy ; puiſque les quantitez conſtantes aa, & bb demeurent toujours de même grandeur ; ce qui fait voir que les points M & m de l'Ellipſe, s'approchent dautant plus de l'axe AB, que le point P s'éloigne de C. On voit auſſi que l'on ne peut augmenter x que juſqu'à ce qu'elle devienne $= a$; auquel cas $aa - xx$ devient $= aa - aa = 0$; & par conſequent auſſi $y = 0$, ce qui fait voir que les points M & m ſe confondent alors avec les points A & B, & que l'Ellipſe coupe l'axe en ces points, comme on a déja remarqué.

COROLLAIRE IV.

5. L'équation à l'Ellipse $aa - xx = \frac{aayy}{bb}$ étant réduite en analogie donne $aa - xx$ ($AP \times PB$) . yy (PM^2) :: aa (AC^2) . bb (CD^2) :: $4aa$ (AB^2) . $4bb$ (DE^2), c'est-à-dire que le rectangle des deux parties AP, PB de l'axe AB faites par l'appliquée PM est au quarré de l'appliquée PM: comme le quarré de l'axe AB est au quarré de l'axe conjugué DE.

COROLLAIRE V.

6. Si l'on fait AB ($2a$) . DE ($2b$) :: DE ($2b$) . $\frac{2bb}{a}$, la ligne $= \frac{2bb}{a}$ que je nomme p sera (Art. 9 n°. 13) le parametre de l'axe AB. Or puisque $a . b :: b . \frac{1}{2} p$, l'on a aussi $a . \frac{1}{2} p :: aa . bb$; donc $abb = \frac{1}{2} aap$; donc $\frac{aa}{bb} = \frac{2a}{p}$; C'est pourquoi si l'on met dans l'équation $aa - xx = \frac{aayy}{bb}$, en la place de $\frac{aa}{bb}$, sa valeur $\frac{2a}{p}$ l'on aura $aa - xx = \frac{2ayy}{p}$; d'où l'on tire cette analogie, $aa - xx$ ($AP \times PB$) . yy (PM^2) :: $2a$ (AB) . p, c'est-à-dire que le rectangle des deux parties de l'axe faites par l'apliquée, est au quarré de l'apliquée; comme le même axe, est à son parametre.

COROLLAIRE VI.

7. Il suit du Corollaire précedent que le rectangle de l'axe AB par son parametre est égal au quarré de l'axe conjugué DE; puisque $AB . DE :: DE . p$.

COROLLAIRE VII.

8. Si au lieu de $\frac{aa}{bb}$ ou de $\frac{2a}{p}$ on met un autre rapport égal comme $\frac{m}{n}$ l'on aura, $aa - xx = \frac{myy}{n}$; c'est pourquoi l'on fera sur l'équation à l'Ellipse les trois remarques suivantes, aprés avoir délivré l'un des quarrez inconnus qu'elle renferme de toute quantité connue.

REMARQUE I.

9. Lorsque l'antecedent du rapport qui accompagne un des quarrez inconnus de l'équation à l'Ellipse est égal & semblable au terme connu; ou ce qui est la même chose, si cet antecedent renferme les mêmes lettres que le terme connu de l'équation; sa racine quarrée exprimera le demi diametre dont l'autre inconnue exprime les parties; & la racine quarrée du consequent exprimera le demi diametre conjugué.

REMARQUE II.

10. Lorsque cet antecedent est le double de la racine quarrée du terme connu, il exprimera le diametre dont l'autre inconnue exprime les parties; & le consequent exprimera son parametre.

REMARQUE III.

11. En tout autre cas ce rapport marque le rapport du diametre, dont une partie est exprimée par l'autre inconnue, à son parametre, ou le rapport du quarré du même diametre au quarré du diametre conjugué. Tout cela est évident (n°. 6 & 8).

COROLLAIRE VIII.

12. D'où il suit qu'une équation à l'Ellipse renferme les expressions des deux diametres conjuguez, qui forment

la parallelogramme des coordonnées , ou de l'un de ces diametres , & de son parametre, ou la raison du quarré de l'un des diametres au quarré de l'autre , ou enfin celle de l'un des deux à son parametre : de sorte qu'on aura toujours les deux diametres conjuguez par le moyen de l'équation.

Par exemple , dans l'équation $aa - xx = \frac{aayy}{bb}$ le terme connu aa est le quarré du demi diametre AC ; l'antecedent aa du rapport $\frac{aa}{bb}$ qui accompagne yy est semblable & égal au terme connu aa ; c'est pourquoi le consequent bb est le quarré du demi diametre conjugué CD à l'axe ou au diametre principal AC. Dans l'équation $aa - xx = \frac{2ayy}{p}$, l'antecedent $2a$ étant double de la racine du terme connu aa ; $2a$ sera le diametre AB , & p son parametre : & partant , si l'on fait $2a . p :: aa . \frac{1}{2} ap$; $\frac{1}{2} ap$ sera l'expression du quarré du demidiametre conjugué CD ; & partant $CD = \sqrt{\frac{1}{2} ap}$. Enfin dans l'équation $aa - xx = \frac{myy}{n}$, aa exprime le quarré du demi diametre AC dont les parties CP sont nommées x ; & partant $AB = 2a$. Mais pour avoir l'expression du demi diametre DE conjugué au diametre AB , l'on fera $m . n :: aa . \frac{naa}{m}$; & partant $\sqrt{\frac{n}{m} aa} = CD$, & $2\sqrt{\frac{n}{m} aa} = DE$. Et pour avoir l'expression du parametre du diametre AB , l'on fera $m . n :: 2a . \frac{2an}{m}$, & cette quantité $\frac{2an}{m}$ sera l'expression cherchée.

COROLLAIRE. IX.

13. SI l'on nomme AP, x; BP sera, $2a - x$, & l'on aura (nº. 5) $2ax - xx$ ($AP \times PB$). yy (PM^2) :: aa (AC^2). bb (CD^2); donc $2ax - xx = \frac{aayy}{bb}$, qui montre que lorsque les indéterminées n'ont point leur origine au centre de l'Ellipse, il se trouve des seconds termes dans son équation, & qu'une équation locale appartiendra toujours à l'Ellipse, lorsqu'elle renfermera deux quarrez inconnus, l'un desquels ou tous deux seront accompagnez de quelque quantité connue, & auront differens signes dans les deux membres de l'équation, ou même signe dans le même membre, quelque mêlange de constantes qu'il s'y rencontre, & pourvû que les deux inconnues ne soient point multipliées l'une par l'autre.

COROLLAIRE X.

14. SI dans l'équation à l'Ellipse $aa - xx = \frac{aayy}{bb}$, ou $2ax - xx = \frac{aayy}{bb}$, $a = b$; l'on aura $aa - xx = yy$, ou $2ax - xx = yy$; qui est une équation au cercle, pourvû que les coordonnées x & y fassent un angle droit : car l'une & l'autre de ces deux équations donne $AP \times PB = PM^2$ qui est la principale proprieté du cercle. D'où l'on voit aussi que l'équation à l'Ellipse ne differe de celle du cercle, qu'en ce que l'un des quarrez inconnus est accompagné de quelque quantité connue dans l'équation à l'Ellipse, & qu'ils en sont tous deux délivrez dans l équation au cercle. En effet le cercle peut être regardé comme une Ellipse dont les foyers sont confondus avec le centre, & dont tous les diametres sont par consequent égaux entr'eux, & à leurs parametres.

Dans l'équation au cercle $aa - xx = yy$, les coordonnées ont leur origine au centre, & dans celle-ci, $2ax - xx = yy$, l'origine des coordonnées n'est point au centre.

PROPOSITION II.

Theorême.

15. *Les mêmes choses que dans la premiere Proposition étant supposées. Je dis que l'appliquée* FO *au foyer* F *est égale à la moitié du parametre de l'axe* AB.

Il faut prouver que $FO = \frac{1}{2} p$.

D'EMONSTRATION.

Si dans l'équation $aa - xx = \frac{aayy}{aa - cc}$, on fait x (CP) $= c$ (CF), le point P tombera en F, & PM deviendra FO; & l'on aura $aa - cc = \frac{yyaa}{aa - cc}$, d'où l'on tire $y = \frac{aa - cc}{a} =$ (Prop. 1.) $\frac{bb}{a} =$ (nº. 6) $\frac{1}{2} p$. *C. Q. F. D.*

PROPOSITION III.

Problême.

16. *Les deux axes conjuguez* AB, DE *d'une Ellipse étant donnez, trouver les foyers* F, *&* G.

Soit du centre D, extremité de l'axe conjugué DE; & du rayon AC, décrit un cercle qui coupera AB en deux points F & G qui seront les foyers qu'il falloit trouver.

DE'MONSTRATION.

Par la construction $FD + DG = AB$; donc (nº. 2) F & G sont les foyers. *C. Q. F. D.*

PROPOSITION IV.

Problême.

17. *Le grand axe* AB *d'une Ellipse & les foyers* F *&* G *étant donnez, déterminer l'axe conjugué à l'axe* AB.

Soit du foyer *F* pour centre, & pour rayon le demi axe *AC* décrit un cercle. Il coupera la perpendiculaire à *AB* menée par le centre *C* en deux points *D* & *E*, & *DE* sera l'axe conjugué à l'axe *AB*.

DE'MONSTRATION.

ELLE est la même que celle de la Proposition precedente.

PROPOSITION V.

Theorême.

18. S*I l'on fait* MQ *perpendiculaire à* DE. *Je dis que le rectangle des deux parties* DQ, QE *de l'axe* DE *faites par l'appliquée* MQ, *est au quarré de* MQ : *comme* DE^2 *quarré de l'axe* DE *à* AB^2 *quarré de l'axe* AB.

En laissant aux lignes les mêmes noms qu'on leur a donnez dans la premiere Proposition, *CP*, ou *QM* étant x; & *PM*, ou *CQ*, y; *DQ* sera, $b-y$; & *QE*, $b+y$.

Il faut démontrer que $bb-yy \,.\, xx :: 4bb \,.\, 4aa$.

DE'MONSTRATION.

EN reprenant l'équation de la premiere Proposition $aa - xx = \frac{aayy}{bb}$, la multipliant par bb, la divisant par aa & transposant l'on aura $bb - yy = \frac{bbxx}{aa}$, d'où l'on tire cette analogie $bb - yy \,.\, xx :: bb \,.\, aa :: 4bb \,.\, 4aa$, $DQ \times QE \,.\, QM^2 :: DE^2 \,.\, AB^2$. C. Q. F. D.

DE'FINITION.

19. SI l'on fait $2b \,.\, 2a :: 2a \,.\, \frac{2aa}{b}$ que je nomme p; la ligne $= p$ est appellée le *parametre* de l'axe *DE*.

COROLLAIRE

20. $b . a :: 2a . p$, donne $bp = 2aa$, ou $bbp = 2aab$, ou $\frac{2b}{p} = \frac{bb}{aa}$; c'est pourquoi si on met $\frac{2b}{p}$ en la place de $\frac{bb}{aa}$ dans l'équation precedente, l'on aura $bb - yy = \frac{2bxx}{p}$, ou si l'on fait $\frac{m}{n} = \frac{2b}{p}$, l'on aura $bb - yy = \frac{mxx}{n}$.

On ajoutera à ce Corollaire les raisonnemens que l'on a faits n°. 9, 10, 11, 12, 13 & 14.

PROPOSITION VI.

Problême.

21. *UNE équation à l'Ellipse* $ab - xx = \frac{cyy}{d}$ *étant donnée, décrire l'Ellipse lorsque les coordonnées font un angle droit.*

Soit premierement trouvé une moyenne proportionnelle entre a, & b qui soit f; & par consequent $ff = ab$; ainsi l'équatiou sera $ff - xx = \frac{cyy}{d}$. On fait ce changement parceque ab étant l'expression du quarré du demi diametre dont les parties sont nommées x, cette expression doit aussi être un quarré.

Soit presentement C, l'origine des inconnues x, qui va vers A & vers B, & y, qui va vers D & vers E. Le même point C doit aussi être le centre de l'Ellipse; puisque les inconnues x & y n'ont point de second terme dans l'équation. Soit fait CA & CB chacune $= f$; AB sera le grand axe, si c surpasse d; le petit, si c est moindre que d. Pour avoir l'axe conjugué à l'axe AB, soit fait $c . d :: ff . \frac{dff}{c}$, & soit prise CD & CE chacune égale à $\sqrt{\frac{dff}{c}}$; DE sera (n°. 12) l'axe cherché. Ayant ensuite trouvé les foyers F & G par la troisiéme Proposition, on décrira l'Ellipse par la premiere.

DÉMONSTRATION.

ELLE est evidente par ce que l'on a démontré n°. 12. Prop. 1 & 3.

PROPOSITION VII.

Problême.

XIII. *UNE Ellipse* ADBE, *dont* AB *est le grand axe*; C, *le centre*; F & G, *les foyers, étant donnée. Il faut d'un point quelconque* M *donné sur l'Ellipse mener la tangente* MT. FIG. 55.

Ayant mené FM, & GM, prolongé FM, en I, en sorte que $MI = MG$, & mené GI. Je dis que la ligne MO menée du point M par le point O milieu de GI sera la tangente cherchée.

DÉMONSTRATION.

D'UN point quelconque L autre que M pris sur MO, ayant mené les droites LF, LG, LI; puisque par la construction $MG = MI$, & $IO = OG$, MO sera perpendiculaire à GI; c'est pourquoi le triangle GLI sera isoscele; & partant $FL + LI = LF + LG$ surpasse $FM + MI = FM + MG$; donc le point L est hors de l'Ellipse. *C. Q. F. D.*

COROLLAIRE I.

1. SI l'on mene MK parallele à IG; l'angle KMO sera droit: puisque (Const.) GI est perpendiculaire à MO.

COROLLAIRE II.

2. LA ligne MK partage l'angle FMG en deux également: car à cause de KM parallele à GI, l'angle $FMK = FIG = MGI = GMK$.

COROLLAIRE III.

3. La tangente *MO* rencontre l'axe *AB* prolongé en *T*; car l'angle *GOT* étant droit, l'angle *OGT* sera aigu.

COROLLAIRE IV.

4. L'angle *FML* est égal à l'angle *GMO*; puisqu'ils sont les complemens des angles égaux *FMK*, *GMK*; d'où il suit que si le foyer *G* étoit un point lumineux, les rayons reflechis à la rencontre de l'Ellipse passeroient tous par le foyer *F*.

DÉFINITIONS.

5. Ayant abbaissé du point *M* sur l'axe *AB* la perpendiculaire *MP*, *PT* est appellée la *soutangente*, *MK* la *perpendiculaire*; & *PK*, la *souperpendiculaire*, ou *sounormale*.

PROPOSITION VIII.

Theorême.

6. *Ayant supposé les mêmes choses que dans la Proposition precedente; & nommé comme dans la premiere Proposition* AC, *ou* CB, a; CF, *ou* CG, c; CP, x; PM, y; FP *sera* c + x, & GP, c — x, *ou* x — c; *cela posé. Je dis que l'expression algebrique de la soutangente* PT *sera* $\frac{aa - xx}{x}$.

DÉMONSTRATION.

Le triangle rectangle *GPM* donne *GM* $= \sqrt{cc - 2cx + xx + yy}$. Et parceque *MK* est parallele à *GI*, & que *FI* = (Prop. preced.) *FM* + *MG* = (art. 12 n°. 2) $AB = 2a$, l'on a $FI\ (2a) . FG\ (2c) :: MI$, ou $MG\ (\sqrt{cc - 2cx + xx + yy}) . GK$ $= \frac{c\sqrt{cc - 2cx + xx + yy}}{a}$; donc $PK = x - c +$ $\frac{c\sqrt{cc - 2cx + xx + yy}}{a}$, ou $\frac{ax - ac + c\sqrt{cc - 2cx + xx + yy}}{a}$, &

à cause de l'angle droit KMT, l'on a PK $\left(\frac{ax - ac + c\sqrt{cc - 2cx + xx - yy}}{a}\right) . PM (y) :: PM (y) . PT$ $= \frac{ayy}{ax - ac + c\sqrt{cc - 2cx + xx + yy}}$: mais (Prop. 1) $aa - xx = \frac{aayy}{aa - cc}$, d'où l'on tire $yy = \frac{a^4 - aacc - aaxx + ccxx}{aa}$; c'est pourquoi en mettant cette valeur de yy dans celle de PT, l'on aura aprés la réduction, & division, PT $= \frac{a^4 - aacc - aaxx + ccxx}{aax - aac + c\sqrt{a^4 - 2aacx + ccxx}}$: mais $a^4 - 2aacx + ccxx$ est un quarré dont la racine est $aa - cx$; c'est pourquoi cette derniere valeur de PT se change en celle-ci, aprés avoir ôté ce qui se détruit, & divisé les deux termes de la fraction par $aa - cc$. $PT = \frac{aa - xx}{x}$. *C. Q. F. D.*

COROLLAIRE I.

7. $CP (x) . PB (a - x) :: AP (a + x) . PT \left(\frac{aa - xx}{x}\right)$ ce qui fournit un autre moyen de mener la tangente MT.

COROLLAIRE II.

8. Si l'on ajoute $x = CP$ à l'expression de $PT = \frac{aa - xx}{x}$ l'on aura $CT = \frac{aa}{x}$ qui fournit encore un autre moyen de mener une tangente à l'Ellipse, en faisant $CP (x) . CB (a) :: CB (a) . CT \left(\frac{aa}{x}\right)$.

COROLLAIRE III.

9. Si de $\frac{aa}{x} = CT$, l'on ôte $a = CB$, l'on aura $BT = \frac{aa - ax}{x}$, qui donne encore un autre moyen de mener

une tangente à l'Ellipse en faisant CP (x). PB ($a - x$) :: CB (a). BT $\left(\frac{aa - ax}{x}\right)$.

COROLLAIRE IV.

10. Il est clair que l'angle CMT est toujours obtus : car la perpendiculaire MK à la tangente MT divisant l'angle GMF en deux également, GM étant moindre que FM, GK sera aussi moindre que FK ; & par consequent le point K tombera toujours entre C, & G.

PROPOSITION IX.

Theorême.

11. *Ayant supposé les mêmes choses que dans la Prop. precedente : Si l'on prolonge le petit axe* CD, *& la tangente* MO *du côté de* M, *ces lignes se rencontreront en un point* H ; *si l'on mene* MQ *parallele à* BC, *& qu'on nomme* CD, b ; *en laissant aux autres lignes les noms qu'on leur a donnez en la Proposition precedente. Je dis que l'expression Algebrique de la soutangente* QH, *sera* $\frac{aa - yy}{y}$.

DÉMONSTRATION.

PQ étant le parallelogramme des coordonnées $CQ = PM$ sera, y ; & $MQ = CP$, x. Et les triangles semblables TPM, MQH donneront TP $\left(\frac{aa - xx}{x}\right)$. PM, (y) :: MQ (x). $QH = \frac{xxy}{aa - xx}$: mais (Prop. 1) $aa - xx = \frac{aayy}{bb}$; donc $xx = \frac{aabb - aayy}{bb}$; mettant donc cette valeur de xx dans celle de QH, l'on aura aprés la reduction, $QH = \frac{bb - yy}{y}$. C. Q. F. D.

COROLLAIRE

COROLLAIRE.

12. Si l'on ajoute $y = PQ$ à $QH = \frac{bb - yy}{y}$, l'on aura $CH = \frac{bb}{y}$, d'où l'on tire $CQ (y) . CD (b) :: CD (b) . CH (\frac{bb}{y})$.

PROPOSITION X.

Theorême.

13. *Soit une Ellipse* ADBE, *dont* AB *&* DE *sont les axes conjuguez;* C, *le centre;* MT, *une tangente qui rencontre les axes conjuguez en* H *&* *en* T. *Je dis que la ligne* GOL *parallele à la tangente* MT *sera divisée en deux également en* O *par la ligne* MCV *menée du point touchant* M *par le centre* C. FIG. 56.

Ayant mené par les points Z, M, O, G, les lignes ZK, MP, OQ, GX perpendiculaires à l'axe AB, & par O la ligne RON parallele à AB qui rencontrera KZ en N, & XG en R; & nommé les données AC, ou CB, a; CD, ou CE, b; & les indéterminées CP, x; PM, y; CQ, m; QX, ou OR, z. QK, ou ON, $ſ$; AX sera $a + m - z$; BX, $a - m + z$; AK, $a + m + ſ$; & KB, $a - m - ſ$.

Il faut prouver que $GO = OL$, ou ce qui est la même chose, $RO (z) = ON (ſ)$.

DÉMONSTRATION.

Les triangles semblables CPM, CQO donnent $CP (x) . PM (y) :: CQ (m) . QO = \frac{my}{x} = XR = KN$: l'on a aussi (n°. 8) $CT = \frac{aa}{x}$, & (n°. 12) $CH = \frac{bb}{y}$, & les triangles semblables TCH, ORG, ONL, donnent

$TC\left(\frac{aa}{x}\right) . CH\left(\frac{bb}{y}\right) :: OR\,(z) . RG = \frac{bbzx}{aay}$, & $TC\left(\frac{aa}{x}\right) . CH\left(\frac{bb}{y}\right) :: ON\,(s) . NL = \frac{bbsx}{aay}$; donc $XG = \frac{my}{x} + \frac{bbzx}{aay}$, & $KL = \frac{my}{x} - \frac{bbsx}{aay}$. Mais (art. 12 nº. 5) $aa\,(CB^2) . bb\,(CD^2) :: aa - mm + 2mz - zz\,(AX \times XB) . \frac{mmyy}{xx} + \frac{2bbmz}{aa} + \frac{b^4zzxx}{a^4yy}\,(XG^2)$, & $aa\,(CB^2) . bb\,(CD^2) :: aa - mm - 2ms - ss\,(AK \times KB) . \frac{mmyy}{xx} - \frac{2bbms}{aa} + \frac{b^4ssxx}{a^4yy}\,(KL^2)$ d'où l'on tire ces deux équations.

$A.\ \frac{aammyy}{xx} + 2bbmz + \frac{b^4zzxx}{aayy} = aabb - bbmm + 2bbmz - bbzz$, &

$B.\ \frac{aammyy}{xx} - 2bbms + \frac{b^4ssxx}{aayy} = aabb - bbmm - 2bbms - bbss$,

& ayant ôté la ſeconde de la premiere, le premier membre du premier, & le ſecond du ſecond, l'on aura celle-ci,

$2bbmz + 2bbms + \frac{b^4zzxx}{aayy} - \frac{b^4ssxx}{aayy} = 2bbmz + 2bbms - bbzz + bbss$, d'où l'on tire $zz = ss$, ou $z = s$, $OR = ON$; donc $GO = OL$. C. Q. F. D.

La poſition de la ligne GL peut changer en bien des manieres à meſure que le point O s'approche ou s'éloigne du centre C, ou ſe trouve au-delà par rapport à M : mais cela ne peut au plus que changer les ſignes dans les expreſſions des lignes AX, XB, AK, KB, XG & KL, & l'on trouvera toujours $z = s$; c'eſt pourquoi la Propoſition eſt generalement vraye.

COROLLAIRE I.

14. IL eſt clair que la ligne FCS menée par le centre C, parallele à la tangente MT eſt diviſée en deux égale-

ment par le centre C : car le point O tombant en C, GL devient FS, & comme le point M peut être pris indifferemment sur tous les points de l'Ellipse ; il s'ensuit que toutes les lignes comme FCS, sont coupées par le milieu en C ; puisqu'elles peuvent toujours être paralleles à une tangente MT menée par l'extremité M d'une autre ligne MCV qui passe aussi par le centre C.

DÉFINITIONS.

15. Les lignes MCV, FCS qui passent par le centre d'une Ellipse sont nommées *diametres*, & lorsque deux diametres MCV, FCS sont posez de maniere que l'un des deux FCS est parallele à la tangente MT menée par l'extremité M de l'autre MCV ; ils sont nommez *diametres conjuguez* ; & les lignes OG, OL sont nommées *ordonnées*, ou *appliquées* au diametre MV.

COROLLAIRE II.

16. Il est évident que les ordonnées à un diametre quelconque sont divisées en deux également par le même diametre.

COROLLAIRE III.

17. Il est clair que la position des diametres conjuguez est determinée par la position de la tangente menée par l'une de leurs extremitez.

COROLLAIRE IV.

18. Si l'on ajoute les deux équations A & B de la proposition precedente, aprés avoir mis z en la place de s, le premier membre au premier & le second au second, l'on aura celle-ci $\frac{2aammyy}{xx} + \frac{2b^4zzxx}{aayy} = 2aabb - 2bbmm - 2bbzz$, ou, en supposant que le point O tombe en C, auquel cas $QK = z$ devient CI, GL devient FS, KL, SI, & $CQ = m$ devient nulle ou $= 0$, ce qui détruit

les termes où m se rencontre, $\frac{bbzzxx}{aayy} = aa - zz$, d'où l'on tire $zz = aa - xx$, en mettant pour $aayy$ sa valeur $aabb - bbxx$ tirée de l'équation $aa - xx = \frac{aayy}{bb}$, trouvée par la premiere Proposition; d'où l'on conclud que $CI^2 = AP \times PB$: & que $CP^2 = AI \times IB$: car l'on a aussi $xx = aa - zz$.

COROLLAIRE V.

FIG. 56. 19. Si l'on fait dans cette équation $xx = aa - zz$, $z(CI) = x(CP)$; les points P & I se confondront en un seul FIG. 57. point Y, & les deux diametres conjuguez MV, FS seront égaux, & l'on aura $2xx = aa$; donc $x = \sqrt{\frac{1}{2}aa}$ qui servira à déterminer leur position en cette sorte. Soit prise CY moyenne proportionnelle entre CB & sa moitié, & mené par Y la perpendiculaire MYS qui rencontrera l'Ellipse aux points M & S, par où l'on menera les diametres conjuguez MV, FS qui seront égaux.

COROLLAIRE VI.

FIG. 57. 20. Il est clair que $AY \times YB = CY^2$: car l'équation (n°. 18) $xx = aa - zz$ subsiste toujours, quoique $x = z$ ou $CP = CI = CY$.

COROLLAIRE VII.

21. A Cause de $AY \times YB = CY^2 =$ (n° 19) $\frac{1}{2}aa$, l'on a (art. 12 n° 5) $\frac{1}{2}aa(CY^2) . yy(PM^2) :: aa(CB^2) . bb(CD^2)$, d'où l'on tire $y = \sqrt{\frac{1}{2}bb}$, qui servira à trouver le point Q sur CD, comme l'on a trouvé (n° 19) le point Y sur CA; & la perpendiculaire FQM déterminera aussi la position des deux diametres conjuguez égaux MCV, FCS.

COROLLAIRE VIII.

22. PUISQUE (art. 12 n° 5) $AP \times PB$, ou (n° 18) $CI^2 . PM^2 :: CB^2 . CD^2$, & $AI \times IB$ ou (n° 18) $CP^2 . IS^2 :: CB^2 . CD^2$, l'on a $CI^2 . PM^2 :: CP^2 . IS^2$, ou $CI . PM :: CP . IS$, d'où il suit que les triangles CPM, CIS sont égaux. FIG. 56.

PROPOSITION XI.

Theorême.

23. *AYANT supposé les mêmes choses que dans la Proposition precedente. Je dis que la rectangle* VO × OM *des parties du diametre* MV *faites par l'appliquée* OL *est à* OL², *quarré de la même appliquée ; comme* VM², *quarré du diametre* VM, *est à* FS², *quarré du diametre conjugué à* VM. FIG. 56.

Ayant nommé AC, ou CB, a; CD, ou CE, b; CP, x; PM, y; OR, ou ON, z; CQ, m; CV ou CM, d; FC, ou CS, f; CO, u; & OL ou OG, f.

Il faut prouver que $dd - uu . ff :: dd . ff :: 4dd . 4ff$.

DEMONSTRATION.

L'ON a (art. 12)

A. $aa - xx = \frac{aayy}{bb}$, les triangles semblables MCP, OCQ, donnent $d (CM) . x (CP) :: u (CO) . m (CQ)$; donc

B. $dm = ux$, & les triangles semblables SCI, LON, & $CI^2 =$ (n°. 18) $aa - xx$, donnent $ff (CS^2) . aa - xx (CI^2) :: ff (LO^2) . zz, (ON^2)$; donc

C. $ffzz = aaff - xxff$.

En reprenant presentement l'équation du quatriéme Corollaire de la Proposition precedente n° 18, qui étant divisée par 2, devient,

D. $\frac{aammyy}{xx} + \frac{b^4zzxx}{aayy} = aabb - bbmm - bbzz$, & en mettant dans le numerateur du premier terme, & dans le dénominateur du second pour $aayy$, sa valeur $aabb - bbxx$ tirée de l'équation A, l'on aura $\frac{aamm}{xx} + \frac{zzxx}{aa - xx} = aa - zz$, & mettant encore pour mm sa valeur $\frac{uuxx}{dd}$ tirée de l'équation B, & pour zz, sa valeur $\frac{aaff - xxff}{ff}$ tirée de l'équation C, l'on aura aprés les réductions & transpositions, $dd - uu = \frac{ddff}{ff}$, d'où l'on tire $dd - uu . ff :: dd . ff :: 4dd . 4ff$. C. Q. F. D.

COROLLAIRE I.

24. Si MV & FS sont les deux diametres conjuguez égaux, d sera $= f$; & l'équation deviendra $dd - uu = ff$, qui seroit une équation au cercle, si l'appliquée OL faisoit un angle droit avec CM.

DÉFINITION.

25. Si l'on fait $d . f :: 2f . p$, la ligne p sera appellée le *parametre* du diametre MV.

COROLLAIRE II.

26. La proportion $d . f :: 2f . p$ donne $dp = 2ff$; donc en multipliant par d, l'on a $ddp = 2dff$; donc $\frac{2d}{p} = \frac{dd}{ff}$; c'est pourquoi si l'on met dans l'équation precedente pour $\frac{dd}{ff}$ sa valeur $\frac{2d}{p}$, l'on aura $dd - uu = \frac{2dff}{p}$ d'où l'on tire $dd - uu . ff :: 2d . p$.

COROLLAIRE III.

27. L'on peut encore mettre pour $\frac{2d}{p}$ un autre rapport $\frac{m}{n} = \frac{2d}{p} = \frac{dd}{ff}$; & l'on aura $dd - uu = \frac{mff}{n}$, d'où l'on tire $dd - uu . ff :: m . n$.

On ajoutera ici les mêmes choses que l'on a dites art. 12. n°. 9, 10, 11, 12, 13, & 14.

PROPOSITION XII.

Theorême.

28. L*ES mêmes choses étant encore supposées, si l'on mene* Gq *parallele à* MV. *Je dis que* Fq × qS . qG² :: FS² . VM².

En nommant encore *CM*, ou *CV*, *d*; *CS*, ou *CF*, *f*; *CO*, ou *qG*, *u*; *OG*, ou *Cq*, *s*; *Fq* sera $f - s$; & *qS*, $f + s$.

Il faut prouver que $ff - ss . uu :: 4ff . 4dd$.

DE'MONSTRATION.

En reprenant l'équation de la Proposition precedente $dd - uu = \frac{ddss}{ff}$, la multipliant par *ff*, transposant & divisant par *dd*, l'on en tirera $ff - ss = \frac{ffuu}{dd}$, qui donnera $ff - ss . uu :: ff . dd :: 4ff . 4dd$. *C. Q. F. D.*

DE'FINITION.

29. Si l'on fait $f . d :: 2d . p$, la ligne $= p$ sera appellée le *parametre* du diametre *FS*.

COROLLAIRE I.

30. La Proportion precedente donne $pf = 2dd$; donc $pff = 2fdd$, ou $\frac{2f}{p} = \frac{ff}{dd}$; mettant donc dans l'équation precedente pour $\frac{ff}{dd}$ sa valeur $\frac{2f}{p}$, l'on aura $ff - ss = \frac{2fuu}{p}$; d'où l'on tire $ff - ss . uu :: 2f . p$.

COROLLAIRE II.

31. L'on peut encore changer le rapport $\frac{ff}{dd}$, ou $\frac{2f}{p}$ en un autre rapport égal $\frac{m}{n}$, & l'on aura $ff - ss = \frac{muu}{n}$, ce qui donne $ff - ss . uu :: m . n$.

On ajoutera encore ici ce qu'on a dit art. 12 n°. 9, 10, 11, 12, 13 & 14.

COROLLAIRE III.

32. Il est clair (n°. 25 & 29) que le rectangle de l'un des diametres conjuguez par son parametre est égal au quarré de l'autre diametre.

PROPOSITION XIII.

Problême.

33. *Deux lignes quelconques* FS *&* MV *qui se coupent par le milieu en* C *à angles obliques étant données de position & de grandeur pour deux diametres conjuguez d'une Ellipse, déterminer la position & la grandeur des axes de la même Ellipse.*

Cette Proposition contient deux cas qu'on pourroit neanmoins reduire à un seul, comme on va voir dans le second : le premier est lorsque les lignes *FS* & *MV* sont égales : le second lorsqu'elles sont inégales.

PREMIER CAS.

34. Ayant joint les points *M*, *S* & *M*, *F*, & ayant divisé *MS* & *MF* par le milieu en *P* & *Q*, on menera les lignes *CP*, *CQ* indéfiniment prolongées de part & d'autre qui se couperont à angles droits en *C*, puisque *CS*, *CM*, *CF* sont égales, & que les points *P* & *Q* divisent par le milieu *MS* & *MF*.

Soit ensuite fait $PI = CP$ & $QH = CQ$, & du centre *C* par *I*, & par *H* décrit deux cercles qui couperont *CP*, & *CQ* aux points *A*, *B*, *D* & *E*. Je dis que l'Ellipse dont

dont AB & DE sont les axes, passera par les points M, F, V & S. FIG. 58.

DÉMONSTRATION.

AYANT nommé AC, ou CB, a; CD, ou CE, b; CP, ou PI, x; PM, ou CQ, ou QH, y; l'on a par la proprieté du cercle, & par la Construction, $aa - xx$ ($AP \times PB$) $= xx$ (PI^2, ou CP^2), & $bb - yy$ ($EQ \times QD$) $= yy$ (QH^2, ou CQ^2), d'où l'on tire $x = \sqrt{\frac{1}{2}aa}$, & $y = \sqrt{\frac{1}{2}bb}$; c'est pourquoi (n°. 19 & 21) les points S, M, V & S, sont à l'Ellipse dont les axes sont AB, & DE. C. Q. F. D.

SECOND CAS.

35 SOIT prolongée CM du côté de M, & soit faite MK prise sur le prolongement, égale à la troisiéme proportionnelle à CM & CS; & ayant mené par M la droite HMT parallele à FS, du point O milieu de CK, on élevera la perpendiculaire OG qui rencontrera HMT en un point G; puisque (n° 13) MT est tangente à l'Ellipse dont MV & FS sont deux diam. conjuguez; & que (n° 10) l'angle CMT est obtus, & du centre G par C, l'on décrira un cercle qui passera par K, & coupera MG aux points T & H, par où, & par C, l'on menera TC, & HC indéfiniment prolongées au-delà de C par rapport à T & à H: l'on menera ensuite MP & MQ paralleles à CH & à CT; & ayant pris AB moyenne proportionnelle entre CT & CP; CD, moyenne proportionnelle entre CH & CQ, fait $CA = CB$, & $CE = CD$. Je dis que l'Ellipse dont AB & AD (qui à cause du cercle se coupent à angles droits) sont les axes, passera par les points M, F, V & S. FIG. 59.

DÉMONSTRATION.

AYANT abaissé du centre G sur CT la perpendiculaire GN, le point N divisera CT par le milieu en N; &

partant $NG = \frac{1}{2} CH$, & ayant abaissé du point S sur la même CT la perpendiculaire SI, & nommé les données CB, ou CA, a; CD, ou CE, b; CM ou CV, d; CF, ou CS, f; & les indéterminées CP, ou QM, x; PM, ou CQ, y; & CI, z; l'on aura (Const.)

$CP(x) . CB(a) :: CB(a) . CT = \frac{aa}{x}$, &

$CQ(y) . CD(b) :: CD(b) . CH = \frac{bb}{y}$; donc $NT = \frac{aa}{2x}$, $NG = \frac{bb}{2y}$, $TP = \frac{aa}{x} - x$, & $QH = \frac{bb}{y} - y$, & les triangles semblables CIS, MQH, TPM donneront $CI(z) . CS(f) :: MQ(x) . MH = \frac{fx}{z}$, & $CI(z) . CS(f) :: TP \left(\frac{aa}{x} - x\right) . TM = \frac{aaf}{zx} - \frac{fx}{z}$; donc $HM + MT$, ou $HT = \frac{aaf}{zx}$; & partant $GT = \frac{aaf}{2zx}$; donc à cause de l'angle droit GNT, $\frac{a^4ff}{4zzxx}$ (GT^2) $= \frac{a^4}{4xx} + \frac{b^4}{4yy}$ ($NT^2 + NG^2$), d'où l'on tire $ff = zz + \frac{b^4zzxx}{a^4yy}$. Mais l'on a aussi $MQ(x) . QH\left(\frac{bb}{y} - y\right) :: CI(z) . IS = \frac{bbz}{xy} - \frac{zy}{x}$; donc à cause de l'angle droit CIS, ff (CS^2) $= zz + \frac{b^4zz}{xxyy} - \frac{2bbzz}{xx} + \frac{zzyy}{xx}$ ($CI^2 + IS$); donc $zz + \frac{b^4zzxx}{a^4yy} = zz + \frac{b^4zz}{xxyy} - \frac{2bbzz}{xx} + \frac{zzyy}{xx}$, d'où l'on tire $aa - xx = \frac{aayy}{bb}$ qui est une équation à une Ellipse dont les axes sont (Prop. 1) $AB = 2a$, & $DE = 2b$, & qui prouve au moins que cette Ellipse passe par les points M, & V; puisque (Hyp.) $CM = CV$.

Or (Const.) $CM(d) . CS(f) :: CS(f) . MK = \frac{ff}{d}$:

mais par la proprieté du cercle $\frac{aaffx}{zzx} - \frac{ffxx}{zz}$ ($HM \times MT = CM \times MK =$ Conft. CS^2) $= ff$, d'où l'on tire $zz = aa - xx$; c'eft pourquoi (n°. 18) l'Ellipfe paffe auffi par les points *S* & *F. C. Q. F. D.*

COROLLAIRE.

36. SI $MV = FS$; CM fera $= MK$; & partant les points *O* & *G* fe confondront avec le point *M*, qui fera le centre du cercle qui étant décrit par *C* déterminera la pofition des axes par fa rencontre avec *HT* en *H* & en *T*, qu'on déterminera comme on vient de faire.

PROPOSITION XIV.

Problême.

UNE équation à l'Ellipfe $ab - xx = \frac{eyy}{d}$ *étant donnée, décrire l'Ellipfe, lorfque les coordonnées font un angle oblique.*

On déterminera la grandeur des diametres conjuguez par la Prop 6. on trouvera les axes par la Propofition précedente; on déterminera les foyers par la troifiéme, & on décrira l'Ellipfe par la premiere.

SECTION VII.

Où l'on démontre les principales proprietez de l'Hyperbole décrite par des points trouvez sur un Plan.

PROPOSITION I.

Theorême.

FIG. 60. XIV. *Un angle quelconque* HCK, *& un point quelconque* D *dans cet angle, étant donnez de position sur un Plan. Si l'on mene librement par le point* D *une ligne* IDK *qui rencontre* CH *&* CK *en* I *& en* K, *& qu'on prenne sur* IDK *la partie* KO = ID. *Je dis que les points* O *&* D, *& tous ceux que l'on trouvera comme on vient de faire le point* O, *en menant d'autres lignes par le point* D, *seront à une Hyperbole, dont* CH *&* CK *sont les asymptotes.*

DE'MONSTRATION.

AYANT mené par les points D & O, les lignes DL, OG paralleles à CK, & DN, OF paralleles à CH, & nommé les données DL, ou CN, ou (Const.) FK, c; DN, ou LC, d; & les indéterminées CF, ou GO, f; FO, ou CG ou NR, z; NF ou RO sera $f-c$, & DR, $d-z$; les triangles semblables DRO, OFK donneront $d-z$ (DR) . $f-c$ (RO) :: z (OF) . c (FK); donc $cd-cz = fz-cz$, ou $cd=fz$. Et comme cette équation est la même que celle qu'on a trouvée (art. 9, n° 16), il suit que la courbe décrite comme on vient de dire, est une Hyperbole. Et parceque f croissant, z diminue, ou au contraire, & qu'on peut augmenter f à l'infini, z diminuera aussi à l'infini; c'est pourquoi les lignes CH, & CK

sont les asymptotes, parcequ'elles ne peuvent jamais rencontrer l'Hyperbole. *C. Q. F. D.*

COROLLAIRE I.

1. Il est clair que tous les rectangles semblables à $CF \times FO$ sont égaux entr'eux, puisqu'ils sont toujours égaux au même rectangle $CL \times LD$; & que l'on a toujours $fz = cd$.

COROLLAIRE II.

2. Si l'on prend sur l'Hyperbole un point quelconque B, & que l'on mene par B une ligne quelconque $TBVS$ qui rencontre l'Hyperbole en un autre point V, & les asymptotes en T & en S, TB sera toujours égale à VS: car ayant mené BX & VQ paralleles aux asymptotes, l'on aura (Corol. 1) $CX \times XB = CQ \times QV$, ou (en nommant CX, c; XB, d; CQ, f; QV, z;) $fz = cd$, ou $fz - cz = cd - cz$, qui étant changée en analogie, donne $d - z . f - c :: z . c$, d'où il suit par la Démonstration de cette Proposition que $XB = QS$; donc $TB = VS$.

COROLLAIRE III.

3. Il est clair que les parallelogrammes CD, CB, CO, CV sont égaux entr'eux.

COROLLAIRE IV.

4. Si l'on avoit nommé NF, ou RO, f, l'on auroit eu $fz = cd - cz$, qui montre que lorsqu'une équation à l'Hyperbole renferme plus de deux termes, les indéterminées n'ont point leur origine au sommet de l'angle des asymptotes.

COROLLAIRE V.

5. Il est évident que lorsqu'on décrit une Hyperbole par un point fixe, comme D, les points O que l'on trouve en faisant $KO = DI$ peuvent servir à en trouver d'autres.

comme *B*, & *B* à en trouver d'autres comme *V*, *&c.*

PROPOSITION II.

Theorême.

6. *En supposant les mêmes choses que dans la premiere Proposition, si l'on mene par le sommet* C *de l'angle des asymptotes une ligne quelconque* CM *qui rencontre* OG *&* DL, *prolongées ou non prolongées en* P *& en* M. *Je dis que le rectangle* CM × CN, *ou* CM × LD *est égal au rectangle* CP × CF, *ou* CP × GO.

Ayant nommé les données *CL*, d; *CN*, c; *CM*, a, & les indéterminées *CF*, ou *GO*, f; *CG*, ou *FO*, z; *CP*, u. Il faut prouver que $ac = uf$.

DÉMONSTRATION.

A Cause des triangles semblables *CLM*, *CGP*, l'on a *CL*. *CM* :: *CG*. *CP*, ou en termes algebriques $d . a :: z . u$; donc $du = az$; mais (Prop. 1) $fz = cd$, d'où l'on tire $z = \frac{cd}{f}$; mettant donc cette valeur de z dans l'équation précedente, l'on aura $fu = ac$. *C. Q. F. D.*

On peut encore démontrer cette Proposition en cette sorte. A cause des paralleles *DM*, *OP*, l'on a *CL*. *CG* :: *CM*. *CP*; c'est pourquoi en mettant dans l'équation de la Proposition précedente $fz = cd$, en la place de d (*CL*) & de z (*CG*) leurs proportionnelles a (*CM*) & u (*CP*), l'on aura $fu = ac$.

PROPOSITION III.

Problême.

FIG. 61. 7. *Une Hyperbole* MBm, *dont les asymptotes sont* CT, *&* CH, *étant donnée. Il faut d'un point quelconque* B, *donné sur l'Hyperbole, mener une tangente* HBT.

Ayant mené par *B* les droites *BG* & *BI* paralleles

aux asymptotes, soit prise *IT* = *CI*. Je dis que la ligne *TBH* menée du point *T* par *B* touchera l'Hyperbole en *B*, & ne la rencontrera en aucun autre point.

DÉMONSTRATION.

PAR l'Hypothese; *TBH* rencontre l'Hyperbole en *B*; & parceque *CI* = *IT*, *TB* sera aussi = *BH*; d'où il suit que *BTH* ne rencontre l'Hyperbole qu'en un seul point *B* : car si elle la rencontroit en un autre point *O*; *HO* (n° 2) = *BT* seroit = *BH*. Ce qui est impossible; c'est pourquoi *TBH* touche l'Hyperbole en *B*. *C. Q. F. D.*

COROLLAIRE I.

8. IL est clair que toutes les tangentes, comme *TBH* terminées par les asymptotes en *T* & *H*, sont divisées en deux également par le point touchant *B*.

COROLLAIRE II.

9. IL suit aussi que si la position de la tangente *TBH*, est telle que la ligne menée de l'angle *C* des asymptotes au point touchant *B*, divise cet angle en deux également, les angles *CBH*, *CBT* seront droits, & au contraire : car puisque les angles *BCG*, *BCI* sont égaux, le parallelogramme *GI* sera un rombe; & partant *CI* = *CG*; donc *CT* (n° 6) double de *CI* = *CH* double de *CG*; c'est pourquoi les angles *CBH*, *CBT* sont droits.

COROLLAIRE III.

10. IL suit encore que si l'angle des asymptotes *HCT* est droit, dans toutes les Positions de la tangente *TBH*, la ligne *CB* menée de l'angle des asymptotes au point touchant *B* sera = *BH* = *BT*; si cet angle est aigu, *CB* surpassera *BH*, ou *BT*; s'il est obtus *CB* sera moindre que *BH*, ou *BT* : car si du centre *B* milieu de *HT* l'on décrit un demi cercle sur le diametre *HT*, le point *C* sera sur la circonference si l'angle *HCT* est droit; hors du demi cercle, s'il est aigu; & dans le demi cercle, s'il est

obtus ; donc au premier cas $CB = BH$ ou BT ; au ſecond, CB ſurpaſſe BH, ou BT ; & au troiſiéme, elle eſt moindre.

COROLLAIRE IV.

11. Il eſt encore manifeſte que les lignes LK, Mm paralleles à la tangente HBT ſont coupées par le milieu en P par la droite CB prolongée, car puiſque $BH = BT$, PL ſera $= PK$: mais (nº 2) $ML = mK$; donc $PM = Pm$.

PROPOSITION IV.

Problême.

12. *Une équation à l'Hyperbole* $xy = aa$ *étant donnée, décrire l'Hyperbole.*

On voit par l'équation, qui n'a que deux termes, que que l'origine des indéterminées x, & y eſt au ſommet de l'angle des aſymptotes.

Soit C l'origine des indéterminées x, qui va vers T, & y qui va vers H, & ayant pris CI & CG chacune $= a$, on achevera le parallelogramme $CGBI$: & l'on décrira (Prop. 1.) l'Hyperbole MBm, entre les aſymptotes CT & CH.

DÉMONSTRATION.

Elle eſt évidente par la premiere Propoſition.

PROPOSITION V.

Theorême.

Fig. 61. 13. *Soit une Hyperbole* MBm *dont* CH *&* CT *ſont les aſymptotes ; ſoit auſſi par un point quelconque* B, *menée (nº. 7) une tangente* HBT, *& du point* C *par le point touchant* B *la ligne* CBP. *Si par quelque point* P, *l'on mene* PM *parallele à* HT, *qui rencontre l'Hyperbole aux points* M *&* m, *& les aſymptotes en* L *&* K. *Je dis que* $CP^2 - CB^2 . PM^2 :: CB^2 . BH^2$, *ou ce qui revient au même, ayant prolongé* BC *en* A, *& fait* CA = CB, *que* $AP \times PB . PM^2 :: AB^2 . TH^2$.

Ayant

Ayant mené BI, BG, mQ & mN paralleles aux asymptotes, & nommé les données AC, ou CB, a; BH, ou BT, b; CI, ou GB, c; CG, ou IB, d; & les indéterminées CP, x; PM, ou Pm, y; CQ, ou Nm, $ſ$; CN ou Qm, z; AP sera $x+a$, & BP, $x-a$.

Il faut prouver que $xx-aa \,.\, yy :: aa \,.\, bb :: 4aa \,.\, 4bb$.

DÉMONSTRATION.

Les triangles semblables CBT, CPK donnent CB $(a) \,.\, BT\ (b) :: CP\ (x) \,.\, PK = \frac{bx}{a}$; donc $mK = \frac{bx}{a} - y$, $mL = \frac{bx}{a} + y$; & à cause des triangles semblables TBI, KmQ, & BHG, mLN, l'on a $b\,(TB) \,.\, d\,(BI) :: \frac{bx}{a} - y\,(Km) \,.\, z\,(mQ)$, & $b\,(BH) \,.\, c\,(BG) :: \frac{bx}{a} + y\,(mL)\ ſ \,.\, (mN)$, d'où l'on tire ces deux équations $bz = \frac{bdx}{a} - dy$, & $bſ = \frac{bcx}{a} + cy$, & en multipliant le premier membre de l'une par le premier de l'autre, & le second par le second, l'on a $bbſz = \frac{bbcdxx}{aa} - cdyy$: mais par la premiere Proposition $ſz = cd$; donc $bb = \frac{bbxx}{aa} - yy$, en divisant par les quantitez égales $ſz$, & cd; d'où l'on tire $xx - aa = \frac{aayy}{bb}$; donc $xx - aa \,.\, yy :: aa \,.\, bb :: 4aa \,.\, 4bb$. C. Q. F. D.

COROLLAIRE I.

14. Il est évident (art. 9 nº 7, 11, & 12), & par cette équation $xx - aa = \frac{aayy}{bb}$, qui est la même que celle du même article nº. 11, que le point C, est le centre de l'Hyperbole MBm, que AB est l'axe, si l'angle CBH

est droit; autrement AB est nommée diametre determiné; que DE parallele & égale à HT est l'axe, ou le diametre conjugué à AB, que MP & MF sont les ordonnées ou appliquées aux diametres conjuguez AB & DE. De sorte que FP est le parallelogramme des coordonnées.

Fig. 62.

Corollaire II.

Fig. 62. 15. L'équation precedente $xx - aa = \frac{aayy}{bb}$ donne $x = \pm \frac{a}{b} \sqrt{bb + yy}$, qui fait voir que si l'on prolonge MF en N; en sorte que $FN = FM$, le point N sera à l'Hyperbole; & si l'on fait $y = o$, la ligne MN se confondra avec la ligne AB, le point F avec le point C, & l'on aura $x = \pm a$, d'où il suit que le point M se confond avec le point B, & le point N avec A; de sorte que $CA = CB$, & que le point A sera à l'Hyperbole.

Si dans la même équation on fait $x = o$, ayant mené NQ parallele à DE, ou à PM, les points P & Q se confondront avec le point C, & l'on aura $y = \pm \sqrt{-bb}$. Or parceque les valeurs de y sont imaginaires; il suit que l'Hyperbole ne rencontre point le diametre DE, ni de côté ni d'autre du point C. Et parceque l'on tire aussi de la même équation $y = \pm \frac{b}{a} \sqrt{xx - aa}$; il suit que l'Hyperbole rencontre les paralleles MPm, NQn des deux côtez de AB, tant que x (CP, ou CQ) surpasse a (CB ou CA); qu'elle coupe AB en B & A, lorsque $CP = CB$, ou $x = a$: car $xx - aa$ devient $aa - aa = o$; & par consequent $y = \pm \frac{b}{a} \sqrt{xx - aa} = o$; & que lorsque les points P & Q tombent entre A & B, c'est-à-dire, lorsque a surpasse x, l'Hyperbole ne rencontre point les paralleles à DE menées entre A & B: car la quantité $xx - aa$ devient negative, & par consequent les valeurs de $y = \pm \frac{b}{a} \sqrt{xx - aa}$ deviennent imaginaires. Enfin l'équation $xx - aa = \frac{aayy}{bb}$, fait voir que x (CP, ou CQ) croissant, y (PM, ou QN) croît aussi ; c'est pourquoi l'Hyperbole s'éloigne de plus en plus à l'infini du diametre AB prolongé de part & d'autre à l'infini : car il n'y a rien dans l'équation qui empêche d'augmenter x à l'infini, d'où l'on voit que l'Hyperbole a deux parties MBm & NAn opposées l'une à l'autre, qui ne se rencontre point, & s'étendent à l'infini. Ce sont ces deux parties de l'hyperbole que l'on appelle *Hyperboles opposées*.

COROLLAIRE III.

16. Il est clair que les Hyperboles opposées sont égales & semblables ; puisque les coordonnées NF, NQ de l'une sont égales aux coordonnées MF, MP de l'autre.

COROLLAIRE IV.

17. Il est aussi manifeste que les asymptotes CH, CT de l'Hyperbole MBm, étant prolongées vers g, & vers k, sont aussi les asymptotes de l'Hyperbole opposée NAn ; puisque Nk & ng, sont toujours égales à mK & ML.

COROLLAIRE V.

18. Il est encore évident que la ligne hAt menée par le point A parallele à DE, ou HT ; & qui rencontre les asymptotes en h & t, est égale à HT, ou à DE, & qu'elle touche l'Hyperbole NAn en A ; puisqu'elle est divisée en deux également en A, comme HT l'est en B, & que $CA = CB$.

COROLLAIRE VI.

19. L'on a (nº 12) $ML = \frac{bx}{a} - y$, & $MK = \frac{bx}{a} + y$, l'on a aussi (nº. 13) $bb = \frac{bbxx}{aa} - yy = \frac{bx}{a} - y \times \frac{bx}{a} + y$, qui montre que BH^2 (bb) $= KM \times ML$.

COROLLAIRE VII.

20. L'ON tire de l'équation à l'Hyperbole $xx - aa = \frac{aayy}{bb}$ cette autre équation $aa = xx - \frac{aayy}{bb} = x - \frac{ay}{b} \times x + \frac{ay}{b}$: mais $GM = x - \frac{ay}{b}$, & $GO = x + \frac{ay}{a}$: car les triangles semblables HBC, CFG donnent $HB(b) . BC(a) :: CF$ ou $PM(y) . FG = \frac{ay}{b}$; & partant $GM = FM - FG = x - \frac{ay}{b}$, & $MO = x + \frac{ay}{b}$; d'où il suit que $OM \times MG \left(xx - \frac{aayy}{bb}\right) = CB^2 (aa)$.

DEFINITION.

21. SI l'on décrit (Prop. 1) dans les angles HCt, TCb par les extremitez D & E du diametre DE conjugué au diametre AB, les Hyperboles opposées RDS, rEf, ces Hyperboles seront nommées *conjuguées* aux Hyperboles opposées MBm, NAn.

COROLLAIRE VIII.

22. IL est clair que les lignes Ht, Th passeront par les points D & E, & qu'elles toucheront en ces points les Hyperboles RDS, rEf, puisqu'elles y sont divisées par le milieu, comme AB, à qui elles sont paralleles & égales, l'est en C.

COROLLAIRE IX.

23. D'où il suit que DE & AB sont les axes conjuguez des Hyperboles RDS, rEf, si DE est perpendiculaire à AB; autrement, elles en sont deux diametres conjuguez.

AVERTISSEMENT.

24. *IL n'est point necessaire de démontrer que les Hyperboles* RDS, rEf, *ont les mêmes proprietez que les Hy-*

perboles MBm, NAn; *puisque ce ne seroit qu'une repetition inutile.*

DE'FINITION.

25. Si l'on fait $a \,.\, b :: 2b \,.\, \frac{2bb}{a}$ que je nomme p, la ligne égale à p, est appellée *le parametre* du diametre AB.

COROLLAIRE X.

26. $a \,.\, b :: 2b \,.\, p$, donne $ap = 2bb$, ou $aap = 2abb$; d'où l'on tire $\frac{2a}{p} = \frac{aa}{bb}$; c'est pourquoi, si dans l'équation à l'Hyperbole $xx - aa = \frac{aayy}{bb}$; au lieu de $\frac{aa}{bb}$, l'on met sa valeur $\frac{2a}{p}$, l'on aura $xx - aa = \frac{2ayy}{p}$, d'où l'on tire $xx - aa \,.\, yy :: 2a \,.\, p$, & si l'on met en la place de $\frac{aa}{bb}$ un autre rapport égal $\frac{m}{n}$, l'on aura $xx - aa = \frac{myy}{n}$. On ajoutera à ce Corollaire ce qu'on a dit (art. 12 nº 9, 10, 11, & 12.

COROLLAIRE XI.

27. Si l'on avoit nommé (nº. 12) BP, x; AP auroit été $2a + x$, & l'on auroit trouvé cette équation $2ax + xx = \frac{aayy}{bb}$, qui montre que lorsque les indéterminées n'ont point leur origine au centre de l'Hyperbole, il se trouve des seconds termes dans son équation.

COROLLAIRE XII.

28. Si dans l'équation à l'Hyperbole $xx - aa = \frac{aayy}{bb}$ ou $2ax + xx = \frac{aayy}{bb}$, a est $= b$, ces deux équations deviendront les deux suivantes $xx - aa = yy$, & $2ax + xx = yy$, c'est-à-dire, qu'alors $AP \times PB = PM^2$; les diametres conjuguez AB, DE seront égaux; (nº 9)

les asymptotes à angles droits ; & tous les diametres égaux à leurs parametres.

L'on remarquera que ces deux équations à l'Hyperbole ne different de celle du cercle, & les deux premieres de celle de l'Ellipse, qu'en ce que les deux quarrez inconnus, ont un même signe lorsque l'un est dans un membre de l'équation, & l'autre dans l'autre, ou differens signes, lorsqu'ils sont tous deux dans un même membre, & c'est le contraire dans celles du cercle, & de l'Ellipse, comme on a remarqué (art. 12 n° 13) ; d'où l'on conclura qu'une équation locale appartiendra toujours à l'Hyperbole, quelque mêlange de constantes qu'il s'y puisse rencontrer, lorsque les quarrez des deux lettres indéterminées auront un même signe, l'un étant dans un membre de l'équation & l'autre dans l'autre, ou des signes differens, étant tous deux dans le même membre ; & souvent même lorsque les indéterminées s'y trouveront multipliées l'une par l'autre. Je dis souvent : car il y a des exceptions à faire qu'on trouvera dans la suite.

DÉFINITION.

29. L'HYPERBOLE qui a ses asymptotes à angles droits, ou (n°. 9) ce qui revient au même, dont les diametres sont égaux entr'eux & à leurs parametres, est appellée *Hyperbole équilatere* ; parceque l'axe d'une Section conique est appellé par Apollonius, *latus transversum*, & son parametre, *latus rectum*.

PROPOSITION VI.

30. *UNE équation à l'Hyperbole* $xx + cc - dd = \frac{myy}{n}$, *étant donnée, décrire l'Hyperbole.*

FIG. 62. Soit C l'origine des inconnues x qui va vers P, & y qui va vers F, & qui font un angle quelconque FCP, le point C sera aussi le centre de l'hyperbole ; puisqu'il n'y a point de second terme dans l'équation. En supposant

1°. Que d surpasse c; soit $ff = dd - cc$, & mettant dans l'équation en la place de $dd - cc$ sa valeur ff, elle deviendra $xx - ff = \frac{myy}{n}$. Soit pris $CB = f$; CB sera (n° 13) le demi diametre de l'hyperbole qu'il faut décrire. Soit fait $m . n :: ff . \frac{nff}{m}$; $\sqrt{\frac{nff}{m}}$ sera (art. 12 n°. 12) le demi diametre conjugué CD. Ayant mené par B la ligne HBT paralle à CD, & fait BH & BT chacune égale à $\sqrt{\frac{nff}{m}}$; $= CD$; l'on menera les lignes CHL, CTK du centre C par les points H & T qui seront (n° 13) les asymptotes, & l'on décrira l'hyperbole (Prop. 1) par le point B.

DÉMONSTRATION.

ELLE est évidente par les art. & n°. que l'on vient de citer.

30. En supposant 2°. Que c surpasse d, soit fait $gg = cc - dd$, & mettant dans l'équation en la place de $cc - dd$ sa valeur gg, l'on aura $xx + gg = \frac{myy}{n}$: mais parce que cette équation n'exprime point dans l'état où elle est, la proprieté de l'hyperbole démontrée (n°. 13) ou dans la Prop. 5: car $xx + gg$ n'est point égal à $AP \times PB$; il faut la changer en celle-ci $\frac{nxx}{m} = yy - \frac{ngg}{m}$ en multipliant par n, divisant par m, & transposant, qui montre que le demi diam. exprimé par $\sqrt{\frac{ngg}{m}}$ doit être pris sur CF exprimé par y. Ayant donc pris $CD = \sqrt{\frac{ngg}{m}}$; & fait $n . m :: \frac{ngg}{m} . gg$, g sera le demi diametre conjugué à CD; si l'on mene presentement par D la ligne tDH parallele à CB, & qu'on fasse tD & DH chacune $= g$; les lignes menées du centre C par t & par H, seront les asymptotes; & l'on décrira l'hyperbole par le point D.

DÉMONSTRATION.

Elle est la même que la précedente.

PROPOSITION VII.

Theorême.

FIG. 63. 31. *Une Hyperbole* BM, *dont* C *est le centre*; AB *&* DE *les deux axes, ou deux diametres conjuguez quelconques; &* CH, CT, *les asymptotes. Si l'on mene* (*n°.* 6) *par un point quelconque* M *autre que* B *la tangente* EMF, *qui rencontre les asymptotes en* E *&* F. *Je dis qu'elle rencontrera le diametre* AB *en un point* L, *qui sera situé entre le centre* C, *& l'extremité* B *du même diametre* AB; *& que* CP . CB :: CB . CL.

Ayant mené par *M* les droites *PMK* parallele à *DE*, ou *HT*; *MO*, parallele à *CB*; *MI*, parallele à *CH*, & par le point *B*, les droites *BG*, *BN* paralleles aux asymptotes *CT*, *CH*, & nommé les données & constantes *CB*, ou *CA*, a; *CD*, ou *BH*, ou *BT*, b; *BG*, ou *CN*, c; *BN*, ou *CG*, d; & les indéterminées *CP*, x; *PM*, y; *CI*, ou (n°. 6) *IE*, f; *MI*, z; & *CL*, t.

Il faut prouver que $x . a :: a . t$.

DÉMONSTRATION.

Les triangles semblables *CBT*, *CPK* donnent *CB* (a). *BT* (b) :: *CP* (x). $PK = \frac{bx}{a}$; donc $MK = \frac{bx}{a} - y$. Les triangles semblables *TBN*, *KMI*, donnent b (*TB*). d (*BN*) :: $\frac{bx}{a} - y$ (*KM*). z (*MI*), d'où l'on tire $z = \frac{bdx - ady}{ab}$. Les triangles semblables *BNC*, *MIO* donnent *BN* (d). *NC* (c) :: *MI* (z). $IO = \frac{cz}{d}$; donc $EO = EI + IO = f + \frac{cz}{d}$; & *BN* ($d$). *BC* ($a$) :: *MI* ($z$). *MO*

$=\frac{az}{d}$. Enfin les triangles ſemblables EOM, ECL donnent $f+\frac{cz}{d}$ (EO). $\frac{az}{d}$ (OM) :: $2f$ (EC). t (CL) ; d'où l'on tire $t=\frac{2afz}{df+cz}$: mais (Prop. 1). $fz=cd$, & $f=\frac{cd}{z}$, c'eſt pourquoi en mettant ces valeurs de f & de fz dans celle de t, l'on aura $t=\frac{2adz}{dd+zz}$. Or l'on vient de trouver $z=\frac{bdx-ady}{ab}$; mettant donc cette valeur de z, & celle de ſon quarré dans la précedente valeur de t, l'on aura aprés les réductions $t=\frac{2aabbx-2a^3by}{aabb+bbxx-2abxy+aayy}$: mais (Prop. 5) $aayy=bbxx-aabb$; c'eſt pourquoi en mettant cette valeur de $aayy$ dans la derniere de t, l'on aura aprés les réductions, $t=\frac{aa}{x}$; d'où l'on tire $x.a::a.t$. *C. Q. F. D.*

COROLLAIRE I.

32. Il eſt clair qu'on peut par ce moyen, d'un point quelconque donné ſur l'Hyperbole, mener une tangente ſans le ſecours des aſymptotes, en prenant CL troiſiéme proportionnelle à CP & à CB.

COROLLAIRE II.

33. Si de CP (x) l'on ôte $CL\left(\frac{aa}{x}\right)$, l'on aura $PL=\frac{xx-aa}{x}$ pour l'expreſſion de la ſoutangente PL.

COROLLAIRE III.

34. Si de CB (a) l'on ôte $CL\left(\frac{aa}{x}\right)$, l'on aura $BL=\frac{ax-aa}{x}$, ou ſi l'on ſuppoſe que CP (x) devienne infiniment grande, le point touchant M ſera infiniment

éloigné de B; & effaçant le terme $-aa$ dans l'expression de BL; parcequ'alors il devient nul par rapport à ax, l'on aura $BL = \frac{ax}{x} = a$; d'où il suit que le point L tombe en C, & la tangente LM devient CE qui est l'asymptote de l'Hyperbole.

PROPOSITION VIII.

Theorême.

FIG. 64. 35. UNE *Hyperbole* BM, *dont* C *est le centre*; AB *&* DE, *les axes conjuguez, étant donnée*; *si l'on fait* CF *&* CG *chacune égale à l'intervalle* BD, *ou* BE, *& que l'on mene d'un point quelconque* M, *pris sur l'Hyperbole, les droites* MF, MG, *& (* n°. 32 *) la tangente* ML. *Je dis que l'angle* LMF *sera égal à l'angle* LMG.

Ayant mené l'appliquée MP perpendiculaire à l'axe AB, & nommé CB, ou CA, a; CD, ou CE, b; CF, ou CG, ou BD, c; MF, z; MG, f; CP, x; PM, y; PF sera, $x - c$; PG, $x + c$; & CL (n°. 31) $\frac{aa}{x}$; donc $FL = c - \frac{aa}{x}$, ou $\frac{cx - aa}{x}$, & $GL = c + \frac{aa}{x}$, ou $\frac{cx + aa}{x}$.

Il faut prouver que $MF\ (z) . MG\ (f) :: FL\left(\frac{cx - aa}{x}\right) . GL\left(\frac{cx + aa}{x}\right) :: cx - aa . cx + aa$.

DEMONSTRATION.

LES triangles rectangles FPM & GPM donnent
$A.\ xx - 2cx + cc + yy = zz$, &
$B.\ xx + 2cx + cc + yy = ff$: mais (Prop. 4)
$C.\ yy = \frac{bbxx - aabb}{aa}$, & le triangle rectangle BCD donne $bb = cc - aa$, mettant donc cette valeur de bb dans l'équation C, l'on a $yy\ \frac{ccxx - aaxx - aacc + a^4}{aa}$, & mettant

cette valeur de yy dans les deux équations A, & B, l'on aura aprés les réductions & extractions de racines, $cx - aa = az$, & $cx + aa = af$; donc $cx - aa . cx + aa :: az . af :: z . f$. C. Q. F. D

COROLLAIRE

36. D'où l'on voit que si l'un des points F, ou G étoit un point lumineux, les prolongemens des rayons reflechis à la rencontre de l'Hyperbole se réuniroient à l'autre point G ou F.

DE'FINITION.

37. Les points F & G sont appellez les *foyers* de l'Hyperbole.

SECTION VIII.

Où l'on donne la méthode de résoudre les Problêmes indéterminez du premier & du second degré, c'est-à-dire, de construire les équations à la ligne droite, & aux quatre courbes du premier genre, qui sont le Cercle, la Parabole, l'Ellipse & l'Hyperbole.

MÉTHODE.

XV. L'ON a vû dans les Sections précedentes 1°. Que les équations indéterminées, où les lettres inconnues ne sont multipliées ni par elles-mêmes ni entr'elles, appartiennent à la ligne droite, & que lorsque ces équations n'ont que deux termes, comme celle-ci $ay = bx$, ou $x = y$; les inconnues x & y ont leur origine au point d'intersection de deux lignes droites, dont l'une renferme tous ces points qui satisfont au Problême, & l'autre, tous les points d'où menant des lignes paralleles à quelque ligne donnée, & terminées par la premiere, font la construction du Problême.

2°. Que lorsqu'une équation à la parabole n'a que deux termes, l'un desquels est le quarré de l'une des inconnues, & l'autre, le produit de l'autre inconnue par une quantité connue, comme $ax = yy$; les inconnues x, & y ont leur origine au sommet de l'axe, ou d'un diametre exprimé par x, & que l'orsqu'elle a plus de deux termes, l'origine des inconnues n'est point au sommet d'un diametre.

3°. Que lorsqu'une équation au cercle, ou à l'Ellipse, ou aux diametres de l'Hyperbole, n'a que trois termes, deux desquels renferment les quarrez des deux inconnues, &

le troisiéme est entierement connu, comme $aa - xx = yy$, $aa - xx = \frac{aayy}{bb}$, ou $xx - aa = \frac{aayy}{bb}$, les inconnues x & y ont leur origine au centre de ces trois Courbes, & que lorsque ces équations ont des seconds termes, l'origine des inconnues n'est point au centre.

4°. Que lorsqu'une équation aux asymptotes d'une Hyperbole n'a que deux termes dont l'un est le produit des deux indéterminées, & l'autre un Plan connu comme $xy = ab$, l'origine des inconnues x & y est au sommet de l'angle des asymptotes, & que lorsque cette équation a plus de deux termes, l'origine des inconnues est ailleurs; où l'on remarquera que les quantitez constantes, quelques composées qu'elles se puissent rencontrer, changent rien de ce que nous venons de dire; puisque l'on peut toujours mettre en leur place des valeurs simples: par exemple cette équation $\frac{a^4 - b^4}{cc} - xx = yy$, est une équation au cercle dont le centre est l'origine des indéterminées : car on peut trouver (art. 5) une quantité simple $dd = \frac{a^4 - b^4}{cc}$; de sorte que mettant dd dans l'équation precedente en la place de $\frac{a^4 - b^4}{cc}$ elle deviendra $dd - xx = yy$. Il en est ainsi des autres.

Nous avons donné dans les Sections precedentes la maniere de construire les équations indéterminées du second degré, c'est à dire, de décrire les quatre courbes du premier genre par le moyen de leurs équations : mais ces équations étoient dans l'état où nous les venons de proposer; c'est-à-dire que l'équation à la ligne droite, à la parabole, & aux asymptotes de l'Hyperbole, n'avoit que deux termes; l'équation au cercle, à l'Ellipse, & aux diametres de l'Hyperbole, n'avoient que trois termes parmi lesquels il n'y en avoit point de second : mais lorsqu'on résout un Problême, les équations où l'on arrive ne sont pas toujours, ou plûtôt, sont rarement dans cet état. Ce qu'il y a de constant, c'est que lorsque les lettres indéterminées n'auront pas plus de deux dimensions, soit qu'elles soient multipliées par elles mêmes, ou entr'elles, les équations appartiendront toujours à une des quatre Courbes du premier genre. Il est même tres-souvent facile de reconnoitre par la seule inspection d'une équation à laquelle des quatre elle appartient, par ce que l'on a dit ailleurs, & il n'y a qu'un Cas où l'on puisse se méprendre, qui est lorsqu'une équation renferme deux quarrez inconnus, & que le produit des deux lettres inconnues se rencontre encore dans quelqu'un de ses termes : car ces équations appartiennent souvent à l'hyperbole, & quelquefois au cercle, ou à la parabole, ou à l'Ellipse : mais lorsqu'il n'y a qu'un quarré inconnu, & que le produit des deux inconnues se trouve dans un autre terme, l'équation appartiendra toujours à l'hyperbole, & il sera libre de la réduire aux diametres, ou aux asymptotes, comme on va bien-tôt voir.

Il suit de tout ceci que pour construire les équations qui ne sont point dans l'état des précedentes, c'est-à-dire, pour décrire les Courbes ausquelles elles appartiennent, ou il faut donner d'autres regles que celles des trois Sections précedentes, ou il faut donner des regles pour ramener ces équations à l'état où sont celles des mêmes Sections, afin de se servir des mêmes regles dont on s'y est servi pour décrire ces Courbes : mais comme il va paroître un Livre de Monsieur le Marquis de l'Hôpital (pour l'intelligence duquel celui-ci ne sera peut-être pas inutile) dans lequel on trouvera des Méthodes de construire les équations indéterminées, telles qu'on les trouve en resolvant les Problêmes, on a jugé à propos de prendre le parti de ramener les équations indéterminées qui n'excedent point le deuxiéme degré, à l'état de celles par le moyen desquelles nous avons décrit les Sections coniques dans les trois Sections précedentes. Les moyens dont on se sert pour changer d'état ces équations, sont nommées *réductions*.

DES RE'DUCTIONS

Des Equations indéterminées du premier & du second degré.

1. Il n'y a que deux choses qui empêchent les équations indéterminées du second degré, d'être semblables, ou dans le même état de celles par le moyen desquelles nous avons décrit les Courbes ausquelles elles appartiennent dans les trois Sections précedentes. Ces deux choses sont les seconds termes, & les rectangles composez; de sorte que pour les réduire, il n'y a qu'à faire évanouir par les regles ordinaires les seconds termes, & changer les rectangles, ou produits composez en des rectangles, ou des produits simples.

J'appelle rectangle composé, le produit d'une lettre ou quantité connue, ou inconnue, par une lettre inconnue accompagnée par addition, ou soustraction d'une autre lettre ou quantité connue simple, ou composée. Par exemple $ay \pm xy$, est un rectangle composé de $a \pm x \times y$; $aa \pm ay$, est un rectangle composé $a \pm y \times a$; $\frac{aax \pm axy}{b}$, est un rectangle composé de $\frac{aa \pm ay}{b} \times x$; $ay \pm by \pm xy$, est composé de $a \pm b \pm x \times y$. Il est ainsi des autres.

2. Il y a quelquefois quelque changement à faire pour rendre des quantitez complexes semblables aux rectangles composez dont nous venons de parler. Par exemple $aa - by$, n'est point le produit d'une quantité simple par une quantité complexe: car pour cela, il faudroit qu'il y eut un b dans le premier terme aa; c'est pourquoi il faut (art. 5) changer aa en un rectangle dont un côté soit b, comme en bc, & mettant bc en la place de aa, l'on aura $bc - by = c - y \times b$. Il en est ainsi des autres.

Il y a des équations, où il n'y a qu'à ôter les seconds termes pour les réduire: il y en a d'autres où il n'y a qu'à changer les produits composez en des produits simples, & il y en a d'autres où il y a toutes ces deux choses à faire. Les exemples suivans ne laisseront rien à éclaircir sur ce sujet.

EXEMPLES.

De la réduction des Equations en faisant evanouir les seconds termes.

3. ON sçait que la regle de faire évanouir le second terme d'une équation, est d'égaler la racine du premier + ou — le coefficient du second divisé par l'exposant du premier à une nouvelle inconnue, ce qui donne une équation que j'appelle *réduction*; d'où l'on tire une valeur de l'inconnue qui est la racine du premier terme de l'équation à réduire; & substituant cette valeur, & celle de ses puissances dans l'équation à réduire, elle se change en une autre équation, où l'inconnue dont on vouloit faire évanouir le second terme, ne se trouve plus: mais il se trouve en sa place la nouvelle inconnue de la réduction, dont le premier terme est élevé à la même puissance que celui de l'inconnue que l'on a fait évanouir: mais qui n'en a point de second. Ceci est general pour les équations de tous les degrez, quoiqu'il ne soit ici question que des équations du second.

EXEMPLE I.

4. SOIT l'équation $xx - ax + yy = by$. Il est clair que cette équation appartient au cercle, puisqu'elle renferme deux quarrez inconnus xx & yy qui ont le même signe + étant tous deux dans un même membre de l'équation: mais les inconnues n'ont point leur origine au centre: car les deux quarrez inconnus xx & yy ont chacun un second terme ax & by. Pour faire évanouir le second terme $-ax$, je fais $x - \frac{1}{2}a = z$; donc $x = z + \frac{1}{2}a$, & mettant cette valeur de x, & celle de son quarré dans l'équation, elle deviendra $zz - \frac{1}{4}aa + yy = by$, ou zz est un premier terme qui n'en a point de second. Pour faire évanouir le second terme by, je le passe du côté de son premier yy, afin que yy garde son signe +; ainsi l'équation devient

devient $zz - \frac{1}{4}aa + yy - by = 0$; & faiſant $y - \frac{1}{2}b = u$, l'on a $y = u + \frac{1}{2}b$; & mettant cette valeur de y & celle de ſon quarré dans l'équation en la place de y & de yy, l'on aura $zz - \frac{1}{4}aa + uu - \frac{1}{4}bb = 0$, ou $zz = \frac{1}{4}aa + \frac{1}{4}bb - uu$, qui montreroit que cette équation appartient au cercle ſi on ne l'avoit pas connu d'abord, & qui montre que les inconnues z & u ont leur origine au centre ; puiſque ni l'une, ni l'autre n'ont point de ſecond terme. Le demi diametre de ce cercle eſt égal à $\sqrt{\frac{1}{4}aa + \frac{1}{4}bb}$.

EXEMPLE II.

5. SOIT une équation $xx + bx - 2ax - yy = 0$. On voit déja que cette équation eſt à une Hyperbole équilatere ; puiſqu'elle renferme deux quarrez inconnus avec differens ſignes dans un même membre, & délivrez de toute quantité connue ; en faiſant $x + \frac{1}{2}b - a = z$, l'on aura $x = z - \frac{1}{2}b + a$, & aprés les ſubſtitutions l'on aura $zz - \frac{1}{4}bb + ab - aa - yy = 0$, ou $zz - \frac{1}{4}bb + ab - aa = yy$: mais ſi $\frac{1}{2}b$ ſurpaſſe a il faudra tranſpoſer le terme connu : car en ce cas il eſt poſitif, & dans l'équation à l'Hyperbole il doit être négatif ; ainſi l'équation ſera $zz = yy + \frac{1}{4}bb - ab + aa$, où les inconnues z & y ont leur origine au centre de l'Hyperbole, dont les demi diametres conjuguez ſont égaux entr'eux & à $\frac{1}{2}b - a$, ou $a - \frac{1}{2}b$.

EXEMPLE III.

6. Soit $xx - 2xy + by = 0$, qui est une équation où il y a un second terme $2xy$ qui peut apartenir indifferemment à deux premiers : mais parceque le quarré de y ne s'y trouve point, il faut necessairement le rapporter à xx ; faisant donc $x - y = z$, l'équation se réduira à $zz - yy + by = 0$: mais la réduction a fait naître un premier terme yy qui a pour second by ; c'est pourquoi en transposant pour donner à yy le signe $+$, l'on a $zz = yy - by$, & faisant $y - \frac{1}{2}b = u$; l'équation se réduira à $zz = uu - \frac{1}{4}bb$, qui est une équation à l'Hyperbole équilatere, où les inconnues z & u ont leur origine au centre.

EXEMPLE IV.

7. Soit $xx - 2xy - aa + 2yy = 0$, en faisant $x - y = z$, l'équation se réduit à celle-ci $zz - yy - aa + 2yy = 0$, ou $zz - aa + yy = 0$, qui est une équation au cercle, si les inconnues z & y font un angle droit ; à l'Ellipse, s'il est oblique.

Si dans l'équation à réduire $xx - 2xy - aa + 2yy$, au lieu de $2yy$, il y avoit $-yy$, ou $-2yy$ *&c*, elle appartiendroit à l'Hyperbole dont les diametres ne sont point égaux ; s'il y avoit $+3yy$ ou $+4yy$ *&c*, elle appartiendroit à l'Ellipse, & si au lieu de $2yy$, il y avoit $\pm by + yy$, elle appartiendroit à la parabole.

EXEMPLES.

Des réductions en changeant les produits composez en produits simples.

On réduit en changeant les produits composez en des produits simples, toutes les équations où il n'y a point de quarrez inconnus, qui sont celles qui appartiennent à la ligne droite, ou aux asymptotes de l'Hyperbole; celles où il n'y a qu'un quarré inconnu sans le produit des inconnues, qui appartiennent toutes à la parabole; & celles où il n'y a qu'un quarré inconnu avec un produit des deux inconnues, qui appartiennent toutes à l'Hyperbole. On pourroit aussi réduire ces dernieres, en faisant évanouir le second terme, comme on a fait (n°. 6) auquel cas elles appartiendroient aux diametres de l'Hyperbole: mais en les réduisant en changeant les rectangles composez en de simples, elles se rapporteront aux asymptotes. Toutes ces équations ne seront point entierement réduites par cette seconde maniere de réduction, que lorsqu'elles ne renfermeront que deux termes.

EXEMPLE V.

8. SOIT l'équation, $x + y = a$, ou $x = a - y$, en faisant $a - y = z$, l'on aura $x = z$ qui est un lieu à la ligne droite. Si l'on fait $x + y = z$, l'on aura $z = a$, qui est aussi un lieu à la ligne droite: mais les deux inconnues d'une équation ne se doivent pas trouver dans une réduction quand on peut faire autrement.

Soit l'équation $x - y = a - c$, ou $x = a - c + y$: en faisant $a - c + y = z$, l'on aura $x = z$.

EXEMPLE VI.

9. SOIT l'équation $ax - by = aa$, ou $ax = aa + by$, ou $ax = bc + by$, en mettant bc pour aa, ayant fait $c + y = z$, l'on aura $ax = bz$, qui est un lieu à la ligne droite.

EXEMPLE VII.

10. SOIT l'équation $ax - xy = by$, en faisant $a - y = z$, l'on a $y = a - z$; & mettant cette valeur de y dans l'équation à réduire, l'on aura $xz = ab - bz$ qui a encore trois termes; c'est pourquoi, en transposant, l'on a $xz + bz = ab$: & faisant $x + b = u$, l'on a $uz = ab$, qui est une équation aux asymptotes de l'Hyperbole.

EXEMPLE VIII.

11. SOIT $abx = bcy + axy$; parceque dans les équations où il n'y a point de quarré inconnu, c'est le produit des deux inconnues qui en détermine le degré, il faut, avant que de les réduire, délivrer ce produit de toute quantité connue; c'est pourquoi en divisant toute l'équation par a, l'on aura $bx = \frac{bcy}{a} + xy$, & faisant $\frac{bc}{a} + x = z$, l'on a $x = z - \frac{bc}{a}$, & mettant cette valeur de x dans l'équation à réduire, l'on aura $bz - \frac{bbc}{a} = zy$, ou $bz - zy = \frac{bbc}{a}$; & faisant encore $b - y = u$, l'on aura $zu = \frac{bbc}{a}$, qui est un lieu aux asymptotes de l'Hyperbole.

EXEMPLE IX.

12. SOIT l'équation $xx - ax = by$, pour faire évanouir le second terme, on fera $x - \frac{1}{2}a = z$, & l'on aura $zz - \frac{1}{4}aa = by$, ou $zz = \frac{1}{4}aa + by$, ou $zz = bc + by$, en mettant bc pour $\frac{1}{4}aa$, & faisant encore $c + y = u$, l'on aura $zz = bu$, qui est un lieu à la parabole dont le parametre est b.

EXEMPLE X.

13. SOIT l'équation $xx \pm xy = ab$. On peut réduire cette équation en faisant évanouir le second terme, & elle se rapportera aux diametres de l'Hyperbole : car faisant $x \pm \frac{1}{2}y = z$, l'on aura $zz - \frac{1}{4}yy = ab$, ou $zz - ab = \frac{1}{4}yy$. Mais parceque $xx \pm xy = x \times x \pm y$, en

faisant $x \pm y = z$, l'on aura $zx = ab$ qui se raporte aux asymptotes.

EXEMPLE XI.

14. SOIT $xx - xy = by$, on pourroit encore réduire cette équation en faisant évanouir les seconds termes, & elles se rapporteroit aux diametres de l'Hyperbole : mais on peut aussi la réduire aux asymptotes comme l'on a fait la précedente : car en transposant, l'on a $xx = by + xy$; & faisant $x + b = z$, l'on a $x = z - b$, & mettant cette valeur de x dans l'équation à réduire, l'on aura $zz - 2bz + bb = zy$, ou $zy + 2bz - zz = bb$, & faisant $y + 2b - z = u$, l'on aura $uz = bb$, qui se raporte aux asymptotes. Voyez l'article 11. n°. 10.

CONSTRUCTION DES RÉDUCTIONS.

XVI. EN réduisant les équations indéterminées, l'on en forme d'autres plus simples, que nous avons nommées Réductions. Et comme c'est par le moyen de ces Réductions que l'on construit les premieres, l'on a jugé à propos d'en donner ici la construction en particulier pour avoir plus de facilité à construire les autres.

Toutes les Réductions se peuvent rapporter à quelqu'une des six Formules suivantes, où a, b & c expriment des quantitez connues quelconques complexes, ou incomplexes.

1. $x \pm a = z$.	4. $x \pm \frac{ay}{b} = z$.
2. $a - x = z$.	5. $x \pm y \pm b = z$.
3. $x \pm y = z$.	6. $x \pm \frac{ay}{b} \pm c = z$.

CONSTRUCTION.

De la premiere Formule $x \pm a = z$.

1. SOIT A le point fixe, ou l'origine des inconnues x, qui va vers H, & y qui va vers G, & qui forment l'angle GAH tel qu'il doit être selon les qualitez du Problême, FIG. 65.

dont on suppose ici que l'on fait la construction. 1°. Si la Réduction est $x + a = z$, il est clair que la construction se doit faire sur la ligne *AH* exprimée par x, & que pour avoir sur *AH* indéfiniment prolongée vers *H* une ligne égale à z, il faut prolonger *AH* du côté de *A* en *C*, en sorte que $AC = a$: car l'on aura alors $CA + AH = a + x = z$; & ainsi le point *C* sera alors l'origine, ou le commencement de z qui va vers *H*, & de y qui va vers *g*, en demeurant toujours parallele à *AG*, de sorte que s'il n'y avoit point de Réduction pour y, le point *C* seroit l'origine des inconnues de l'équation réduite, dont celle que l'on vient de construire est une Réduction.

FIG. 66. 2. Si la Réduction est $x - a = z$, l'on prendra le point *C* du côté de *H* par rapport à *A*, & l'on fera $AC = a$; & le point *C* sera le commencement de z qui va toujours vers *H*, & de y qui va vers *g* parallele à *AG*; car alors $AH - AC = CH = x - a = z$; & s'il n'y avoit point de réduction pour y, le point *C* seroit l'origine des inconnues de l'équation réduite.

FIG. 65. 66. 3. Mais si dans l'un ou dans l'autre, ou dans tous les deux Cas précedens, il y a une réduction pour y semblable à la précedente, par exemple, $y \pm b = u$, l'on fera sur *Cg* ce que l'on vient de faire sur *AH*, c'est-à-dire, que s'il y a $y + b = u$, on prolongera *Cg* en *O*; & s'il y a $y - b = u$, l'on retranchera *Co* de *Cg*, en faisant *CO*, ou $Co = b$; & le point *O*, ou *o* sera l'origine des inconnues de l'équation réduite u qui va toujours vers *g*, & z qui va vers *M*, ou *m* parallele à *CH*; de sorte que les nouvelles inconnues z & u font le même angle au point *O*, ou *o* que les premieres x & y au point *A*, qui est leur origine.

CONSTRUCTION.

De la seconde Formule $a - x = z$.

FIG. 67. 4. L'on voit par la seule inspection de cette Formule que les deux inconnues x & z sont ensemble égales à la grandeur a; c'est pourquoi *A* étant le commencement de x qui va vers H, ayant pris sur AH l'intervalle $AC = a$, le point C sera le commencement de z, qui en ce cas va vers A, & de y qui va vers g parallele à AG: car si l'on prend librement un point D sur AC; AD étant x, CD sera $a - x = z$; & le point D n'étant point fixe ne peut être l'origine de z; c'est pourquoi puisque x a son origine au point A, z commencera necessairement au point fixe C, & ira par consequent vers A.

5. S'il y a encore une Réduction pour y semblable à une des deux premieres Formules, on la construira comme on a fait les précedentes.

CONSTRUCTION.

De la troisiéme Formule $x \pm y = z$.

6. TOUTES les Réductions, où se trouvent les deux inconnues x & y de l'équation à réduire, viennent des équations où les mêmes inconnues sont multipliées l'une par l'autre dans quelque terme, & où l'une des deux, ou toutes ces deux sont quarrées. Or pour ne point se trouver embarrassé dans la construction de la Réduction, la lettre inconnue de la Réduction qui est multipliée par l'autre inconnue dans l'équation à réduire, doit être construite la premiere; par exemple, si l'équation à réduire est $xx - xy = ab$; soit qu'on fasse $x - \frac{1}{2}y = z$, pour faire évanouir le second terme, soit qu'on fasse $x - y = z$ pour changer le rectangle composé $xx - xy$, en un simple xz, il faudra toujours construire y la premiere.

Supposons dans cette Formule que y, étoit multipliée par x dans l'équation à réduire; & soit A le point fixe où commencent les inconnues x qui va vers G, & y qui va vers H, & qui fait avec AG un angle quelconque GAH. Si outre la Formule que l'on construit, il y a une réduction pour y, elle sera semblable à une des deux précedentes, c'est-à-dire, qu'elle sera $y \pm b = u$, & on la construira com- FIG. 61.

me les précedentes en prenant sur AH, prolongée ou non prolongée selon qu'il y a $y+b$, ou $y-b$, la partie AC, ou $AD=b$, & l'origine de l'inconnue u sera au point C, s'il y a $y+b=u$; au point D, s'il y a $y-b=u$, & ira vers H dans l'un & l'autre cas: mais s'il y a $b-y=u$, le point D sera l'origine de u qui ira vers A. Cela posé,

Si la Réduction est $x+y=z$, l'on prendra sur AD un point quelconque E, par où l'on menera EF parallele à AG, & ayant prolongé EF en B, en sorte que $EB=AE$, l'on menera de A par B la ligne AB indéfiniment prolongée du côté de B, & $BF=BE+EF=$ (Const.) $AE+EF$ sera $=x+y=z$, & le point A sera l'origine des trois inconnues x, y & z. Mais s'il y avoit une Réduction pour y telle que celle qu'on vient de construire, l'origine des inconnues u parallele à AH & z parallele à AG, seroit au point O ou P, où la ligne AB rencontreroit la parallele à AG menée par C ou par D; de sorte que les coordonnées de la courbe qu'il faut décrire sont à present AB & BF, ou OB & BF, ou PB & BF.

Si la Réduction croît $x-y=z$, les points B, O & P seroient de l'autre côté de AH.

CONSTRUCTION.

De la quatrième Formule $x \pm \frac{ay}{b} = z$.

7. ELLE est la même que la precedente, excepté qu'au lieu de prendre $EB=AE$, il faut prendre EB telle que $EB.EA::a.b$: car $BF=EF+EB=x\pm\frac{ay}{b}=z$.

CONSTRUCTION.

De la cinquième & sixième Formule $x \pm y \pm b = z$, & $x \pm \frac{ay}{b} \pm c = z$.

8. LA construction de ces deux Formules ne differe de

de celle des deux précedentes qu'à cause de $\pm b$, & de $\pm c$; c'eſt pourquoi ayant conſtruit (nº. 6 & 7) $x \pm y$, & $x \pm \frac{ay}{b}$, on prendra ſur AG prolongée du côté de A (en ſuppoſant qu'il y a $+b$, ou $+c$) $AI = b$, ou $= c$; & l'on menera par I la ligne IK parallele AB qui rencontrera en K, la ligne BEF prolongée du côté de B, & KF ſera $= x + y + b = z$, ou $x + \frac{ay}{b} + c = z$, & le point I ſera l'origine des inconnues y & z, s'il n'y a point de réduction pour y : mais s'il y a une réduction pour y, le point L ou M ſera l'origine des inconnues u & z; de ſorte que les coordonnées de la courbe qu'il faut décrire, ſont preſentement IK & KF, ou LK & KF, ou MK & KF.

L'on a ſuppoſé qu'il y avoit $+$ dans les deux réductions que l'on vient de conſtruire : mais il n'eſt pas plus difficile de les conſtruire, en ſuppoſant qu'il y a par-tout $-$, ou $+$ & $-$, ou $-$ & $+$: car cela ne peut que changer la poſition des lignes AB & IK par rapport à elles-mêmes, & à la ligne AH; & dans tous les cas AB & IK ſeront toujours paralleles.

CONSTRUCTION.

Des équations, ou des lieux à la ligne droite.

XVII. Au lieu de propoſer ſimplement des équations à conſtruire, on propoſera des Problêmes à réſoudre ; & aprés avoir ramené les équations que l'on en tirera à l'état de celles des trois Sections précedentes, on en donnera la Conſtruction, & enſuite la Démonſtration.

PROBLÊME INDETERMINÉ.

1. Un angle GAH *étant donné, il faut trouver au dedans un point* M, *d'où ayant mené* MP *parallele à* AG, PM *ſoit égale à une ligne donnée* AB. FIG. 69.

Ayant ſuppoſé le Problême réſolu, & nommé la donnée *AB*, a; & l'inconnue *PM*, x; l'on a par la qualité du Problême $x = a$, qui est une équation à la ligne droite, & qui fournit cette construction.

Soit menée par *B* la ligne *BM* parallele à *AH*. Je dis que *BM* renferme tous les points qui satisfont au Problême.

DÉMONSTRATION.

AYANT mené par un point quelconque *N* de la ligne *BM*, la droite *NQ* parallele à *AG*; *AN* étant un parallelogramme, l'on aura toujours *QN* = *AB*, ou $x = a$. *C.Q.F.D.*

PROBLÊME INDETERMINÉ.

FIG. 70. 2. UN *angle* GAH *étant donné, il faut trouver dans cet angle un point* M, *d'où ayant mené* MP *parallele à* GA, AP *&* PM *soient ensemble égales à une ligne donnée* KL.

Ayant supposé le Problême résolu, & nommé la donnée *KL*, a; & les inconnues *AP*, x & *PM*, y; l'on aura par les qualitez du Problême $x + y = a$, ou $y = a - x$, qui est une équation à la ligne droite : mais parcequ'elle contient trois termes, je fais $a - x = z$: ce qui réduit l'équation à celle-ci $y = z$, qui n'en a que deux, & qui donne cette Construction.

Ayant pris sur *AH* & sur *AG* les lignes *AB* & *AC* égales à *KL*, & mené la ligne *BC*. Je dis que tous les points comme *M* de la ligne *BC* satisfont au Problême.

DÉMONSTRATION.

A Cause de la réduction $a - x = z$, *AB* étant nommée a, & *AP*, x; *BP* sera $a - x$ ou z, dont l'origine est (art. 16 n°. 4) en *B*, & qui va vers *A*. Or puisque (Const.) *AB* = *AC* & *PM* parallele à *AC*, *PM* sera égale à *PB*; c'est pourquoi *AP* + *PM*, ou *AP* + *PB* = *KL*, ou en termes Algebriques $x + y = a$. *C.Q.F.D.*

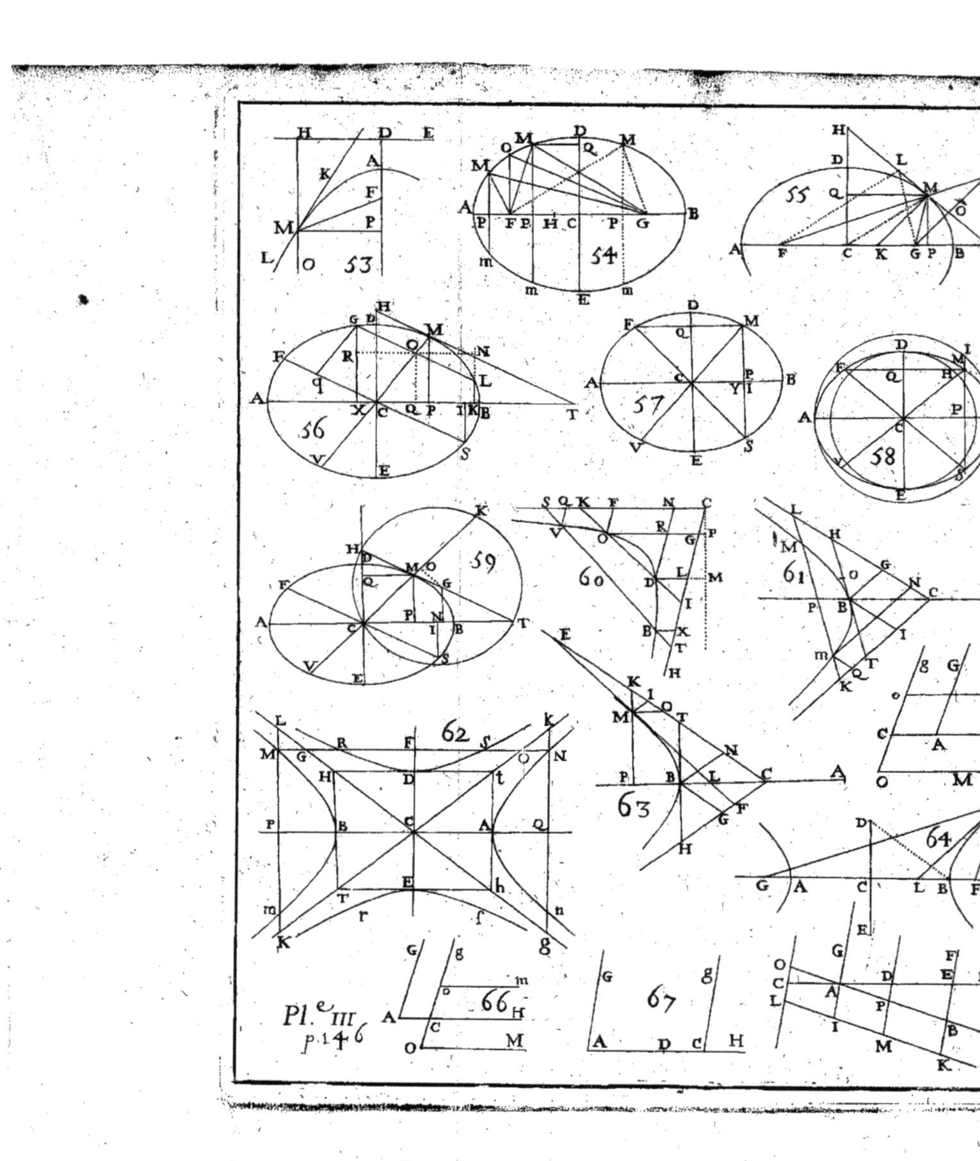

Pl.e III
p. 146

PROBLÊME INDETERMINÉ.

3. *DEUX lignes paralleles* AH, BK *terminées en* A & B *par une autre ligne* AG *qui fait avec elles un angle quelconque* GAH, *étant données de position. Il faut trouver dans l'angle* GBK *le point* M, *d'où ayant mené* MP *parallele à* GA, *qui rencontre* BK *en* E; ME *soit à* AP, *ou à* BE *dans la raison donnée de* m *à* n. FIG. 71.

Ayant supposé le Problême résolu, & nommé la donnée AB, ou PE, a; & les inconnues AP, ou BE, x; PM, y; EM sera $y-a$; & l'on aura par les conditions du Problême $y-a . x :: m . n$; donc $mx = ny - na$; & comme l'on ne peut point trouver une seconde équation, il suit que le Problême est indéterminé: & le lieu qui renferme tous les points qui satisfont au Problême est une ligne droite; puisque dans l'équation $mx = ny - na$, les inconnues x & y n'y sont multipliées, ni par elle-même, ni entr'elles. Pour réduire cette équation à deux termes, je fais $y - a = z$, & mettant z dans l'équation pour $y - a$, l'on a $mx = nz$ qui donne cette construction.

A étant le point fixe ou l'origine des inconnues x qui va vers *H*, & y qui va vers *G*, à cause de la réduction $y - a = z$, le point *B* devient l'origine des inconnues x qui va vers *K*, & z qui va vers *G*; soit pris $BC = n$, & mené par *C* la droite *CD* parallele à *BG* & $= m$. Je dis que la ligne indéfinie *BDI* menée par les points *B* & *D* satisfait au Problême.

DÉMONSTRATION.

AYANT mené par un point quelconque *N* pris sur *BI*, la droite *NQR* parallele à *AG*, ou à *CD*, les triangles semblables *BCD*, *BQN* donneront *BC . CD* :: *BQ . QN*, ou en termes Algebriques $n . m :: x . z$; donc $mx = nz$ ou $mx = ny - na$, en mettant pour z sa valeur $y - a$, qui est l'équation que l'on a construite. *C. Q. F. D.*

CONSTRUCTION

Des Equations ou des lieux au cercle.

PROBLÊME INDETERMINÉ.

FIG. 72. XVIII. UNE *ligne* AB *étant donnée de grandeur & de position. Il faut trouver hors de cette ligne un point* M, *en sorte qu'ayant mené de ce point aux extremitez* A *&* B *de la ligne* AB, *les droites* MA, MB, *le quarré de* MA *soit au quarré de* MB *dans la raison donnée de* m *à* n.

Ayant supposé le Problême résolu, on abbaissera du point M sur AB la perpendiculaire MP, & ayant nommé la donnée AB, a, & les indéterminées AP, x; & PM, y; PB sera $a - x$; MA^2, $xx + yy$, & MB^2, $aa - 2ax + xx + yy$, & l'on aura par les qualitez du Problême $xx + yy \,.\, aa - 2ax + xx + yy :: m \,.\, n$; donc $nxx + nyy = maa - 2max + mxx + myy$, ou en supposant que m surpasse n, $mxx - nxx - 2max + maa + myy - yy = 0$, ou $xx - \frac{2max}{m-n} + \frac{maa}{m-n} + yy = 0$, en divisant par $m - n$; & comme on ne peut point trouver d'autre équation pour faire évanouir une des inconnues, il suit que le Problême est indéterminé; & parceque dans l'équation il y a deux quarrez inconnus délivrez de toute quantité connue qui ont mêmes signes dans le même membre de l'équation, & que les inconnues AP & PM exprimée par x & y font un angle droit; il suit que l'équation appartient au cercle, ou ce qui est la même chose, que tous les points qui satisfont au Problême sont à la circonference d'un cercle; il ne s'agit donc plus que de le déterminer par le moyen de l'équation que l'on vient de trouver: mais comme il y a un second terme dans l'équation, il est clair (art. 12 n°. 14) que le point A qui est l'origine des inconnues x & y n'est point le centre de ce cercle; pour le trouver il faut faire évanouir le second terme ; pour ce sujet, je fais $x - \frac{ma}{m-n} = z$, qui réduira l'équation à celle-ci $yy = \frac{mnaa}{mm - 2mn + nn} - zz$, où les inconnues y & z ont leur origine au centre. Or pour trouver le centre du cercle, ou l'origine des inconnues y & z, il faut construire la réduction $x - \frac{m-n}{ma} = z$. Ce qui se fait en cette sorte.

A étant l'origine des inconnues x qui va vers *B*, & y qui lui est perpendiculaire, soit prise $AC = \frac{ma}{m-n}$, le point *C* sera (art. 16 n°. 2) l'origine des inconnues y & z, & par consequent le centre du cercle qu'il faut décrire : mais le terme connu de l'équation réduite $\frac{mnaa}{mm - 2mn + nn}$ est le quarré du demi diametre du même cercle ; c'est pourquoi si du centre *C* & du rayon $= \frac{\sqrt{mnaa}}{m-n}$, l'on décrit le cercle *DME*, tous les points *M* de sa circonference satisferont au Problême.

DEMONSTRATION.

AYANT abaissé d'un point quelconque *M* pris sur la circonference du cercle la perpendiculaire *MP*, par la proprieté du cercle CD^2, ou $CE^2 - CP^2 = PM^2$, ce qui est en termes Algebriques $\frac{mna}{mm - 2mn + nn} - zz = yy$: mais $zz = xx - \frac{2max}{m-n} + \frac{mmaa}{mm - 2mn + nn}$; mettant donc cette valeur de zz dans l'équation précedente, on aura aprés les réductions, & transpositions $mxx - nxx - 2max + maa + myy - nyy = 0$, qui est l'équation que l'on a construite. *C. Q. F. D.*

A PROBLEME INDETERMINÉ.

FIG. 72. 1. *LES mêmes choses étant supposées que dans le Problême précedent, il faut trouver le point* M *en sorte que* MA *soit à* MB *dans la raison donnée de* m *à* n.

En donnant aux lignes les mêmes noms que dans le Problême précedent, on aura par la qualité du Problême $\sqrt{xx+yy} . \sqrt{aa-2ax+xx+yy} :: m . n$; donc $n \times \sqrt{xx+yy} = m\sqrt{aa-2ax+xx+yy}$, ou $nnxx + nnyy = mmaa - 2mmax + mmxx + mmyy$, ou en supposant que m surpasse n, & divisant par $mm-nn$, l'on aura $xx \frac{-2mmax+mmaa}{mm-nn} + yy = 0$, qui est une équation au cercle dont l'origine des inconnues x & y n'est point le centre à cause du second terme $\frac{-2mmax}{mm-nn}$; faisant donc $x - \frac{mma}{mm-nn} = z$ pour faire évanouir le second terme, l'équation se réduira à celle-ci $zz - \frac{mmnnaa}{m^4-2mmnn+n^4} + yy = 0$, où les inconnues z & y ont leur origine au centre du cercle qu'il faut décrire. Pour trouver ce centre, il faut construire la réduction $x - \frac{mma}{mm-nn} = z$. Ce qui se fait en cette sorte.

Le point A étant l'origine des inconnues de l'équation à réduire x qui va vers B, & y qui lui est perpendiculaire; soit prise $AC = \frac{mma}{mm-nn}$, le point C sera celui que l'on cherche; c'est pourquoi si du centre C, & du rayon $= \frac{mna}{mm-nn}$, qui est la racine du terme connu de l'équation réduite, l'on décrit le cercle DME, tous les points de sa circonference satisferont au Problême.

On peut encore trouver plus simplement le centre

du cercle en cette sorte ; puisque $\frac{mma}{mm-nn}$ est l'expression de la distance du point A au centre que l'on cherche, si l'on ôte & si l'on ajoute à cette expression l'expression du demi diametre qui est $\frac{mna}{mm-nn}$, l'on aura $\frac{mma-mna}{mm-nn}$, & $\frac{mma+mna}{mm-nn}$, & divisant les deux termes de la premiere fraction par $m-n$, & ceux de la seconde par $m+n$, l'on aura $\frac{ma}{m+n}$ & $\frac{ma}{m-n}$; prenant donc $AD=\frac{ma}{m+n}$, & $AE=\frac{ma}{m-n}$, DE sera le diametre du cercle, & par consequent le point C qui divise DE par le milieu, sera son centre.

DÉMONSTRATION.

Ayant abaissé d'un point quelconque M la perpendiculaire PM, par la proprieté du cercle $DP \times PE = PM^2$. Ce qui est en termes Algebriques $\frac{mmnnaa}{m^4-2mmnn+n^4}-zz=yy$: mais $zz=\frac{m^4aa}{m^4-2mmnn+n^4}-\frac{2mmax}{mm-nn}+xx$, & mettant cette valeur de zz dans l'équation précedente l'on a $\frac{mmnnaa-m^4aa}{m^4-2mmnn+n^4}+\frac{2mmax}{mm-nn}-xx=yy$, & en divisant les deux termes de la premiere fraction par $mm-nn$ l'on a $xx-\frac{2mmax+mmaa}{mm-nn}+yy=0$, qui est l'équation que l'on a construite. $C.Q.F.D.$

REMARQUE.

2. Si dans les équations à réduire des deux Problêmes précedens m est égale à n, elles deviendront $x=\frac{1}{2}a$, qui montre que le lieu qui satisfait au Problême est une ligne droite qu'il faudra élever perpendiculaire-

ment au milieu de AB, & si m est moindre que n, dans les réductions, & dans les équations réduites n se trouvera en la place de m, & m en la place de n, & le centre du cercle sera sur AB prolongée du côté de A.

PROBLÊME INDETERMINÉ.

FIG. 73. 3. **D**EUX *lignes* GA, HB *perpendiculaires l'une à l'autre, & un point fixe* D *sur* AG *étant données; il faut trouver dans l'angle* GAH *un point* M *par où & par* D *ayant mené la droite* MDB *qui rencontre* AH *en* B, *le rectangle* MD × DB *soit égal au quarré de la ligne donnée* DA.

Ayant supposé le Problême résolu, mené du point M sur GA la perpendiculaire MP, & nommé la donnée AD, a; & les indéterminées DP, x; PM, y; à cause du triangle rectangle DPM, MD sera $\sqrt{xx+yy}$; & à cause des triangles semblables PDM, ADB; DP (x). DM $(\sqrt{xx+yy})$ :: DA (a). $DB = \frac{a\sqrt{xx+yy}}{x}$; donc par la condition du Problême $\frac{axx+ayy}{x}$ $(MD \times DB) = aa$ (DA^2); donc $xx - ax + yy = 0$, qui est une équation au cercle où les inconnues x & y n'ont point leur commencement au centre, parceque xx a un second terme $-ax$; qu'il faut par consequent faire évanouir; c'est pourquoi en faisant $x - \frac{1}{2}a = z$, on réduira l'équation à celle-ci $zz - \frac{1}{4}aa + yy = 0$, ou $yy = \frac{1}{4}aa - zz$, où les indéterminées y & z, ont leur origine au centre que l'on trouvera en faisant $DC = \frac{1}{2}AD = \frac{1}{2}a$, à cause de la réduction $x - \frac{1}{2}a = z$; & parceque le terme connu de l'équation est $\frac{1}{4}aa$ dont la racine est $\frac{1}{2}a$ = au demi diametre du cercle, on décrira du centre C par

par D le cercle DMG qui ſatisfera au Problême.

DÉMONSTRATION.

AYANT abaiſſé d'un point quelconque M la perpendiculaire PM, par la proprieté du cercle, $DP \times PG = PM^2$, ce qui eſt en termes algebriques (DP étant, x; & DG, a;) $ax - xx = yy$, ou $xx - ax + yy = 0$, qui eſt l'équation que l'on a conſtruite. *C. Q. F. D.*

CONSTRUCTION.

Des Equations ou des lieux à la Parabole.

PROBLÊME INDETERMINÉ.

XIX. DEUX *lignes paralleles* AH, BG *dont les extremitez* A & B *ſont fixes étant données de poſition; il faut trouver entre les deux un point* M, *par où & par le point* A, *ayant mené la droite* AMD & MP *parallele à* AB; BD *ſoit à* MP; *comme une ligne donnée* m *eſt à* AB. FIG. 74.

Ayant ſuppoſé le Problême réſolu, & nommé la donnée AB, a; & les indéterminées AP, x; PM, y; les triangles ſemblables MPA, ABD donneront $MP\,(y)$. $PA\,(x) :: AB\,(a)$. $BD = \frac{ax}{y}$, & par les qualitez du Problême $\frac{ax}{y} . y :: m . a$; donc $\frac{aax}{m} = yy$, qui eſt une équation à la parabole, où les inconnues x & y ont leur origine au ſommet du diametre qui eſt la ligne AH, ſuivant ce qui eſt démontré dans la quatriéme & cinquiéme Section.

Si l'on fait $m . a :: a . \frac{aa}{m} = p$; p ſera le parametre du diametre AH, & l'équation ſera $px = yy$, en mettant pour $\frac{aa}{m}$ ſa valeur p, & l'on décrira par le moyen de cette équation la parabole AM ſur le diametre AH dont le parametre eſt p, comme il eſt enſeigné (art. 10 n°. 11), si l'angle BAP est droit, ou art. 11 n°. 11, s'il est oblique. Et je dis que tous les points de cette parabole satisfont au Problême.

DÉMONSTRATION.

AYANT mené par un point quelconque M, pris sur la parabole, la ligne MP parallele à BA, l'on aura par la proprprieté de la parabole le rectangle de l'abscisse $AP \times p = PM^2$, ce qui est en termes algebriques $px = yy$, ou $\frac{aax}{m} = yy$, en remettant pour p sa valeur $\frac{aa}{m}$ qui est l'équation que l'on a construite. *C. Q. F. D.*

PROBLÊME INDETERMINÉ.

Fig. 74. 75. 1. *AYANT supposé les mêmes choses que dans le Problême précedent, & ayant prolongé* PM *en* E. *On demande que le point* M *soit tel que* BD *soit à* ME ; *comme une ligne donnée* m *à* BA.

En laissant aux lignes les mêmes noms qu'on leur a donnez dans le Problême précedent, ME sera $a - y$, & les qualitez du Problême donneront $\frac{ax}{y} . a - y :: m . a$; donc $\frac{aax}{y} = ma - my$, ou $\frac{aax}{m} = ay - yy$, ou $yy - ay + \frac{aax}{m} = 0$, qui est une équation à la parabole, parcequ'il n'y a qu'un quarré inconnu yy, & que les deux inconnues x & y ne se multiplient point : mais parcequ'elle contient trois termes, le sommet du diametre sur lequel il faut décrire la parabole, n'est point en A ; quoique le point A soit l'origine des inconnues x & y. Il faut donc réduire cette équation, afin de trouver par le moyen des réductions le sommet du diametre sur lequel on doit décrire la parabole qui doit résoudre le Problême. En faisant pour ce sujet $y - \frac{1}{2} a = u$, afin de faire évanouir le second terme ay, l'on réduit l'équation à celle-ci $uu - \frac{1}{4} aa$

$+\frac{aax}{m}=0$, ou $uu=\frac{1}{4}aa-\frac{aax}{m}$: car le quarré uu doit être seul dans un des membres de l'équation, & comme il y a encore trois termes dans cette équation, l'origine des inconnues u & x, n'est point encore au sommet du diametre sur lequel on doit décrire la parabole; il faut donc encore que les deux termes $\frac{1}{4}aa-\frac{aax}{m}$ se réduisent à un seul. Pour ce sujet on cherchera 1°. une 3e proportionnelle à m & à a, qui étant nommée b ; l'équation réduite se changera en celle-ci $uu=\frac{1}{4}aa-bx$; puisque $\frac{aa}{m}=b$. 2° ; ayant pris $bc=\frac{1}{4}aa$, l'on aura $uu=bc-bx$, en mettant pour $\frac{1}{4}aa$ sa valeur bc ; & faisant enfin $c-x=z$, l'on aura $uu=bz$, en mettant pour $c-x$ sa valeur z, qui est une équation où les inconnues u & z ont leur origine au sommet du diametre sur lequel il faut décrire la parabole, & dont le parametre est b.

Les réductions & les changemens que l'on vient de faire fournissent la construction qui suit. Il est clair que la parabole doit passer par les points A & B : car si dans l'équation à réduire $yy-ay+\frac{aax}{m}=0$, l'on fait $y=0$; les termes où y se rencontre deviendront nuls, & l'on aura $\frac{aax}{m}=0$, ou $x=0$, qui montre qu'elle passe par le point A, puisque x & y s'y aneantissent; & si au lieu de $y=0$, on fait $x=0$, le terme $\frac{aax}{m}$ se détruira, & l'on aura $yy-ay=0$, d'où l'on tire $y=a$, ce qui montre que la parabole passe aussi par le point B ; puisqu'en ce cas le point P tombant en A à cause de $x=0$, le point M tombe en B à cause de $y=a$.

Le point A étant l'origine des inconnues x qui va FIG. 75.

vers H, & y qui va vers B ; à cause de la premiere réduction $y - \frac{1}{2}a = u$, on divisera AB par le milieu en C, & ayant mené par C la droite CF parallele à AH, le point C sera l'origine des inconnues u qui va vers A & vers B, & x qui va vers F : & à cause de la seconde réduction $c - x = z$, ayant fait $CF = c$, alors le point F sera l'origine des inconnues z qui va vers C, & u qui demeure parallele à AB, & le sommet du diametre BC sur lequel l'on décrira (art. 10. n°. 11, ou art. 11 n°. 11, selon que l'angle CAH ou ACF est droit ou oblique) la parabole AFB, par le moyen de l'équation réduite $uu = bz$, qui satisfera au Problême.

DE'MONSTRATION.

AYANT mené d'un point quelconque M pris sur la parabole la ligne MI parallele à BC, l'on aura par la proprieté de la parabole $uu = bz$, ou $yy - ay + \frac{aay}{m} = 0$, en remettant pour u, pour z, & pour b, leurs valeurs $y - \frac{1}{2}a$, $c - x$, & $\frac{aa}{m}$, & pour bc sa valeur $\frac{1}{4}aa$, qui est l'équation que l'on a construite. C. Q. F. D.

PROBLÊME INDETERMINE'.

FIG. 76. 2. *UNE ligne* AB *étant donnée de grandeur & de position. Il faut trouver un point* M *hors de cette ligne ; en sorte qu'ayant mené la ligne* MP *parallele à une ligne donnée* AG, *& qui rencontre* AB, *en* P ; *le rectangle* AP × PB *soit égal au rectangle de* PM *par une ligne donnée* b.

Ayant supposé le Problême resolu, soit divisée AB par le milieu en C, & nommé la donnée AC, ou CB, a; & les indéterminées CP, x ; PM, y ; AP sera $a + x$, & PB, $a - x$; & l'on aura par les qualitez du Problême $aa - xx = by$, ou $xx = aa - by$, qui est une équation à la parabole où les indéterminées x & y n'ont point leur origine au sommet du diametre sur lequel il faut la décrire.

Pour réduire cette équation, je prens $bc = aa$, & l'équation deviendra $xx = bc - by$, en mettant bc pour aa. Et faisant $c - y = u$, & mettant u en la place de $c - y$, l'on aura $xx = bu$, que l'on construira en cette sorte.

Le point C étant l'origine des inconnues x qui va vers B & vers A, & y qui va vers D parallele à AG, à cause de la réduction $c - y = u$, l'on prendra $CD = c$, & le point D sera l'origine des inconnues u qui revient vers C, & x qui est parallele à AB, & le sommet du diametre DC sur lequel on décrira (art. 10 n° 11, ou art. 11 n° 11) la parabole $ADMB$, par le moyen de l'équation réduite $xx = bu$, qui satisfera au Problême.

DÉMONSTRATION.

Il est clair 1°. que la parabole passe par les points A & B: car si dans l'équation à réduire $xx = aa - by$, on fait $y = 0$, le terme $- by$ deviendra nul, & l'on aura $xx = aa$; donc $x = \pm a = CA$, ou CB.

2°. D'un point quelconque M pris sur la parabole ayant mené MP & MQ paralleles à DC & à CB, l'on aura (art. 10 n° 8) $DQ . DC :: QM^2 . CB^2$, ou en termes algebriques u, ou $c - y . c :: xx . aa$, & partant $aac - aay = cxx$: mais l'on a pris $bc = aa$; l'on a donc $c = \frac{aa}{b}$, & mettant dans l'équation en la place de c sa valeur $\frac{aa}{b}$, elle deviendra $aa - by = xx$, qui est celle que l'on a construite. *C. Q. F. D.*

PROBLÊME INDETERMINÉ.

FIG. 77. 3. *Un angle* GAH, *& un point fixe* B *sur un de ses côtez* AH *étant donnez de position. Si par le point* B *on mene la droite* BC *perpendiculaire à* AH, *& d'un point quelconque* P *la droite* PE *parallele à* BC *qui renontre* AG *en* E, *& que du centre* B, *& du rayon* PE *l'on décrive un arc de cercle qui coupe* PE *en* M; *& comme l'on peut trouver une infinité de points comme* M, *il faut trouver une équation qui exprime la nature de la courbe que tous les points* M *forment.*

Ayant supposé le Problême résolu, mené BM, & nommé les données AB, a; BC, b; & les indéterminées BP, x; PM, y; AP sera $a + x$; & les triangles semblables donneront $AB\ (a)\ .\ BC\ (b)\ ::\ AP\ (a + x)\ .\ PE = \frac{ab + bx}{a}$ = (Const.) BM; & à cause du triangle rectangle BPM, l'on aura $xx + yy = \frac{aabb + 2abbx + bbxx}{aa}$, ou $aaxx + aayy = aabb + 2abbx + bbxx$, ou en supposant que a surpasse b, $aaxx - bbxx = 2abbx + aabb - aayy$, qui est une équation à l'Ellipse. Si l'on supposoit a moindre que b, l'on auroit $bbxx - aaxx = -2abbx - aabb + aayy$, qui est une équation à l'Hyperbole. Enfin si l'on suppose $a = b$, l'on aura, aprés avoir mis a à la place de b, & réduit l'équation à l'ordinaire, $yy = 2ax + aa$ qui est une équation à la parabole, dont le sommet n'est point en B à cause qu'elle contient trois termes.

Pour la réduire, on la divisera premierement par 2, afin que x ne soit accompagnée d'aucune quantité connue dans la réduction, & l'on aura $\frac{1}{2}yy = ax + \frac{1}{2}aa$, & ayant fait $x + \frac{1}{2}a = z$, l'équation réduite sera $\frac{1}{2}yy = az$, ou $yy = 2az$ en mettant z pour $x + \frac{1}{2}a$. Ce qui donne cette construction.

A cause de la réduction $x + \frac{1}{2}a = z$, on divisera AB par le milieu en D, & le point D sera le sommet de l'axe DH, & la parabole se trouve décrite par la Construction.

DÉMONSTRATION.

AYANT mené d'un point quelconque M pris sur la parabole la ligne MP perpendiculaire à DH, par la proprieté de la parabole, le parametre de l'axe étant (art. 10 n° 7) $2a$, l'on aura $2az = yy$, ou $2ax + aa = yy$, en remettant pour z sa valeur $x + \frac{1}{2}a$. C. Q. F. D.

REMARQUE.

4. CE Problême pourroit servir de fondement à un Traité des trois Sections coniques; puisque la même équation convient à toutes les trois en faisant seulement BC égale, moindre, ou plus grande que AB, & que c'est aussi la même description pour toutes les trois. Je ne m'en suis neanmoins servi que pour la parabole, tant parceque les descriptions que j'ai données de l'Ellipse, & de l'Hyperbole ne sont pas moins simples, que parceque je n'aurois pû démontrer, comme j'ai fait, d'une maniere generale les proprietez de l'Hyperbole par rapport à ses axes, & à tous ses diametres.

5. Il est aisé de voir que B est le foyer de la parabole AM; A, le point generateur; AF parallele à BC, la ligne generatrice : car l'équation réduite $yy = 2az$ montre que $2a$ est le parametre, & par la construction $BD = DA = \frac{1}{2}a$. Et parceque (Hyp.) $BC = AB$ l'on a aussi $AP = PE =$ (Const.) $BM = FM$; c'est pourquoi cette description est la même que celle de l'article 10, comme on vient de remarquer.

PROBLÊME INDETERMINÉ.

6. *Soit une équation locale* $xx + \frac{2axy}{b} + \frac{aayy}{bb} - by - bb = 0$, *qui appartient à une des quatre courbes du premier genre ; puisque les inconnues* x *&* y *n'excedent point le second degré.*

Pour ramener cette équation à l'état de quelqu'une de celles des trois Sections précedentes, je fais $x + \frac{ay}{b} = z$, pour faire évanouir le second terme $\frac{2axy}{b}$, & l'équation se change en celle-ci $zz - by - bb = 0$, ou $zz = by + bb$; où l'on voit déja qu'elle est à la parabole ; puisqu'il n'y a qu'un quarré inconnu zz ; mais les inconnues z & y n'ont point leur origine au sommet du diametre sur lequel il a faut décrire, parcequ'il y a encore trois termes ; c'estpourquoi je fais encore $y + b = u$, & l'équation devient $zz = bu$, qui est semblable à celle de l'art. 10.

Fig. 78. Pour construire cette équation soit *A* l'origine des inconnues *y* qui va vers *H*, & *x*, qui fait avec *AH* un angle quelconque, & va vers *G* ; à cause de la deuxiéme réduction $y + b = u$, on prolongera *AH* du côté de *A* en *I*, en sorte que $AI = b$, & le point *I* sera l'origine des inconnues *u* qui va toujours vers *H*, & *x* qui fait toujours le même angle avec *IH*, & est parallele à *AG*.

A cause de la premiere réduction $x + \frac{ay}{b} = z$, l'on menera par *I* la droite *IO* parallele à *AG*, & ayant fait $IO = a$; l'on menera de *O* par *A* la droite *OAK*, & le point *O* sera le sommet du diametre sur lequel il faut décrire la parabole : car si par quelque point *B*, pris sur *AH* l'on mene la droite *PBM* parallele à *IO*, l'on aura à cause des triangles semblables *AIO*, *ABP*, $AI\ (b)\ .\ IO\ (a) :: AB\ (y)\ ,\ BP = \frac{ay}{b}$; & partant

tant $PM = x + \frac{ay}{b} = z$: mais parceque les coordonnées de la parabole sont OP & PM, l'expression de OP doit se trouver dans l'équation réduite aussi-bien que celle de PM, qui est z, & au contraire celle de IB, qui est u ne s'y doit plus rencontrer; parceque (art. 10) une équation à la parabole ne renferme que les expressions de l'abcisse, de l'appliquée, & du parametre. Il faut donc trouver une équation qui renferme l'expression de IB (u) & celle de OP, afin de faire évanouir u de l'équation réduite, & introduire en sa place l'expression de OP. Pour ce sujet, je nomme la donnée OA, c; & l'indéterminée OP, f; & les triangles semblables AIO, ABP donneront $AI . AB :: AO . AP$: & *componendo* $AI . IB :: AO . OP$, ce qui est en termes algebriques $b . u :: c . f$; donc $uc = bf$, & partant $u = \frac{bf}{c}$, & mettant cette valeur de u dans l'équation réduite $zz = bu$, l'on aura $zz = \frac{bbf}{c}$, & si l'on fait $\frac{bb}{c} = f$, l'on aura $zz = ff$, & l'on décrira par l'article 10 n° 11, ou par l'article 11 n° 11, selon que l'angle OPM est droit ou oblique, la parabole OM qui satisfera au Problême.

DE'MONSTRATION.

AYANT mené d'un point quelconque M la droite MP parallele à AG; OP étant, f; PM, z; & le parametre, f; l'on aura par la proprieté de la parabole $zz = ff$, ou $zz = bu$, en remettant pour f & pour f, leurs valeurs $\frac{bb}{c}$ & $\frac{cu}{b}$, & remettant encore pour zz, & pour u, leurs valeurs $xx + \frac{2axy}{b} + \frac{aayy}{bb}$, & $y + b$, l'on aura $xx + \frac{2axy}{b} + \frac{aayy}{bb} = by + bb$, qui est l'équation que l'on a construite. C. Q. F. D.

REMARQUE

7. Il n'y a que la portion de la parabole qui commence en G, & va vers M qui résout le Problême, puisque x & y commencent au point A.

CONSTRUCTION.

Des Equations, ou des lieux à l'Ellipse.

PROBLÊME INDETERMINÉ.

FIG. 79. XX. *Un triangle* ABC *étant donné, il faut trouver un point* M *hors de ce triangle, en sorte qu'ayant mené* MPF *parallele à* AB *qui rencontre* AC *en* P, *&* BC *en* F, *le quarré de* PM, *& le quarré de* FP *soient ensemble égaux au quarré de* AB.

Ayant supposé le Problême résolu, & nommé les données AC, a; AB, b; & les indéterminées AP, x; PM, y; CP sera $a-x$, & les triangles semblables CAB, CPF donneront $CA\,(a)\,.\,AB\,(b)::CP\,(a-x)\,.\,PF = \frac{ab-bx}{a}$, donc par les qualitez du Problême $\frac{aabb-2abbx+bbxx}{aa}+yy=bb$, ou $xx-2ax+\frac{aayy}{bb}=0$, qui est une équation à l'Ellipse dont le point A qui est l'origine des inconnues x & y, n'est point le centre, à cause qu'il y a dans l'équation un second terme.

Je fais donc pour la réduire $x-a=z$, & l'équation devient par ce moyen $zz-aa+\frac{aayy}{bb}=0$, ou $\frac{aayy}{bb}=aa-zz$, d'où suit cette construction.

La réduction $x-a=z$, montre que le point C est le centre de l'Ellipse, puisqu'il n'y a point de réduction pour y; & l'équation réduite, en faisant $y=0$, donne $z=\pm a$; ce qui fait voir que z va vers A & vers D, & se termine en ces deux points, & que par consequent AD est un des diametres : ce que le terme connu aa de l'équation réduite fait aussi connoître : mais parceque le quarré connu aa se trouve encore avec yy ; il suit (art. 12 n°. 9) que bb est le quarré du diametre conjugué au diametre AD ; c'est pourquoi si l'on mene par le centre C la ligne GCH parallele à AB, & qu'on fasse CG, & CH chacune $= AB = b$; GH sera le diametre conjugué au diametre AD, & l'on décrira par l'art. 12 n°. 21, ou art. 13 n°. 37, selon que l'angle BAC, ou ACH est droit, ou oblique, l'Ellipse $AGDH$, qui satisfera au Problême.

DÉMONSTRATION.

AYANT mené librement la droite PM parallele à CH, par la proprieté de l'Ellipse $AP \times PD . PM^2 :: CA^2 . CG^2$, ce qui est en termes algebriques $2ax - xx . yy :: aa . bb$, d'où l'on tire $xx - 2ax + \frac{aayy}{bb} = 0$. C. Q. F. D.

PROBLÊME INDETERMINÉ.

1. *UN triangle* ABC *dont les côtez* AC, BC *sont prolongez vers* H *&* *vers* G *étant donné. Si d'un point quelconque* P *pris sur la base* AB, *on éleve* PEF *perpendiculaire à* AB, *ou parallele à quelque ligne donnée de position. Il faut trouver quelle est la courbe qui divise* EF, *& ses semblables en* M, *de maniere que* PE . PM :: PM . PF. FIG. 80.

Ayant supposé le Problême résolu, mené CD parallele à PM, & nommé les données AB, a ; AD, b ; DC, c ; DB, d ; & les indéterminées AP, x, PE, z, PM, y ; PF, u ; PB sera $a - x$; & les triangles semblables APE, ADC & BDC, BPF donneront x (AP) . z (PE) :: b (AD) . c (DC), d'où l'on tire $bz = cx$; & d (BD) . c (DC) :: $a - x$ (BP) . u (PF), d'où l'on tire $du = ac - cx$: & par les qualitez du Problême, z (PE) . y (PM) :: y (PM) . u (PF), d'où l'on tire $zu = yy$; l'on a donc trois équations, que l'on réduira à une seule, en faisant évanouir z & u : (car il ne faut pas faire évanouir

x & y ; parcequ'elles ont les qualitez requises par la premiere & huitiéme observation de l'art. 4 qui sont celles qu'il faut le plus exactement suivre dans les Problêmes indéterminez) qui sera $ax - xx = \frac{bdyy}{cc}$; ou $xx - ax + \frac{bdyy}{cc} = 0$, qui est une équation à l'Ellipse, que l'on construira en cette sorte.

Ayant fait $x - \frac{1}{2}a = z$, l'équation se réduira à celle-ci $zz - \frac{1}{4}aa + \frac{bdyy}{cc} = 0$, ou $\frac{bdyy}{cc} = \frac{1}{4}aa - zz$. Or à cause de la réduction $x - \frac{1}{2}a = z$, si l'on divise AB par le milieu en O, le point O sera le centre de l'Ellipse, & l'origine des inconnues z qui va vers B & vers A, & se termine en ces deux points (car si dans l'équation réduite on fait $y = 0$, l'on aura $z = \pm \frac{1}{2}a$) & y qui va parallele à BC. Pour avoir l'expression du demi diametre conjugué au diametre AB, on fera $bd . cc :: \frac{1}{4}aa . \frac{aacc}{4bd}$, & $\frac{ac}{2\sqrt{bd}}$ sera (art. 12 n°. 11) l'expression cherchée ; prenant donc sur KOL parallele à DC, OK & OL chacune égale à $\frac{ac}{2\sqrt{bd}}$, KL sera le diametre conjugué au diametre AB. L'on décrira l'Ellipse $AMBL$ par l'art. 12 n°. 21, ou art. 13 n°. 37.

DÉMONSTRATION.

AYANT mené d'un point quelconque M pris sur l'Ellipse la droite MP parallele à CD, l'on aura par la proprieté de l'Ellipse $AP \times PB . PM^2 :: AB^2 . KL^2$. Ce qui est en termes algebriques $aa - xx . yy :: aa . \frac{aacc}{bd}$, d'où l'on tire $xx - ax + \frac{bdyy}{cc} = 0$. C. Q. F. D.

REMARQUES.

2. Si le point B étoit infiniment éloigné du point A, la ligne FCB seroit parallele à AB, & dans l'équation précedente $ax - xx = \frac{bdyy}{cc}$, a & d deviendroient infiniment grandes par rapport aux autres lettres; de sorte que le terme xx seroit nul par rapport à ax, a seroit $= d$, & l'on auroit cette équation $\frac{ccx}{b} = yy$ qui montre que la courbe AMC seroit une parabole.

3. Si le point B étoit de l'autre côté de A sur le prolongement de AD, dans l'équation $ax - xx = \frac{bdyy}{cc}$, a d & x deviendroient negatives, & il faudroit changer les signes des termes où a, d & x ne sont multipliées ni par elles mêmes ni entr'elles, & l'on auroit $ax - xx = - \frac{bdyy}{cc}$, ou $xx - ax = \frac{bdyy}{cc}$, qui montre que la courbe AMC seroit alors une Hyperbole.

PROBLÊME INDÉTERMINÉ.

4. Soit l'équation $xx - \frac{bxy}{a} + cx + \frac{bbyy}{2aa} = 0$, en faisant $x - \frac{by}{2a} + \frac{1}{2}c = z$, l'équation à réduire devient $zz - \frac{1}{4}cc + \frac{bcy}{2a} + \frac{bbyy}{4aa} = 0$, ou $yy + \frac{2acy}{b} - \frac{aacc + 4aazz}{bb} = 0$, & faisant encore $y + \frac{ac}{b} = u$, l'on a l'équation réduite $uu - \frac{2aacc + 4aazz}{bb} = 0$, ou $\frac{4aazz}{bb} = \frac{2aacc}{bb} - uu$ qui est une équation à l'Ellipse.

Pour la construire, soit le point A l'origine des inconnues y qui va vers H, & x qui va vers G, & qui sont FIG. 81

l'angle GAH tel que le demande le Problême d'où l'on suppose que l'équation que l'on construit a été tirée. A cause de la seconde réduction $y + \frac{ac}{b} = u$, l'on prolongera AH du côté de A, & l'on fera $AI = \frac{ac}{b}$; & le point I sera l'origine de u qui va toujours vers H, & de x qui qui demeure parallele à AG. A cause de la premiere réduction $x - \frac{by}{2a} + \frac{1}{2}c = z$, l'on menera par I la droite IK parallele à AG, & ayant fait $IK = \frac{AI \times b}{2a} = \frac{1}{2}c$, puisque $AI = \frac{ac}{b}$, l'on menera KA indéfiniment prolongée : & parcequ'il y a encore dans la réduction $+ \frac{1}{2}c$, ayant pris sur la ligne IK prolongée $KO = \frac{1}{2}c$, l'on menera OD parallele à KA, qui rencontrera AH en R; & le point O sera le centre de l'Ellipse & l'origine des inconnues u qui est parallele à AH, & z parallele à AG: car ayant mené par quelque point B de la ligne AH, la droite $PBCM$ qui rencontre OR en P, & KA en C: BC sera $= \frac{by}{2a}$: car $AI . IK :: 2a . b :: AB (y) . BC = \frac{by}{2a}$: & partant $PM (z) = BM - BC + CP = x - \frac{by}{2a} + \frac{1}{2}c$.

Mais parceque les coordonnées de l'Ellipse sont OP & PM, en supposant l'Ellipse décrite, l'expression de OP doit se trouver dans l'équation réduite aussi bien que celle de PM qui est z. Au contraire celle de IB qui est u ne doit plus s'y rencontrer. Il faut donc trouver une équation qui renferme l'expression de IB (u), & celle de OP, afin de faire évanouir u de l'équation réduite, & d'introduire en sa place l'expression de OP. Pour ce sujet, ayant prolongé AG en F, & nommé les données

AI (Conſt.) $\frac{ac}{b}$; KA, ou OF, g ; & l'inconnue OP, ou KC, f ; les triangles ſemblables AIK, ABC donneront $AI . AB :: AK . AC$, & *componendo* $IB . AI :: KC$, ou $OP . KA$, ou OF : ce qui eſt en termes analytiques $u . \frac{ac}{b} :: f . g$, d'où l'on tire $u = \frac{acf}{bg}$, ou $uu = \frac{aaccff}{bbgg}$, & mettant cette valeur de uu dans l'équation réduite, l'on aura $\frac{4aazz}{bb} = \frac{2aacc}{bb} - \frac{aaccff}{bbgg}$, ou $\frac{4ggzz}{cc} = 2gg - ff$, d'où l'on tire cette Conſtruction. Soit faite $OD = \sqrt{2gg}$; OD ſera le demi diametre de l'Ellipſe, & ayant fait $4gg . cc :: 2gg . \frac{2ggcc}{4gg} = \frac{1}{2} cc$, ſoit priſe $OQ = \sqrt{\frac{1}{2} cc}$, OQ ſera le demi diametre conjugué à OD, & l'on décrira (art. 13. n°. 37) l'Ellipſe QSD qui rencontrera KA en S, & qui ſatisfera au Problême.

DE'MONSTRATION.

AYANT mené d'un point quelconque M pris ſur l'Ellipſe entre G & S l'appliquée MP parallele à OQ. Par la proprieté de l'Ellipſe $OD^2 - OP^2 . PM^2 :: OD^2 . OQ^2$; ce qui eſt en termes algebriques $2gg - ff . zz :: 2gg . \frac{1}{2} cc :: 4gg . cc$, d'où l'on tire $\frac{4ggzz}{cc} = 2gg - ff$, ou $\frac{4aazz}{bb} = \frac{2aacc}{bb} - uu$, en mettant pour ff ſa valeur $\frac{bbgguu}{aacc}$, & réduiſant : mais par les deux réductions précedentes l'on a les valeurs de zz & de uu ; c'eſt pourquoi en mettant ces valeurs de zz & de uu dans l'équation ptécedente, l'on aura, aprés avoir ôté les fractions, & ce qui ſe détruit, $4aaxx - 4abxy + 2bbyy + 4aacx = 0$, ou $xx - \frac{bxy}{a} + cx + \frac{bbyy}{2aa} = 0$, qui eſt l'équation que l'on a à conſtruire. *C. Q. F. D.*

REMARQUE.

5. Si l'on mene *RN* parallele à *AG*, la portion *GN* de l'Ellipse résoudra le Problême si le point *N* tombe entre *G* & *S* : mais s'il tombe entre *S* & *D*, ce sera la portion *GS* : car les inconnuës x & y qui sont celles du Problême qu'on vient de construire ont leur origine en *A*. Et $x - \frac{by}{2a} + \frac{1}{2}c = z$ ne seroit point l'expression de *RN*, si le point *N* tomboit entre *S* & *D*.

6. Si dans la Construction l'angle *OPM* s'étoit trouvé droit, & que dans l'équation $\frac{4ggzz}{cc} = 2gg - ff$, $2g = c$, le lieu auroit été au cercle. Ce qui est évident ; car cette équation seroit devenuë $zz = 2gg - ff$.

CONSTRUCTION,

Des Equations, ou des lieux à l'Hyperbole par rapport à ses diametres.

PROBLÊME INDETERMINÉ.

FIG. 81. XXI. *UN angle droit* HAG, *& un point fixe* B *étant donnez de position sur un Plan. Il faut trouver le point* M *dans cet angle, d'où ayant mené* MF *parallele à* AB *&* MB *du point* M *au point fixe* B, MF *soit à* MB *dans la raison donnée de* m *à* n.

Ayant supposé le Problême résolu, l'on menera *MP* parallele à *AH*, & en nommant la donnée *AB*, a ; & les indéterminées *AP*, ou *FM*, x ; *PM*, ou *AF*, y ; *BP* sera $x - a$; & les qualitez du problême donneront $m . n ::$ $FM (x) . MB = \frac{nx}{m}$, & à cause du triangle rectangle *BPM*, l'on aura $xx - 2ax + aa + yy = \frac{nnxx}{mm}$, ou $mmxx - 2mmax + mmaa + mmyy = nnxx$, qui est encore une équation generale pour les trois Sections coniques, comme celle

celle de l'art. 19 n°. 3 : car si l'on fait $m = n$, l'on aura $aa - 2ax + yy = 0$, qui est une équation à la parabole ; si l'on suppose que m surpasse n, l'on aura $xx - \frac{2mmax + mmaa + mmyy}{mm - nn} = 0$.

Et enfin si l'on suppose que m soit moindre que n, l'on aura $xx + \frac{2mmax - mmaa - mmyy}{nn - mm} = 0$ qui est une équation à l'Hyperbole par raport à ses axes, à cause de l'angle droit BPM, mais parceque xx a un second terme ; l'origine des indéterminées x & y n'est point au centre. Pour la ramener à l'état de celle de l'art. 14 n°. 12, l'on fera évanouir le second terme en faisant $x + \frac{mma}{nn - mm} = z$, & l'on aura $zz - \frac{m^4aa}{n^4 - 2mmnn + m^4} - \frac{mmaa - mmyy}{nn - mm} = 0$, & en multipliant le numerateur & le dénominateur du terme $- \frac{mmaa}{nn - mm}$ par $nn - mm$ pour lui donner le même dénominateur que celui de la fraction qui le précede, & ôtant ce qui se détruit l'on aura $zz - \frac{mmnnaa}{n^4 - 2mmnn + m^4} = \frac{mmyy}{nn - mm}$, où les inconnues z & y ont à present leur origine au centre de l'Hyperbole. Pour le trouver, soit prolongée AB du côté de A en C en sorte que $AC = \frac{mma}{nn - mm}$ le point C sera le centre cherché. Et ayant fait $CD = \frac{mna}{nn - mm}$, qui est la racine du terme connu de l'équation, CD sera le demi axe de l'Hyperbole, & D son sommet. Si l'on fait presentement $mm . nn - mm :: \frac{mmnnaa}{n^4 - 2mmnn + m^4} . \frac{nnaa}{nn - mm}$; $\frac{na}{\sqrt{nn - mm}}$ exprimera le demi diametre conjugué au demi diametre CD ; soit donc menée par le centre C la ligne CK parallele à PM & égale $\frac{na}{\sqrt{nn - mm}}$, elle sera le demi axe conjugué à CD. Il est aisé d'achever (art. 14 n°. 30), & de décrire par la premiere Proposition du même article, l'Hyperbole AM qui satisfera au Problême.

DÉMONSTRATION.

AYANT mené d'un point quelconque M pris sur l'Hyperbole la droite MP perpendiculaire à CG, l'on aura (art. 14 n°. 13) $CP^2 - CD^2 . PM^2 :: CD^2 . CK^2$: ce qui est en termes algebriques $zz - \frac{mmnnaa}{n^4 - 2mmnn + m^4} . yy :: \frac{mmnnaa}{n^4 - 2mmnn + m^4} . \frac{nnaa}{nn - mm} :: \frac{mm}{nn - mm} . 1$, d'où l'on tire aprés les réductions $nnzz - mmzz - \frac{mmnnaa}{nn - mm} = mmyy$, ou $xx + \frac{2mmax - mmaa - mmyy}{nn - mm} = 0$, en mettant pour zz sa valeur tirée de la réduction $x + \frac{mma}{nn - mm} = z$, & en réduisant l'équation. *C. Q. F. D.*

PROBLÊME INDÉTERMINÉ.

FIG. 83. 1. DEUX *lignes* AH, BG *dont les extremitez* A *&* B *sont fixes, étant données ; il faut trouver entre ces deux lignes un point* M, *par où & par le point* A, *ayant mené la ligne* AMD, *qui rencontre* BG *en* D ; *& la ligne* PME *parallele à* AB, *qui joint les points* A *&* B ; PM *soit à* ED *dans la raison donnée de* m *à* n.

Ayant supposé le Problême résolu, & nommé la donnée AB, ou PE, a ; & les inconnues AP, x ; & PM, y ; ME sera $a - y$, & les triangles semblables MPA, MED donneront $MP\ (y) . PA\ (x) :: ME\ (a - y) . ED = \frac{ax - xy}{y}$, & les qualitez du Problême donnent $y . \frac{ax - xy}{y} :: m . n$, d'où l'on tire $yy + \frac{mxy - max}{n} = 0$, qui est une équation à l'Hyperbole.

Pour la réduire & pour la construire, je fais $y + \frac{mx}{2n} = u$, & l'équation devient $uu - \frac{mmxx}{4nn} - \frac{max}{n} = 0$, & comme cette réduction a fait naître un premier terme $\frac{mmxx}{4nn}$ dont le second est $\frac{max}{n}$, il faut encore faire évanouir $\frac{max}{n}$. Pour ce sujet afin d'avoir xx délivré de toute quantité donnée, je multiplie toute l'équation par $4nn$, & je la divise par mm, ce qui la change en celle-ci $\frac{4nnuu}{mm} = xx + \frac{4nax}{m}$; & faisant $x + \frac{2na}{m} = z$, l'on a l'équation réduite $\frac{4nnuu}{mm} = zz - \frac{4nnaa}{mm}$, d'où l'on tire cette Construction.

Le point A étant l'origine des inconnues x qui va vers H, & y qui va vers B; à cause de la seconde réduction $x + \frac{2na}{m} = z$, soit prolongée PA en K, en sorte que $AK = \frac{2na}{m}$; le point K sera l'origine de z qui va toujours vers H, & de y qui, ayant mené KO parallele à AB, va vers O : & à cause de la premiere réduction $y + \frac{mx}{2n} = u$; *soit prise $KO = \frac{mAK}{2n} = a$, en mettant pour AK sa valeur $\frac{2na}{m}$, & du point O par A ayant mené OAC qui recontrera MP prolongée en C, MC sera $= y + \frac{mx}{2n} = z$: car à cause des triangles semblables AKO, APC, l'on aura $AK\left(\frac{2na}{m}\right) . KO\ (a) :: AP\ (x) . PC = \frac{mx}{2n}$; & partant $PM + PC = y + \frac{mx}{2n}$; de sorte que O

est le centre de l'Hyperbole, & l'origine des inconnues z qui va vers G (car le point O est dans le prolongement de GB à cause de $KO=AB$) & y qui demeure toujours parallele à AB : Mais les coordonnées de l'Hyperbole sont presentement OC, & CM en supposant l'Hyperbole décrite ; c'est pourquoi l'expression de OC se doit trouver dans l'équation réduite aussi-bien que celle de CM (u) : au contraire celle de KP. (z) ne doit plus s'y rencontrer; il faut donc trouver une équation qui renferme l'expression de KP (z) & de OC, afin de faire évanouir z de l'équation réduite, & d'introduire en sa place celle de OC.

Pour ce sujet, ayant nommé les données AK (Const.) $\frac{2na}{m}$; AO, d; & l'indéterminée OC, f; l'on aura à cause des triangles semblables KAO, PAC, $AK . AO :: KP . OC$, ou en termes algebriques $\frac{2na}{m} . d :: z . f$; donc $dz = \frac{2naf}{m}$, ou $z = \frac{2naf}{md}$, ou $zz = \frac{4nnaaff}{mmdd}$; mettant donc dans l'équation réduite en la place de zz sa valeur que l'on vient de trouver, l'on aura $\frac{4nnuu}{mm} = \frac{4nnaaff}{mmdd} - \frac{4nnaa}{mm}$, ou en réduisant, $\frac{dduu}{aa} = ff - dd$, & l'on décrira (art. 14 n°. 30) par le moyen de cette équation, l'Hyperbole AM qui resoudra le Problême.

DÉMONSTRATION.

AYANT mené d'un point quelconque M pris sur l'Hyperbole la ligne MPC parallele à BA, l'on aura par la proprieté de l'Hyperb. $\overline{AK}^2 . \overline{KO}^2 :: \overline{OC}^2 - \overline{OA}^2 . \overline{CM}^2$, ou $dd . aa :: ff - dd . uu$, d'où l'on tire $\frac{dduu}{aa} = ff - dd$, ou $yy + \frac{mxy - max}{n} = 0$, & remettant pour ff, pour uu & pour zz leurs valeurs tirées des équations précedentes, & réduisant. C. Q. F. D.

PROBLÊME INDETERMINÉ.

2. I*L faut trouver dans un triangle donné* ABC *un point* M, *par où ayant mené une ligne* DME *parallele à un des côtez* AC, *& du point* A *par le même point* M, *la ligne* AMF, *qui rencontre* BC *en* F; BF *soit à* BD *dans la raison donnée de* m *à* n. FIG. 84.

Ayant ſuppoſé le Problême réſolu, ſoit menée MG parallele à BC, & nommé les données AB, a; BC, b; & les inconnues AG, x; GM, y; GB ſera, $a-x$; & les triangles ſemblables AGM & ABF, CBA & MGD, donneront $AG(x) . GM(y) :: AB(a) . BF = \frac{ay}{x}$, & $CB(b) BA(a) :: MG(y) . GD = \frac{ay}{b}$; donc $BD = a - x + \frac{ay}{b}$, & par les qualitez du Problême, l'on a $m . n :: \frac{ay}{x}(BF) . a - x + \frac{ay}{b}(BD)$, d'où l'on tire $xx - \frac{axy}{b} - ax + \frac{nay}{m} = 0$, qui eſt une équation à l'Hyperbole, & qui montre que la même Hyperbole doit paſſer par les points A & B: car ſi l'on fait $x = 0$, l'on aura auſſi $y = 0$; d'où il ſuit que les points G & M ſe confondent avec le point A, qui par conſequent eſt un des points de l'Hyperbole; & ſi l'on fait $y = 0$, l'on aura $x = a$ qui fait connoître que le point G tombant en B, le point M y tombe auſſi; & par conſequent le point B eſt un des points de l'Hyperbole. Pour réduire cette équation, on fera $x - \frac{ay}{2b} - \frac{1}{2}a = z$, & l'on en tirera $\frac{4bbzz}{aa} = yy + 2by - \frac{4nbby}{ma} + bb$, & faiſant encore $y + b - \frac{2nbb}{ma} = u$, l'on aura l'équation toute réduite $\frac{4bbzz}{aa} = uu + \frac{4mnab^3 - 4nnb^4}{mmaa}$, qui avec les réductions donnent cette conſtruction.

Ayant mené AK parallelele à BC, A étant l'origine des inconnues x qui va vers B & y qui va vers K; à cause de la seconde réduction $y + b - \frac{2nbb}{ma} = u$, soit prise $AK = b - \frac{2nbb}{ma}$; K sera l'origine des inconnues u qui va sur AK de côté d'autre de K, & x parallelele à AB. Et ayant divisé AB par le milieu en I, & mené IC; à cause de la premiere réduction $x = -\frac{ay}{2b} - \frac{1}{2}a = z$, soit menée KO parallele à AB qui rencontrera IC prolongée s'il est necessaire en O, le point O sera l'origine des inconnues z qui va de part & d'autre du point O parallele à AB, & u, qui va de part & d'autre du point O parallele à BC, ou à AK: car ayant mené AL parallele à IO qui rencontre KO en L; LO sera égale à $AI = \frac{1}{2}a$; & à cause des triangles semblables CBI, AKL, l'on a $CB\,(b)\,.\,BI\left(\frac{1}{2}a\right) :: AK\,(y)\,KL = \frac{ay}{2b}$, & partant $KO = \frac{ay}{2b} + \frac{1}{2}a$.

Mais parceque ayant mené MP parallele à AB, & prolongé GM en S, les coordonnées de l'Hyperbole qui doit être le lieu où se doivent trouver tous les points M, sont presentement OP & PM; c'est pourquoi il faut introduire dans l'équation réduite l'expression de OP que je nomme f, & faire évanouir celle de SM qui est u. Pour y parvenir, je nomme la donnée CI, d; & à cause des paralleles BI, PM & OS, l'on a $CB.\,IC :: MS\,.\,OP$ ou $b\,.\,d :: u\,.\,f$; & partant $u = \frac{bf}{d}$ & $uu = \frac{bbff}{dd}$; mettant donc dans l'équation réduite en la place de uu sa valeur $\frac{bbff}{dd}$ que l'on vient de trouver, l'on aura $\frac{4ddzz}{aa} = ff + \frac{4mnabdd - 4nnbbdd}{mmaa}$, qui servira à déterminer les demi diametres conjuguez OR, & OT sur OP & OK, & l'on décrira (art. 14 n°. 30) l'Hyperbole AMB qui résoudra le Problême.

DE'MONSTRATION.

Elle est semblable à celle des Propositions précedentes.

CONSTRUCTION.

Des Equations ou des lieux à l'Hyperbole par rapport à ses asymptotes.

PROBLÊME INDE'TERMINE'.

XXII. *Deux lignes paralleles* AH, BG, *dont les extremitez* A *&* B *sont fixes, étant données de position sur un Plan; soit une autre ligne* CD *menée librement perpendiculaire aux paralleles. Il faut trouver sur* CD *le point* M, *en sorte que ayant mené des points* A *&* B *les droites* AM, *&* BM, *l'angle* AMC *soit égal à l'angle* BMD *dans toutes les positions de* CD *parallele à elle-même.* FIG. 85.

Ayant supposé le Problême résolu, soit menée BE parallele à CD, & nommé les données BE, ou DC, a; AE, b; & les indéterminées BD, ou EC, x; DM, y; AC sera $b+x$; & CM, $a-y$. Puisque par la construction les angles ACM, BDM sont droits, & par l'Hypothese, l'angle AMC égal à l'angle BMD, les triangles ACM, BDM seront semblables; c'est pourquoi l'on aura $AC . CM :: BD . DM$, ou en termes algebriques, $b+x . a-y :: x . y$; donc $ay+xy=ax-xy$, ou $\frac{1}{2}by+xy=\frac{1}{2}ax$ (en divisant par 2. pour délivrer le produit des inconnues de toute quantité connue) qui est une équation à l'Hyperbole par rapport à ses asymptotes, puisque aucune des deux inconnues, n'est élevée au quarré, & qu'elles sont multipliées l'une par l'autre comme dans celle de l'art. 14 n° 4. Mais parceque cette équation contient trois termes, il suit (art. 14 n° 4) que le point B

qui eſt l'origine des inconnues x & y, n'eſt point le ſommet de l'angle des aſymptotes. Pour le trouver & déterminer la poſition des aſymptotes, il faut réduire l'équation en changeant les produits compoſez en produits ſimples. Faiſant donc $\frac{1}{2}b + x = z$, l'on aura $x = z - \frac{1}{2}b$, & mettant dans l'équation en la place de x ſa valeur $z - \frac{1}{2}b$, l'on en tirera $\frac{1}{2}az - yz = \frac{1}{4}ab$, & faiſant encore $\frac{1}{2}a - y = z$, l'on aura $y = \frac{1}{2}a - z$, & mettant cette valeur de y dans l'équation précedente, l'on aura $uz = \frac{1}{4}ab$, où les inconnues u & z, ont (art. 14) leur origine au ſommet de l'angle des aſymptotes. Les deux réductions précedentes, & l'équation réduite fourniſſent cette conſtruction.

A cauſe de la premiere réduction $x + \frac{1}{2}b = z$, on prolongera DB en I en ſorte que $BI = \frac{1}{2}AE = \frac{1}{2}b$, & ayant mené IK parallele à BE, le point I ſera l'origine des inconnues z qui va (art. 16 nº 1) vers G, & y qui va vers K. A cauſe de la ſeconde réduction $\frac{1}{2}a - y = u$, on prendra $AK = \frac{1}{2}BE = \frac{1}{2}a$, & ayant mené KO parallele à AH, ou à BG, le point K ſera l'origine des inconnues z qui va vers O, & u qui va (art. 16 nº 4) vers I, & le ſommet de l'angle des aſymptotes KI & KO, puiſque l'équation $uz = \frac{1}{4}ab$ n'a que deux termes; comme celle de l'art. 14. On voit par l'équation $uz = \frac{1}{4}ab$, que l'Hyperbole doit paſſer par le point B,

puiſque

puisque $\frac{1}{4}ab = \frac{1}{2}a \times \frac{1}{2}b = KI \times IB$. On décrira donc (art. 14) par le point B, entre les asymptotes KO, KI, l'Hyperbole BM qui satisfera au Problême.

DÉMONSTRATION.

AYANT mené par un point quelconque M pris sur l'Hyperbole, les lignes CMD & MP paralleles à BE & à KO; l'on aura (art. 14). $KI \times IB = KP \times PM$, ou en termes algebriques, $uz = \frac{1}{4}ab$, ou $\frac{1}{2}by + xy = \frac{1}{2}ax$, en remettant pour z & pour u leurs valeurs tirées des réductions. *C. Q. F. D.*

1. Si dans cette équation on fait $b = 0$, le point A se confondra avec le point E, & l'on aura $y = \frac{1}{2}a$, qui est une équation à la ligne droite, & qui montre que le point M se trouvera sur la ligne KO qui partage EB, & CD par le milieu.

PROBLÊME INDÉTERMINÉ.

3. *UN angle* GAH, *& un point* C, *étant donnez de position sur un Plan. Si l'on mene du point* C *une infinité de lignes droites comme* CDB, *qui rencontrent les lignes* AG, AH *aux points* D *&* B, *& que l'on prenne sur chaque* CDB *un point* M, *en sorte que* CM *soit toujours à* DB *dans la raison donnée de* m *à* n. *Il faut trouver une équation qui exprime la nature de la courbe qui passe par tous les points* M. FIG. 16.

Ayant supposé le Problême résolu, on menera par le point donné C & par le cherché M, les lignes CI, MK paralleles à AH, qui rencontreront GA prolongée en I & en K: & ayant nommé les données AI, a; IC, b; & les inconnues IK, x; KM, y; AK sera $a - x$; & les qualitez du Problême donneront $m \,.\, n :: IK\ (x) \,.\, AB = \frac{nx}{m}$: car à cause des paralleles, $IK \,.\, AB :: CM \,.\, DB$, donc $KB = a - x + \frac{nx}{m}$, & $IB = a + \frac{nx}{m}$; & à cause des triangles semblables CIB, MKB, l'on aura b (IC). $a + \frac{nx}{m}$ (IB) :: y (KM). $a - x + \frac{nx}{m}$ (KB); d'où l'on tire $\frac{mab - mbx + nbx}{n} = \frac{may}{n} + xy$, qui est une équation à l'Hyperbole entre ses asymptotes, qu'il faut réduire pour en déterminer la position. Faisant donc $\frac{ma}{n} + x = z$, l'on a $x = z - \frac{ma}{n}$; & mettant cette valeur de x dans l'équation, l'on aura, après avoir ôté ce qui se détruit, en transposant, $\frac{mmab}{nn} = zy + \frac{mbz}{n} - bz$; & faisant encore $y + \frac{mb}{n} - b = u$, l'on aura $\frac{mmab}{nn} = zu$, où les inconnues u & z ont leur origine au sommet de l'angle des asymptotes. L'équation réduite & les réductions fournissent la construction suivante.

A cause de la premiere réduction $\frac{ma}{n} + x = z$, l'on prolongera AI en O, en sorte que $IO = \frac{ma}{n}$, & l'on menera OQ parallele à IC; à cause de la seconde réduction $y + \frac{mb}{n} - b = u$, en supposant que m surpasse n, l'on prolongera OQ du coté de O en R, en sorte que $OR = \frac{mb}{n} - b$; & ayant mené RS parallele à IB, les lignes RQ, RS seront les asymptotes, & R, l'origine des inconnues z qui va vers S, & u qui va vers Q. Si l'on prolonge CI en F, FC sera (const.) $\frac{mb}{n} - b + b = \frac{mb}{n}$, & OI ou RF étant (const.) $= \frac{ma}{n}$; l'on aura $RF \times FC = \frac{mmab}{nn}$; c'est pourquoi l'Hyperbole qui satisfait au Problême passera par le point *C*. On la décrira par l'article 14.

DÉMONSTRATION.

AYANT mené d'un point quelconque *M* pris ſur l'Hyperbole, la ligne *MKP* parallele à *RQ*, l'on aura par la proprieté de l'Hyperbole $RP \times PM = RF \times FC$, ce qui eſt en termes algebriques $uz = \frac{mmab}{nn}$, ou $\frac{mab - mbx + nbx}{n} = \frac{may}{n} + xy$, en remettant pour z & pour u leurs valeurs tirées des réductions. *C. Q. F. D.*

3. Si $m = n$, la ligne *RS* ſe confondroit avec *OB*, & *IO* ſeroit égale à *IA*: car l'équation à réduire deviendroit $ab = ay + xy$, & la premiere réduction ſeroit $a + x = z$, & il n'y en auroit point de ſeconde.

PROBLÊME INDÉTERMINÉ.

4. *DEUX lignes droites* AG, BH, *dont les extremitez* A & B *ſont fixes, & qui étant prolongées concourrent en un point* C, *étant données de poſition. Soit une autre ligne* DE *menée librement de l'une à l'autre parallele à une ligne donnée de poſition. Il faut déterminer ſur* DE, *le point* M, *en ſorte qu'ayant mené* AM *&* BM, *l'angle* DAM *ſoit toujours égal à l'angle* EBM. FIG. 87.

Ayant ſuppoſé le Problême réſolu, on menera *BK* parallele à *DE*, & ayant diviſé l'angle *ACB* en deux également par la ligne *CO*, on menera par les points *A* & *B* les lignes *AF* & *BI* paralleles à *CO*, qui rencontreront *DE* en *F* & en *I*, & *KB* en *L*. Ces paralleles ſeront données de poſition, & *KL*, *LB* ou *FI* & *AL* ſeront données de grandeur. Or puiſque par la conſt. les angles *DAF*, *EBI* ſont égaux, le Problême ſe réduit à trouver ſur *FI* le point *M*, en ſorte que l'angle *FAM* ſoit égal à l'angle *IBM*. Pour en venir à bout, ſoient menées *FP* qui faſſe avec *AF* l'angle $AFP = AFD$, ou *BIM*, & qui rencontre *BI* en *P*, & *MN* parallele à *FB*. Il eſt clair que les triangles *FIP*, *MNI* ſeront iſoſceles;

car les angles $AFD + AFM = 2$ droits $=$ (conſt.) $AFP + AFM = AFM + MFP + FIP = MFP + FIP + IPF$ donc $AFM = IPF = FIP$. Et parceque le triangle FIP demeure toujours le même, puiſque la ligne FI demeure toujours parallele à elle-même, ſes côtez ſeront donnez de grandeur; & les triangles AFM, BNM ſeront ſemblables.

Nommant donc les données LB, ou FI, a; AL, b; IP, c; & les inconnues FM, x; LF, ou BI, y; MI ou MN ſera $a - x$, & AF, $b + y$; & les triangles ſemblables FIP, MIN donneront $FI\ (a) . IP\ (c) :: MI . (a - x) . IN = \frac{ac - cx}{a}$; donc $BN = y + \frac{ac - cx}{a}$; & à cauſe des triangles ſemblables, $AF . FM :: BN . NM$, ou en termes algebriques, $b + y . x :: y + \frac{ac - cx}{a} . a - x$; d'où l'on tire $aab + aay - abx - 2axy = acx - cxx$, qui eſt une équation à l'Hyperbole, que l'on peut regarder, ou par rapport à ſes diametres, ou par rapport à ſes aſymptotes : mais comme on en a conſtruit de ſemblables dans l'article précedent, en réduiſant les équations aux diametres, on conſtruira celle-ci en la réduiſant aux aſymptotes ſelon l'article 15 n°. 14. L'on a en tranſpoſant & diviſant par $2a$, $\frac{aab + cxx - abx - acx}{2a} = xy - \frac{1}{2}ay$, & faiſant $x - \frac{1}{2}a = z$, l'équation ſe réduit à celle-ci $\frac{\frac{1}{2}aab + czz - \frac{1}{4}aac - abz}{2a} = yz$, ou $\frac{1}{4}ab - \frac{1}{8}ac = yz + \frac{1}{2}bz - \frac{czz}{2a}$, en ſuppoſant que b ſurpaſſe $\frac{1}{2}c$; & faiſant encore $y + \frac{1}{2}b - \frac{cz}{2a} = u$, l'on aura l'équation réduite $\frac{1}{4}ab - \frac{1}{8}ac = uz$, qui appartient à l'Hyperbole par rapport à ſes aſymptotes, & où les inconnues u & z ont leur origine au ſommet de leur angle. Les réductions

& l'équation réduite donnent cette construction.

Le point L étant l'origine des inconnus x qui va vers B, & y qui va vers F; à cause de la premiere réduction $x - \frac{1}{2}a = z$, on divisera LB par le milieu en R, & le point R sera l'origine de z qui va vers B, & y qui va vers Q; ayant mené RQ parallele à BP; à cause de la seconde réduction $y + \frac{1}{2}b - \frac{cz}{2a} = u$, on prolongera QR en S, en sorte que $RS = \frac{1}{2}b = \frac{1}{2}LA$, & ayant mené ST parallele à RB, le point S sera l'origine des inconnues z qui va vers T, & u qui va vers Q, & le sommet de l'angle des asymptotes qui seroient SQ & ST, si la seconde réduction étoit $y + \frac{1}{2}b = u$: mais elle est $y + \frac{1}{2}b - \frac{cz}{2a} = u$; c'est pourquoi soit prolongée IB du côté de B, qui rencontrera ST en V, & ayant fait $VY = \frac{1}{4}c = \frac{1}{4}IP$, soit menée SY, & du point M la ligne MX parallele à IB, qui rencontrera ST en X, & SY en Z, & ZX sera $\frac{cz}{2a}$: car $SV\left(\frac{1}{2}a\right) VY.\left(\frac{1}{4}c\right) :: SX(z).\ XZ = \frac{cz}{2a}$; & partant $MZ\ (u) = y + \frac{1}{2}b - \frac{cz}{2a}$, & $BY = \frac{1}{2}b - \frac{cz}{2a}$, & alors les lignes SQ & SY seront les asymptotes; & par consequent SZ & ZM, les coordonnées.

Il n'est pas cependant necessaire de faire évanouir l'expression de $SX = z$ de l'équation réduite, pour introduire en sa place celle de SZ: car 1°, Soit qu'on le fasse ou non, on trouvera par le moyen de l'équation réduite, que l'Hyperbole doit toujours passer par le même point; comme en ce cas, où l'équation réduite est $\frac{1}{4}ab - \frac{1}{8}ac = uz$; le terme connu $\frac{1}{4}ab - \frac{1}{8}ac = \frac{1}{2}b - \frac{1}{4}c$

$\times \frac{1}{2} a = BY \times SV$, fait connoitre (art. 14. n°. 12) que l'Hyperbole doit passer par le point B; & si l'on nomme SY, d; & SZ, f; pour introduire l'expression SZ dans l'équation réduite en la place de celle de SX, l'on aura à cause des triangles semblables SVY, SXZ, $SV . SY$ :: $SX . SZ$, ou en termes algebriques $\frac{1}{2} a . d :: z . f$, d'où l'on tire $z = \frac{af}{2d}$, & mettant dans l'équation réduite $\frac{1}{4} ab - \frac{1}{8} ac = uz$, en la place de z sa valeur $\frac{af}{2d}$, l'on aura $\frac{1}{2} bd - \frac{1}{4} cd = fu$, dont le terme connu $\frac{1}{2} bd - \frac{1}{4} cd = \frac{1}{2} b - \frac{1}{4} c \times d = BY \times SY$, montre comme auparavant, que l'Hyperbole doit passer par le point B. Ce que l'on connoît aussi par l'équation à réduire $aab + aay - abx - 2axy = acx - cxx$; car faisant $x = a$, afin que le point M tombe en B, l'on aura $aab + aay - aab - 2aay = aac - aac$, d'où l'on tire $y = 0$; d'où il suit que l'Hyperbole passe par le point B, puisque BI s'y anéantit.

2°. Le rectangle $SV \times BY$, ou $RB \times BY$ étant égal à $SQ \times SX$, le rectangle $SY \times BY$ sera (art. 14 n° 6) égal au rectangle $SQ \times SZ$; d'où l'on voit qu'il est en quelque façon plus simple de réduire ces sortes d'équations aux asymptotes de l'Hyperbole que de les réduire aux diametres. Si donc l'on décrit par le point B entre les asymptotes SQ, SY l'Hyperbole BM, elle satisfera au Problême.

DÉMONSTRATION.

AYANT mené d'un point quelconque M pris sur l'Hyperbole la droite MZX parallele à QS; par la proprieté de l'Hyperbole (art. 14 n° 6), l'on a $SV \times BY = SX \times MZ$, ou en termes algebriques $\frac{1}{4} ab - \frac{1}{8} ac =$

uz, d'où l'on tire $aab + cxx - acx - abx = 2axy - aay$, en remettant pour u & pour z, leurs valeurs. *C. Q. F. D.*

COROLLAIRE I.

5. SI les paralleles AF, BI étoient perpendiculaires à DE, les points P & N se confondroient avec le point I, & $IP = c$ deviendroit nulle ou $= 0$; c'est pourquoi il faudroit effacer tous les termes où c se trouve dans l'équation à réduire $aab + cxx - acx - abx = 2axy - aay$, & l'on auroit, $ab - bx = 2xy - ay$, que l'on construiroit comme celle du premier Problême de cet article.

COROLLAIRE II.

6. SI outre cela le point A tomboit en K, $AL = b$ deviendroit nulle, & l'on auroit $x = \frac{1}{2} a$, en effaçant tous les termes où b se rencontre dans l'équation $ab - bx = 2xy - ay$, & le point M se trouveroit dans la ligne droite RQ menée par le milieu de KB parallele à IB.

COROLLAIRE III.

7. LES choses étant supposées comme dans l'énoncé du Problême n°. 4. Si $2AL = IP$, ou $2b = c$ dans l'équation réduite $\frac{1}{4} ab - \frac{1}{8} ac = zu$, l'on aura $\frac{1}{4} ab = \frac{1}{8} ac$, & partant $zu = 0$; d'où il suit qu'en ce cas l'Hyperbole se confond avec ses asymptotes, & que par consequent le point M se trouvera dans la ligne RQ qui est une des asymptotes. En effet, en ce cas l'équation à réduire devient $aab + 2bxx - 3abx - 2axy + aay = 0$, en mettant $2b$ en la place de c, qui étant divisée par $2x - a = 0$, il vient $bx - ab - ay = 0$, & l'équation $2x - a = 0$, donne $x = \frac{1}{2} a$, qui montre que le point

M se trouve dans la ligne *RQ* menée par le milieu de *LB* parallele à *AL*.

COROLLAIRE IV.

8. ENFIN si 2*AL* est moindre que *IP*, ou que le point *A*, se confonde avec le point *K*, ou qu'il se trouve au dessous de *K*, l'Hyperbole se trouvera de l'autre côté de *RQ*, & passera par le point *A* : car dans l'équation réduite $\frac{1}{4}ab - \frac{1}{8}ac = uz$, $\frac{1}{8}ac$ surpassera $\frac{1}{4}ab$ dans le premier cas ; $\frac{1}{4}ab$ sera nulle ou $= 0$ dans le second ; & dans le troisiéme, *b* deviendra negative de positive qu'elle étoit. Ainsi la quantité $\frac{1}{4}ab - \frac{1}{8}ac$ sera toujours negative, & partant l'Hyperbole se trouvera de l'autre côté de *RQ*.

REMARQUES.

9. LORSQU'ON veut réduire ces sortes d'équations à l'Hyperbole par rapport à ses asymptotes, il faut observer 1°. Que si la lettre inconnue qui n'est point quarrée dans l'équation, se trouve multipliée par une quantité connue dans quelqu'un de ses termes, autre que dans celui où elle se trouve multipliée par l'inconnue qui est quarrée, il faut mettre tous les termes où l'inconnue qui n'est point quarrée se trouve dans un des membres de l'équation, & tous les autres termes dans l'autre, & faire la premiere réduction sur le membre où l'inconnue qui n'est point quarrée se trouve.

2°. Dans la seconde réduction (qui seroit la seule, si la lettre inconnue qui n'est point quarrée ne se trouvoit point seule dans quelque terme de l'équation) la lettre inconnue qui n'est point quarrée doit toujours être positive.

3°. Dans l'une & l'autre réduction, l'inconnue qui n'est point quarrée, doit toujours être délivrée de toute quantité connue.

4°,

4°. Quand on ne veut point se donner la peine de faire toutes ces réflexions, il n'y a qu'à réduire ces équations à l'Hyperbole, en les regardant par rapport à ses diametres, où il n'y a aucune précaution à prendre. Il faut éclaircir ceci par un exemple.

EXEMPLE

10. SOIT l'équation $\frac{aab + cxx - abx - acx}{2a} = xy - \frac{1}{2}ay$, qui est celle que l'on vient de construire. Si on suppose que le point A tombe en K, $AL = b$ deviendra nulle ou $= 0$; c'est pourquoi en effaçant tous les termes où b se rencontre, l'on aura $\frac{cxx - acx}{2a} = xy - \frac{1}{2}ay$ que l'on se propose de réduire à l'Hyperbole par rapport à ses asymptotes, & dont les termes sont disposez dans l'un & l'autre membre de l'équation selon ce qui est dit dans le premier cas de la remarque précedente.

Faisant donc $x - \frac{1}{2}a = z$, l'on réduira l'équation à celle-ci $czz - 2ayz = \frac{1}{4}aac$, ou $\frac{czz}{2a} - yz = \frac{1}{8}ac$. Il faudroit pour faire la seconde réduction prendre $\frac{cz}{2a} - y = u$; mais parceque l'inconnue y qui n'est point quarrée dans l'équation à réduire se trouve negative dans cette seconde réduction, & qu'elle y doit être positive, les réductions que l'on vient de faire ne serviront de rien. Il faut donc changer les signes de tous les termes de l'équation pour la réduire de nouveau, & l'on aura $\frac{acx - cxx}{2a} = \frac{1}{2}ay - xy$; & en faisant $\frac{1}{2}a - x = z$, l'on réduira l'équation à celle-ci $\frac{1}{8}ac = zy + \frac{czz}{2a}$, & faisant $y + \frac{cz}{2a} = u$, l'on aura $\frac{1}{8}ac = zu$. Les réductions & l'équation réduite serviront à décrire l'Hyperbole, qui passe ra par le point K ou A qui (Hyp.) ne font qu'un même point. On voit encore par l'équation à réduire que l'Hyperbole doit passer par le point K : car si l'on fait $x = o$, l'on aura aussi $y = o$, d'où il suit que les coordonnées s'aneantissent au point K.

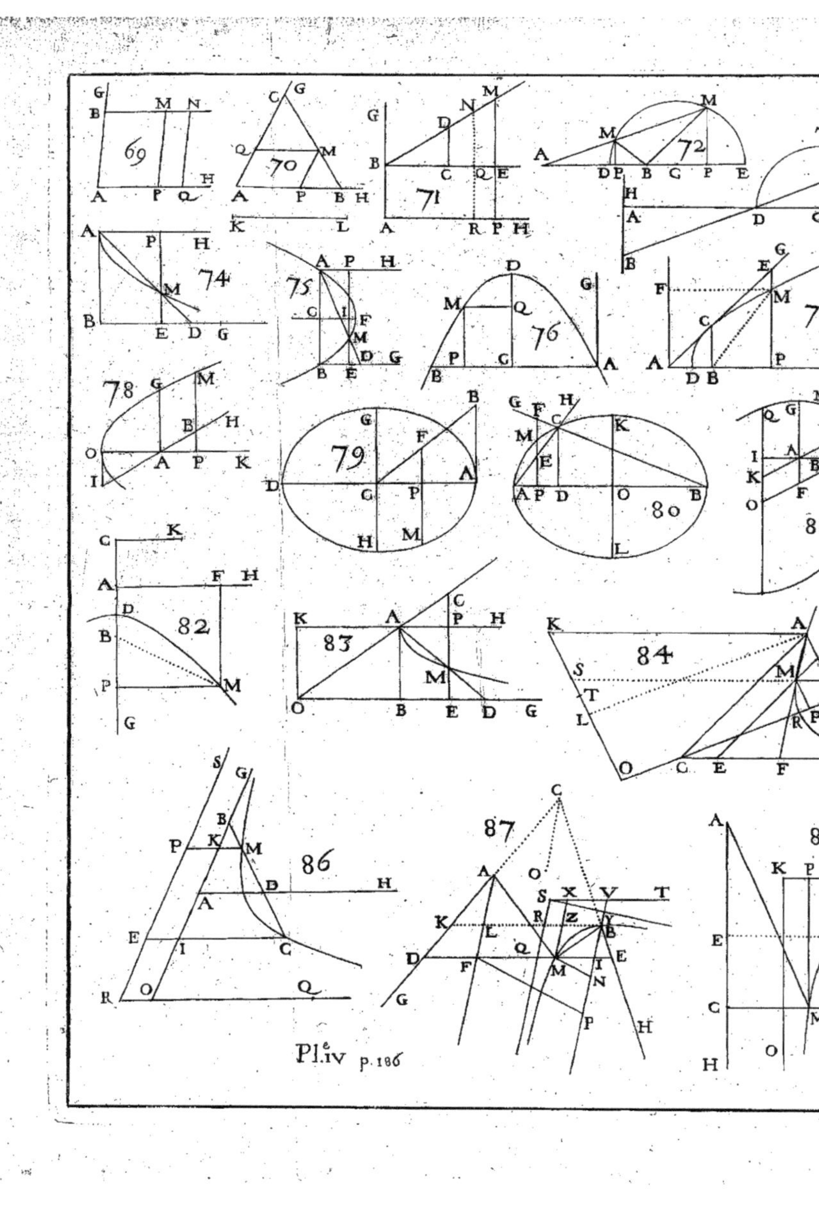

Pl.e IV p. 186

SECTION IX.

Où l'on donne la Méthode de construire les Problêmes Solides déterminez par le moyen de deux équations locales, ou indéterminées, lorsque l'une des deux se rapporte au cercle, ou y peut être ramenée.

METHODE.

XXIII. Les inconnues de ces deux équations étant les mêmes, elles auront leur origine en un même point; & ayant construit ces deux équations l'une aprés l'autre par les regles de la Section précedente, les points où les courbes ausquelles elles appartiennent se couperont, résoudront les Problêmes, comme on va voir par les exemples qui suivent.

EXEMPLE I.

Problême Solide.

1. *Un demi cercle* AMB *dont le diametre est* AB, *& le centre* C, *& une ligne* GH *perpendiculaire à* AB, *étant donnez de position. Il faut trouver sur la circonference le point* M, *par où ayant mené du centre* C, *la droite* CME, *qui rencontre* GH *en* E, *& par le même point* M, *la droite* MH *parallele à* AB, *qui rencontre la même* GH *en* H; HE *soit égale au demi diametre* CB *du cercle donné, ou à une autre ligne donnée.* FIG. 88.

Ayant supposé le Problême résolu, on abaissera du point *M* sur *AB* la perpendiculaire *MP*; & ayant nommé les données *CB*, ou *CM*, ou (Hyp.) *HE*, *a*;

BG, b; & les indéterminées CP, x; PM, y; PG, ou MH sera $a+b-x$, & les triangles semblables CPM, MHE, donneront x, (CP). y (PM) :: $a+b-x$ (MH). (HE), d'où l'on tire $ax = ay + by - xy$, qui est une équation à l'Hyperbole par rapport à ses asymptotes. Et à cause du triangle rectangle CPM, l'on aura $xx + yy = aa$ qui est une équation au cercle.

Si l'on fait presentement évanouir l'inconnue y, l'on aura aprés avoir ordonné l'équation,

$$\begin{array}{llllll} x^4 & -2ax^3 & +aaxx & +2a^3x & -a^4 & \\ & -2b & +2ab & +2aab & -2a^3b & =0 \\ & & +bb & & -aabb & \end{array}$$

Et si l'on fait évanouir x, (car il est à propos de faire évanouir les deux inconnues l'une aprés l'autre, pour voir si d'une maniere l'équation qui en résulte n'est pas plus simple que celle qui résulte de l'autre) l'on aura.

$$\begin{array}{lllll} y^4 & +2ay^3 & +aayy & -2a^3y & -a^4 = 0 \\ & & +2ab & & \\ & & +bb & & \end{array}$$

qui paroît plus simple que la précedente. Mais comme ces deux équations sont du quatriéme degré, & qu'on ne peut, ni par la division, ni par la transformation, les réduire à une équation du second; il suit que le Problême est solide, & parceque l'une des deux équations indéterminées appartient au cercle, on le construira par leur moyen en cette sorte.

Il est clair que l'équation $xx + yy = aa$, appartient au cercle donné AMB; c'est pourquoi il n'y a qu'à construire l'équation à l'Hyperbole $ax = ay + by - xy$; faisant donc pour la réduire $a + b - x = z$, l'on aura $x = a + b - z$; & mettant cette valeur de x dans l'équation, elle deviendra $aa + ab - az = yz$, ou $aa + ab = yz + az$; & faisant encore $y + a = u$, l'on aura l'équation réduite $aa + ab = uz$, qui fournit avec les réductions cette construction.

Le point C étant l'origine des inconnues x qui va vers G, & y parallele à GH; à cause de la premiere réduction $a+b-x=z$, le point G sera (art. 16 nº 4) l'origine de z qui revient vers C. A cause de la seconde réduction $y+a=u$, on prolongera HG, en O, & ayant fait $GO=a=CB$; le point O sera l'origine des inconnues z qui va vers L parallele à GC, & u qui va vers H, & le sommet de l'angle des asymptotes, qui seront OL & OH. Et à cause de l'équation réduite $aa+ab=uz$, dont la quantité connue $aa+ab=\overline{a+b}\times a=CG\times CB=$ (Const.) $CG\times GO$, l'on décrira (art. 14) par le centre C du cercle AMB, l'Hyperbole CM qui coupera le cercle au point cherché M.

DÉMONSTRATION.

AYANT prolongé MP jusqu'à l'asymptote OL en K, & mené CL parallele à PK. Par la proprieté des asymptotes (art. 14 nº. 1) $OL\times LC=OH\times HM$; donc $CP\times PK=PM\times MH$; donc $CP.PM::MH.PK$. Mais à cause des triangles semblables CPM, MHE, $CP.PM::MH.HE$; donc $MH.PK::MH.HE$; & partant PK ($=GO=$ (Const.) CB) $=HE$. C. Q. F. D.

EXEMPLE II.

Problême Solide.

2. DIVISER *un arc de cercle donné* BDC, *dont le centre est* A, *& la corde* BC, *en trois parties égales* BD, DF, FC. FIG. 89.

Ayant supposé le Problême résolu, les cordes BD, DF, FC seront égales; celle du milieu DF sera parallele à DC; le rayon AE, perpendiculaire à BC sera aussi perpendiculaire à DE, & les coupera toutes deux par le milieu en H & en G, & sa partie AH comprise entre le centre A, & la corde BC, sera donnée de grandeur, & de position: mais AG & GD ou GF seront indéterminées. Si l'on mene encore les deux rayons AD, AF, qui rencontrent BC en I & en K; HI sera $=HK$, & les triangles BDI, CFK seront égaux, semblables, & isosceles ; puisque par l'Hypothese l'angle *IDB* = *IDF* = *AIK* = *BID*. Par la même raison l'angle *KFC* = *KFD* = *IDF* = *AKI* = *CKF* ; & qu'outre cela *BD* = *CF*.

Nommant donc les données *AE*, ou *AD*, ou *AF*, a; *HB*, ou *HC*, b ; *AH*, c ; & les inconnues *AG*, x ; *GD* ou *GF*, y; *DF*, ou *DB*, ou *BI* sera, $2y$; & partant *HI*, $b - 2y$.

A cause des triangles semblables *AGD* . *AHI*, l'on aura x (*AG*) . y (*GD*) :: c (*AH*) . $b - 2y$ (*HI*), d'où l'on tire $bx - 2xy = cy$, qui est une équation à l'Hyperbole par rapport à ses asymptotes ; & à cause du triangle rectangle *AGD*, l'on aura $xx + yy = aa$, qui est une équation au cercle du Problême *BDC*.

Si l'on fait presentement évanouir une des deux inconnues renfermées dans les deux équations indéterminées que l'on vient de trouver, l'on aura une équation du quatriéme dégré qui ne peut être réduite à une équation du second, d'où l'on doit conclure que le Problême est solide ; ainsi on le peut construire par le moyen des deux mêmes équations indéterminées. Mais l'équation au cercle se trouve construite, puisqu'elle se rapporte au cercle du Problême *BDC*. c'est pourquoi il n'y a qu'à construire l'équation à l'Hyperbole, qui étant réduite donne avec ses réductions cette construction.

Soit prolongée *AH* en *L*, en sorte que *AL* = $\frac{1}{2}$ *AH*, & menée par *L* une parallele à *BC*, sur laquelle ayant pris *LO* = $\frac{1}{2}$ *HB*, l'on menera par *O* la droite *OM* parallele à *AG*, qui rencontrera *HB* en *X*. L'Hyperbole *AD* décrite par le centre *A* entre les asymptotes *OL*, *OM*, coupera l'arc *BDC* au point cherché *D* ; de sorte que si l'on mene *DF* parallele à *BC*, les points *D* & *F* diviseront l'arc *BDC* en trois parties égales *BD*, *DF*, *FC*.

DÉMONSTRATION.

AYANT mené par le point D, où l'Hyperbole AD coupe l'arc BDC, la droite DN parallele à l'asymptote OM, qui rencontrera HB en V, & LO en N, & par le centre A, le diametre gAf parallele à l'asymptote OL, qui rencontrera OM en P, & ND en S. L'on aura à cause des asymptotes OL, OD; $DN \times NO = AL \times LO$; donc $SP \times SD = SA \times AL$; donc $DS . SA :: AL . SP$: mais les triangles semblables DSA, AHI donnent $DS . SA :: AH, HI$; donc $AL . SP :: AH . HI$. Or (const.) $AH = 2AL$; donc $HI = 2SP$; & partant HV, ou $GD = 2SP + IV$, & $DF = 4SP + 2IV$: mais HX ($= HV + SP$) $= 3SP + IV$; c'est pourquoi $BX =$ (const.) $HX = 3SP + IV$; & par consequent $BX + XI$, ou $BI = 4SP + 2IV$; donc $BI = DF = KC$. Mais les triangles semblables AKI, AFD donnent $AK . KI :: AF . FD$, ou (ayant mené AB, AC) $AK . KI :: AB . BI$; d'où il suit que l'angle $BAD = CAF = DAF$. C. Q. F. D.

Si la corde BC passoit par le centre A, & étoit confondue avec le diametre gAf, l'arc BC seroit un demi cercle, & la perpendiculaire $AH = c$, seroit nulle ou $= 0$; c'est pourquoi, en effaçant dans l'équation à l'Hyperbole, les termes où c se rencontre, l'on auroit $y = \frac{1}{2} b = \frac{1}{2} Ag$; d'où il suit qu'ayant divisé Ag par le milieu en R, mené RT perpendiculaire à Ag qui coupera le demi cercle en T, & TZ parallele à gf, les arcs gT, TZ, & Zf seront égaux. Ce qui est évident.

EXEMPLE III.

Problême Solide.

3. TROUVER *deux moyennes proportionnelles entre deux lignes données* KL, MN. FIG. 90.

Ayant supposé le Problême résolu, & nommé les données KL, a; MN, b; & les inconnues x & y; l'on aura suivant les termes de la question $a \,.\, x :: x \,.\, y$, & $x \,.\, y :: y \,.\, b$, d'où l'on tire $ay = xx$, & $bx = yy$, qui sont deux équations à la parabole; & faisant évanouir l'inconnue y, l'on aura $x^3 = aab$, qui est une équation du troisiéme degré, montre que le Problême est Solide.

Mais parceque deux équations à la parabole étant combinées par addition ou soustraction, peuvent toujonrs donner une équation au cercle, attendu que l'équation à la parabole ne renferme qu'un quarré inconnu qui peut toujours être delivré de toute quantité connue; il suit qu'on peut construire ce Problême par le moyen de l'une des deux équations précedentes, & de l'équation au cercle qui résulte de la combinaison des deux mêmes équations par addition, qui est $ay + bx = xx + yy$.

Et parceque les deux premieres équations $ay = xx$, & $bx = yy$ sont également simples, on peut indifferemment se servir de celle qu'on voudra. Prenons donc la premiere $ay = xx$. Pour la construire, soit A l'origine des inconnues x qui va vers G, & y, qui va vers H perpendiculaire à AG; le même point A sera aussi le sommet de l'axe AG de la parabole qu'il faut décrire, puisque l'équation $ay = xx$, n'a point besoin de réduction; il n'y a donc qu'à décrire (art. 10. n°. 11) sur l'axe AG une parabole dont le parametre soit la ligne donnée $KL = a$.

Pour construire presentement l'équation au cercle $ay + bx = xx + yy$; soit fait pour la réduire $y - \frac{1}{2}a = u$, & $x - \frac{1}{2}b = z$; & l'on aura l'équation réduite $\frac{1}{4}aa + \frac{1}{4}bb - uu = zz$, qui avec les réductions donne cette construction.

Le point A étant toujours l'origine des inconnues y & x; à cause de la premiere réduction $y - \frac{1}{2}a = u$, l'on prendra

prendra $AC = \frac{1}{2} a = \frac{1}{2} KL$, & ayant mené CO parallele à AD ; à cause de la seconde réduction $x - \frac{1}{2} b = z$, on prendra sur CO, $CE = \frac{1}{2} b = \frac{1}{2} MN$, & le point E sera l'origine des inconnues z, qui va vers O, & u, parallele à AG, & le centre du cercle qu'il faut décrire : mais $\sqrt{\frac{1}{4} aa + \frac{1}{4} bb}$, qui est la racine du terme connu de l'équation réduite, est le demi diametre du même cercle ; c'est pourquoi si du centre E par A, on décrit un cercle, il coupera la parabole en un point Q, par où ayant mené QP parallele AH ; PQ & PA seront les deux moyennes proportionnelles qu'il falloit trouver.

DÉMONSTRATION.

Il est clair que le cercle coupe AG & AH en I & en D, de maniere que $AI = 2AC = KL = a$, & $AD = 2CE = MN = b$. Ainsi $PI = PA - AI = y - a$, & $PF = AD - PQ = b - x$. Or par la proprieté du cercle $AP \times PI = PM \times PF$, ou en termes algebriques, $yy - ay = bx - xx$, ou $yy - bx = ay - xx$: mais (art. 10) $ay = xx$; donc $yy - bx = b$, ou $yy = bx$. Or $ay = xx$ donne AI, ou $KL . PQ :: PQ . PA$, & $yy = bx$ donne $PQ . PA :: PA . AD$, ou MN ; donc KL, PQ, PA, & MN sont continuellement proportionnelles. C. Q. F. D.

EXEMPLE III.

Problême Solide.

FIG. 91. 4. UNE *courbe* AM, *dont l'axe est* AP, *son sommet* A, *&* *un point* D *au dedans ou au dehors de cette courbe, étant donnez de position sur un Plan. Il faut mener du point* D *une ligne droite* DMC, *qui coupe la courbe* AM, *ou sa tangente au point* M *à angles droits.*

Ayant supposé le Problême resolu, soient menées les droites DB & MP perpendiculaires à AC; du point M la droite ME parallele à AC, qui rencontrera DB en E; & par le point M la tangente MT. Nommant presentement les données AB, b; DB, c; & les indéterminées AP, x; PM, y; & PT, t; BP ou ME sera $b + x$, si le point B est hors de la courbe, & $DE, c - y$.

Langle CMT étant droit par l'Hypotese, les triangles MPT, CPM & MED seront semblables; c'est pourquoi l'on aura $y\ (MP) . t\ (PT) :: x + b\ (EM) . c - y\ (ED)$; donc $cy - yy = tx + bt$, qui est une équation generale pour toutes les courbes AM, & que l'on déterminera à telle courbe que l'on voudra, en y substituant en la place de t, l'expression de la soutangente PT.

Si l'on veut par exemple que la courbe AM soit une parabole; PT sera (art. 11 n°. 6) $= 2x = t$; c'est pourquoi en mettant pour t sa valeur $2x$, l'on aura $cy - yy = 2xx + 2bx$, qui est une équation à l'Ellipse; & nommant le parametre de la parabole a, l'on aura (art. 10) $ax = yy$, qui est l'équation à la parabole AM.

Si l'on fait évanouir x, l'on aura une équation du troisiéme degré, qui ne peut être réduite; & par consequent le Problême proposé est solide. Mais lorsqu'on a une équation à la Parabole, & une à l'Ellipse, ou à l'Hyperbole par rapport à ses diametres où les inconnues ne se multiplient point, on peut toujours par leur moyen trouver une équation au cercle en cette sorte.

Aprés avoir délivré dans l'équation à l'Ellipſe, ou à l'Hyperbole, le quarré de l'inconnue qui n'eſt point quarrée dans l'équation à la parabole, de toute quantité connue, l'on fera évanouir le quarré de l'autre inconnue, & l'équation qui en reſultera ſera une équation à la parabole, qui étant combinée avec la premiere par addition, ou ſouſtraction, donnera une équation au cercle. Ainſi en diviſant par 2 l'équation précedente $cy - yy = 2xx + 2bx$, l'on a $\frac{1}{2}cy - \frac{1}{2}yy = xx + bx$, & mettant pour yy ſa valeur ax, priſe dans l'équation à la parabole $ax = yy$; l'on aura $\frac{1}{2}cy - \frac{1}{2}ax = xx + bx$, qui eſt une autre équation à la parabole; & en combinant par addition ces deux équations à la parabole, l'on aura $\frac{1}{2}cy - \frac{1}{2}ax + ax = xx + bx + yy$, ou $\frac{1}{2}cy + \frac{1}{2}ax = xx + bx + yy$, qui eſt une équation au cercle.

Quoique l'on pût conſtruire le Problême par le moyen de l'équation au cercle, & de la ſeconde équation à la parabole; il eſt neanmoins à propos de ſe ſervir de la premiere $ax = yy$, parcequ'elle appartient à la parabole donnée AM qui ſe trouve toute conſtruite; c'eſt pourquoi il ne reſte qu'à conſtruire l'équation au cercle, afin que le Problême ſoit entierement réſolu.

L'équation au cercle étant réduite, donne avec les réductions, cette conſtruction.

Ayant pris $AF = \frac{1}{2}b - \frac{1}{4}a$, on menera FG parallele BD & $= \frac{1}{4}c$, & du centre G par A, l'on décrira un cercle qui coupera la parabole au point cherché M.

DÉMONSTRATION.

AYANT joint GA, & mené GI parallele à AP, qui rencontrera PM en H, & la circonference du cercle en I, l'on aura par la proprieté du cercle, GA^2 ou $GI^2 - GH^2 = HM^2$, ou en termes algebriques $\frac{1}{4}bb - \frac{1}{4}ab + \frac{1}{16}aa + \frac{1}{16}cc - xx - bx - \frac{1}{4}bb + \frac{1}{2}ax + \frac{1}{4}ab - \frac{1}{16}aa = yy - \frac{1}{2}cy + \frac{1}{16}cc$, qui se réduit à $xx + bx - \frac{1}{2}ax = \frac{1}{2}cy - yy$. L'on a aussi par la proprieté de la parabole $ax = yy$, qui étant combinée par addition avec l'équation précedente donne $xx + bx + \frac{1}{2}ax = \frac{1}{2}cy$, ou $2xx + 2bx = cy - yy$ (en mettant pour ax sa valeur yy, en multipliant par 2, & transposant) qui est l'équation que l'on a construite. *C. Q. F. D.*

EXEMPLE V.

Problême Solide.

FIG. 92. 5. *IL faut décrire un triangle* CBD *rectangle en* B, *dont on connoît le plus grand* ED *des deux segmens de la base faits par la perpendiculaire* BE, *qui tombe de l'angle droit* B *sur la base* CD, *& la difference* DF *des côtez.*

Ayant supposé le Problême résolu, & nommé les données ED, a; DF, b; & les inconnues EC, x; CB, ou BF, y; CD sera $x + a$; & BD, $y + b$; l'on aura à cause des triangles rectangles CEB, BED, $CB^2 - CE^2 = DB^2 - DE^2$, & en termes algebriques $yy - xx = yy + 2by + bb - aa$, ou $xx = aa - 2by - bb$, qui est une équation à la parabole.

A cause des triangles semblables DCB, BCE, l'on aura $a + x$ (DC) . y (CB) :: y . x (CE); donc $yy = ax + xx$, qui est une équation à l'Hyperbole équilatere.

Si l'on fait presentement évanouir l'une des deux inconnues, on aura une équation du quatriéme degré, qui ne pouvant être réduite à une équation du second, montre que le Problême est solide.

Or quoique les lignes exprimées par les deux inconnues x & y, n'ayent point les qualitez dont il est parlé dans la premiere Observation de l'article 4. Neanmoins, parceque l'on peut toujours trouver une équation au cercle quand on a deux équations indéterminées du second degré où les deux inconnues ne sont point multipliées entr'elles, quoiqu'il n'y en ait aucune des deux à la parabole, on peut par leur moyen construire le Problême, comme on va voir par cet exemple.

La seconde équation $yy = ax + xx$ donne $xx = yy - ax$, & mettant cette valeur de xx dans la premiere équation $xx = aa - 2by - bb$, qui est à la parabole; l'on aura $yy - ax = aa - 2by - bb$, qui est une autre équation à la parabole; & en ajoutant les deux premiers & les deux seconds membres de ces deux équations à la parabole, l'on aura $xx + yy - ax = 2aa - 4by - 2bb$, ou $xx - ax + yy + 4by = 2aa - 2bb$, qui est une équation au cercle.

Pour réduire cette équation, soit fait $x - \frac{1}{2}a = z$, & $y + 2b = u$; l'on aura $zz = \frac{9}{4}aa + 2bb - uu$, qui avec les réductions fournit cette construction.

Soit le point A l'origine des inconnues x, qui va vers G, & y qu'on suppose perpendiculaire à AG; & qui va en haut. A cause de la premiere réduction $x - \frac{1}{2}a = z$, on prendra $AR = \frac{1}{2}a$, & ayant mené par R la perpendiculaire RO; à cause de la seconde réduction $y + 2b = u$, l'on prendra $RO = 2b$; & le point O sera le centre du cercle qu'il faut décrire; à cause de $2bb$, on prendra RI moyenne proportionnelle entre $2b$, & b; & du centre O, & du rayon IA, l'on décrira un cercle. FIG. 93.

Pour construire presentement l'une des deux équations à la parabole, par exemple la seconde $yy - ax = aa - 2by - bb$, ou $yy + 2by = ax + aa - bb$; soit fait

pour la réduire $y+b=s$, & $x+a=t$, & l'on aura $ss=at$, qui donne avec ses réductions cette construction. A cause de la seconde réduction $x+a=t$, l'on prolongera AG du côte de A en H, en sorte que $AH=a$, & ayant mené HK perpendiculaire à AH; à cause de la premiere réduction $y+b=s$; on prendra $HK=b$, l'on menera KS parallele à AG, & l'on décrira (art. 10 n°. 11) sur l'axe KS, dont le sommet est K, une parabole par le moyen de l'équation réduite $ss=at$. Cette parabole coupera le cercle en deux points M & N, de ma-
FIG. 92, niere qu'ayant abaissé des points M & N les perpendicu-
93. laires MP, NQ; PM sera la valeur positive de $y=CB$; NQ, sa valeur négative; & AP, la valeur de $x=EC$. De sorte que si l'on fait $EC=AP$, & qu'on décrive sur le diametre DC un demi cercle dans lequel ayant ajusté $CB=PM$, & mené BD, le triangle CBD sera celui qu'il falloit décrire.

DÉMONSTRATION.

AYANT joint IH & mené par le centre O le diametre VOT parallele à AG qui rencontrera MP prolongée en X de part ou d'autre du point O. Par la construction, & par la proprieté du cercle, l'on aura IH^2, ou OV^2, ou $OT^2 - OX^2 = XM^2$, ou en termes algebriques $\frac{9}{4}aa + 2bb - xx + ax - \frac{1}{4}aa = yy + 4by + 4bb$, ou $2aa - xx + ax = yy + 4by + 2bb$.

Par la proprieté de la parabole KM dont le parametre est a, l'on aura $a \times KL = LM^2$, ou $ax + aa = yy + 2by + bb$, ou en soustrayant la seconde équation de la premiere, le premier membre du premier; & le second du second, l'on aura $aa - xx = 2by + bb$, qui est la premiere équation du Problême, & en soustrayant cette équation de la précedente, chaque membre de chaque membre, l'on aura $ax + xx = yy$, qui est la seconde équation du Problême. C. Q. F. D.

SECTION X.

Où l'on donne la Méthode de construire les Problêmes Solides par le moyen de leurs équations déterminées ; ou ce qui est la même chose, de construire les équations déterminées du troisiéme, & du quatriéme degré.

METHODE.

XXIV. SOIT qu'on ait employé deux ou plusieurs lettres inconnues, ou qu'on n'en ait employé qu'une pour résoudre un Problême, quand on est venu à une équation déterminée du troisiéme ou du quatriéme degré, qui ne peut être réduite à une équation du second, le Problême est necessairement Solide, comme on a déja dit ailleurs, & on le pourra toujours construire par le moyen de cette équation, en observant les régles qui suivent.

1. Si l'équation a un second terme, on le fera premierement évanouir. Cela fait.

2. Si l'équation est du troisiéme degré, on la multipliera par l'inconnue qu'elle renferme pour la rendre du quatriéme.

3. On trouvera une équation à la parabole dont un des membres sera le quarré de la lettre inconnue de l'équation que l'on veut construire, & l'autre membre sera le produit d'une autre lettre inconnue par une lettre connue quelconque, ou plûtôt par une des lettres connues qui se trouve le plus frequemment dans l'équation à construire : car par ce moyen on rend la construction un peu plus simple.

4. On fera évanouir l'inconnue de l'équation à construire dans le premier & dans le troisiéme terme : (car on suppose qu'elle n'en a point de second) en substituant en sa place, sa valeur prise dans l'équation à la parabole que l'on a formée, & l'équation qui en résultera sera une autre équation à la parabole.

5. On combinera par addition ou soustraction ces deux équations à la parabole, de maniere que l'équation qui en résulte soit une équation au cercle.

6. On construira l'équation au cercle, & la plus simple des deux équations à la parabole, comme dans la Section précedente, en supposant que les lignes exprimées par les deux inconnues font un angle droit, & les Interséctions de ces deux courbes donneront les racines, ou valeurs tant positives que négatives de l'inconnue de l'équation à construire. Tout ceci sera éclairci par les exemples qui suivent.

EXEMPLE I.

Problême Solide.

7. *TROUVER une ligne dont le cube soit au cube d'une ligne donnee* CD, *dans la raison donnée de* m *à* n.

Ayant supposé le Problême résolu, & nommé la donnée *AB*, a ; & l'inconnue x, l'on aura par la condition du Problême $x^3 . a^3 :: m . n$, d'où l'on tire $x^3 = \frac{ma^3}{n}$, qui est une équation du troisiéme degré, qui ne pouvant être réduite à une équation du second ; il suit que le Problême est Solide.

En multipliant cette équation par x, l'on aura $x^4 = \frac{ma^3x}{n}$, & faisant (nº 3) $ay = xx$, qui est une équation à la parabole, l'on a $aayy = x^4$; & mettant dans l'équation à construire pour x^4 sa valeur $aayy$, l'on aura $aayy = \frac{ma^3x}{n}$, ou $yy = \frac{max}{n}$, qui est une autre équation

tion à la parabole. Et combinant ces deux équations à la parabole par addition ou soustraction, l'on aura $yy - ay = \frac{max}{n} - xx$, qui est une équation au cercle dont la construction jointe avec celle de l'équation à la parabole $ay = xx$, résoudra le Problême.

Soit le point A l'origine des inconnues y qui va vers G, & x qui lui est perpendiculaire. Et soit décrite (art. 10 n°.11) sur l'axe AG dont le sommet est A la parabole AH, dont le parametre soit $a = AB$. Cette parabole sera celle dont l'équation est $ay = xx$. FIG. 94.

L'équation au cercle étant réduite donnera avec les réductions cette construction.

Ayant pris sur AG, $AI = \frac{1}{2} a = \frac{1}{2} CD$, on élevera au point I la ligne IK perpendiculaire à AG & égale $\frac{ma}{2n}$, & du centre K par A, l'on décrira un cercle qui coupera la parabole AH au point M, par où l'on menera la droite MP parallele à IK; je dis que MP exprimée par x qui est l'inconnue de l'équation $x^3 = \frac{ma^2}{n}$ que l'on vient de construire, est le côté du cube qu'il falloit trouver.

DÉMONSTRATION.

AYANT joint AK, & mené KOR parallele à AP qui rencontrera le cercle en R, & PM en O. L'on a par la proprieté du cercle, KA^2, ou $KR^2 - KO^2 = OM^2$, ce qui est en termes algebriques $\frac{1}{4} aa + \frac{mmaa}{4nn} - yy + ay - \frac{1}{4} aa = xx - \frac{max}{n} + \frac{mmaa}{4nn}$, qui devient $ay - yy = xx - \frac{max}{n}$. Mais à cause de la parabole l'on a (art. 10) $ay = xx$; donc $yy = \frac{x^4}{aa}$; mettant donc dans l'équation précedente pour ay, sa valeur xx, & pour yy, sa valeur $\frac{x^4}{aa}$, l'on aura aprés les réductions ordinaires $x^3 = \frac{ma^3}{n}$. *C. Q. F. D.*

EXEMPLE II.

Problême Solide.

FIG. 95. 8. DIVISER *un arc de cercle* BDEC *en trois parties égales* BD, DF, FC.

Ayant supposé le Problême résolu; puisque par l'Hypothese les arcs BD, DF, FC sont égaux, les cordes BD, FD, FC seront aussi égales, & DF sera parallele à BC. Ayant mené les rayons AB, AD, AF, AC, & outre cela la ligne FI parallele à AD; les triangles ADB, ADF, AFC seront égaux, semblables & isosceles, comme aussi les triangles BHD, CKF: car l'angle CFK ($= KFD = AKH$) $= CKF$. Par la même raison l'angle $BDH =$ l'angle BHD; c'est pourquoi, puisque (Hyp.) $CF = DB$; CK sera $= BH$. Mais les triangles ACF, CFK, FKI, sont aussi semblables & isosceles: car à cause des paralleles AD, IF, l'angle KIF ($= BHD$) $= IKF = KFC = FCA$.

En nommant presentement le rayon AC, a; la donnée BC, b; & l'inconnue CF, ou CK, ou IH, ou HB, x; l'on aura $AC(a) . CF(x) :: CF(x) . FK = \frac{xx}{a}$, & $CF(x) . FK\left(\frac{xx}{a}\right) :: FK\left(\frac{xx}{a}\right) . KI = \frac{x^3}{aa}$, donc $CI = x - \frac{x^3}{aa}$; & partant $CB = IB + CI = 2x + x - \frac{x^3}{aa} = b$; d'où l'on tire $x^3 = 3aax - aab$, qui est une équation du troisiéme degré, & qui ne pouvant être réduite à une équation du second, fait connoître que le Problême est solide.

Pour le construire, soit premierement l'équation précedente multipliée par son inconnue x, & l'on aura $x^4 = 3aaxx - aabx$; & ayant fait $ay = xx$, l'on aura $aayy$

$= x^4$. Mettant donc dans l'équation du Problême, pour x^4, & pour xx, leurs valeurs $aayy$, & ay; l'on aura aprés avoir divisé par aa, $yy = 3ay - bx$, qui est une autre équation à la parabole. Et en combinant par addition ou soustraction, ces deux équations à la parabole, l'on aura aprés la réduction $yy - 4ay = - xx - bx$, qui est une équation au cercle, dont la construction jointe avec celle de l'équation à la parabole $ay = xx$, résoudra le Problême.

Soit donc le point A l'origine des inconnues y qui va vers G, & x perpendiculaire à AG qui va vers B, & soit décrite (art. 10 n° 11) sur l'axe AG, dont le sommet soit A, la parabole AH dont le parametre soit $a =$ (Fig. 95) AC. Cette parabole sera celle dont l'équation est $ay = xx$. FIG. 95. 96.

L'équation au cercle étant réduite, donnera, avec les réductions, cette construction.

Soit prise $AI = 2a =$ (Fig. 95) $2AC$, & ayant élevé IK perpendiculaire à AG & $= \frac{1}{2} b = \frac{1}{2} BC$, l'on décrira du centre K par A, un cercle $AMNF$ qui coupera la parabole aux points A, M, N, F, parmi lesquels il y en a trois M, N, & F dont on peut tirer des perpendiculaires MP, NQ, FE sur l'axe AG de la parabole, qui sont les trois racines de l'inconnue x de l'équation du Problême, deux desquelles PM, & QN sont positives, & la troisiéme EF, negative, de sorte que PM sera la corde du tiers de l'arc $BDFC$ qu'il falloit diviser; & QN, la corde du tiers du reste du cercle BVC.

DÉMONSTRATION.

PAR la proprieté de la parabole l'on a (art. 10) $ay = xx$. Ayant joint KA, & mené le diametre ZKR parallele à AG; l'on aura par la proprieté du cercle KA^2, ou $KR^2 - KT^2 = TN^2$, ou $KZ^2 - KX^2 = XM^2$, ou en termes algebriques, $4aa + \frac{1}{4} bb - yy + 4ay - 4aa =$

$xx + bx + \frac{1}{4} bb$, ou $4ay - yy = xx + bx$; & en remettant pour ay, & pour yy leurs valeurs xx, & $\frac{x^4}{aa}$ prises dans l'équation à la parabole $ay = xx$, l'on aura après les réductions, $x^3 = 3aax - aab$. C. Q. F. D.

REMARQUE I.

9. S'IL y avoit un second terme dans l'équation que l'on vient de construire, il auroit fallu avant toutes choses le faire évanouir; & alors l'inconnue x, qui exprime la corde CF (Fig. 95), ne se seroit plus trouvée dans l'équation à construire; c'est pourquoi les perpendiculaires PM, QN, ne seroient égales aux cordes du tiers des arcs BFC, BVC, qu'après les avoir augmentées ou diminuées de la quantité connue de l'équation qui auroit servi à faire évanouir le second terme; ce qui n'auroit apporté aucune difficulté.

REMARQUE II.

FIG. 96. 10. LES valeurs positives de x, PM & QN sont ensemble égales à la négative EF. Ce que je démontre en cette sorte. On les prolongera en sorte qu'elles rencontrent le cercle en L, S & H, & le diametre ZR en X, T & O. Ayant nommé le parametre AB de la parabole AM, a; la corde AG, qui est l'axe de la même parabole, b; IK, ou PX, ou EO, c; PM, x; QN, y; & FE, z; PL sera, $2c + z$; QS, $2c + y$; & EH, $z - 2c$. AP sera (art. 10) $\frac{xx}{a}$; AQ, $\frac{yy}{a}$; AE, $\frac{zz}{a}$; & partant PG, $b - \frac{xx}{a}$; QG, $b - \frac{yy}{a}$; EG, $b - \frac{zz}{a}$.

DÉMONSTRATION.

L'ON a par la proprieté du cercle.

1. $AP \times PG = \frac{abxx - x^4}{aa} = 2cx + xx = MP \times PL$.

2. $AQ \times QG = \frac{abyy - y^4}{aa} = 2cy + yy = NQ \times QS$.

3. $AE \times EG = \frac{abzz - z^4}{aa} = zz - 2cz = HE \times EF.$

On tire de la premiere équation,

$ab = \frac{x^3 + 2aac + aax}{x}$, & substituant cette valeur de ab dans la seconde & troisiéme, l'on aura aprés les réductions $x^3y + 2aacy = y^3x + 2aacx$, & $x^3z + 2aacz = z^3x + 2aacx$, d'où l'on tire $2aac = xyy + xxy$, & $2aac = xzz - xxz$; donc $yy + xy = zz - xz$, d'où l'on tire $x = z - y$, donc $x + y = z$. C. Q. F. D.

On démontreroit de même que, si le cercle coupoit la parabole en quatre points, les ordonnées qui partiroient des points d'Interfection d'un côté de l'axe seroient ensemble égales aux ordonnées qui partiroient des points d'Intersection de l'autre côté de l'axe. Soit qu'il en eût deux d'un coté, & deux de l'autre, ou trois d'un côté, & une de l'autre.

Ce seroit encore la même chose, si le cercle touchoit la parabole d'un côté de l'axe, & la coupoit en deux points de l'autre côté: car le point touchant doit être regardé comme deux points d'Intersection infiniment proches. Ainsi, le double de l'ordonnée qui partiroit du point touchant, seroit égal à la somme des deux ordonnées qui partiroient des deux points d'Intersection qui seroient de l'autre côté de l'axe.

EXEMPLE III.

Problême Solide.

11. SOIT encore le Problême proposé dans la Section précedente, Exemple 5, où l'on a trouvé ces deux équations $xx = aa - 2by - bb$, & $yy = ax + xx$.

Si l'on fait évanouir y, l'on aura

$$A.\ x^4 \begin{array}{l} - 2aaxx \\ - 2bbxx \end{array} + 4abbx \begin{array}{l} + a^4 \\ - 2aabb \\ + b^4 \end{array} = 0,$$

qui n'a point de second terme.

Si au lieu de faire évanouir y, l'on fait évanouir x, l'on aura.

$$B.\ y^4 + 4by^3 + 6bbyy + 4b^3y + b^4 = 0.$$
$$\quad - 2aayy - 2aaby - aabb$$

d'où faisant évanouir le second terme, en faisant $y + b = z$, l'on aura

$$C.\ z^4 - 2aazz + 2aabz - aabb = 0.$$

Et comme cette équation est plus simple que l'équation A, il vaut mieux s'en servir pour construire le Problême, que de l'équation A. Faisant donc

$D.\ au = zz$, l'on aura $aauu = z^4$, & mettant les valeurs de zz & de z^4 dans l'équation C, l'on aura aprés avoir divisé par aa,

$E.\ uu - 2au + 2bz - bb = 0$, qui est une équation à la Parabole.

Si l'on ajoute le second membre de l'équation D au premier de l'équation E; & le premier au second, l'on aura $uu - 2au + zz + 2bz - bb = au$, ou

$F.\ uu - 3au + zz + 2bz - bb = 0$, qui est une équation au cercle.

Si l'on réduit l'équation F, & qu'on la construise avec l'équation D. En prenant le point K pour l'origine des inconnues u qui va vers S, & z qui lui est perpendiculaire, & va en haut, on retombera dans la construction de la Section précedente n°. 5.

FIG. 93.

DÉMONSTRATION.

PAR la construction du Problême 5 (Sect. prec.) KL, ou $HP = x + a$; & $LM = y + b$; & par cette construction $KL = u$, & $LM = z = y + b$; mettant donc dans ces deux équations D & F pour u, sa valeur $x + a$, & pour z sa valeur $y + b$, l'on aura ces deux équations.

$G.\ aa + ax = yy + 2by - bb$, &

$H.\ xx = aa - 2by - bb$, qui est la premiere équation de l'exemple 5, Sect. prec. & en ajoutant les deux équations G & H, le premier membre au premier, & le second au second, l'on aura, aprés les réductions,

K. $xx + ax = yy$, qui eſt la ſeconde équation du même Exemple. C. $Q.F.D.$

REMARQUE.

12. PAR le moyen de cette conſtruction, l'on ne détermine que la grandeur du côté $CB = PM$, au lieu que par la conſtruction de la Section précedente, l'on a auſſi déterminé la grandeur de $CE = AP$, d'où l'on voit que lorſqu'on conſtruit un Problême ſolide par le moyen de ſon équation déterminée, il n'eſt pas entierement réſolu. Il faut encore pour cela réſoudre & conſtruire un autre Problême ſimple ou Plan; aulieu que lorſqu'on le conſtruit par le moyen de ſes deux équations indéterminées, il eſt entierement réſolu: car les valeurs des deux inconnues ſe trouvent toujours déterminées. FIG. 92. 93.

Ainſi pour achever de réſoudre le Problême, en ſuppoſant qu'on n'a déterminé que le côté CB par la conſtruction précedente. Soit encore CE nommé x; & BD, c; l'on aura par la proprieté du triangle rectangle $x + a$ $(CD) \,.\, c\,(BD) :: c \,.\, a\,(DE)$, d'où l'on tire $x = \frac{bb}{a} - a$, qui ſervira à déterminer la grandeur CE, & le Problême ſera entierement réſolu.

REMARQUES GENERALES

Sur la conſtruction des Problêmes Solides.

13. LES conſtructions du deuxiéme & cinquiéme exemples de la Section précedente, comparées avec les conſtructions du ſecond & du troiſiéme de cette Section, font voir qu'il eſt plus à propos de conſtruire les Problêmes ſolides avec deux équations indéterminées, qu'avec une équation déterminée, lorſqu'on le peut. Or on le peut toujours lorſque l'une des équations indéterminées ſe rapporte au cercle, ou bien lorſque les deux lettres inconnues ne ſe multiplient point dans les deux mêmes équations indéterminées: car en ce cas on trouvera toujours une équation au cercle, comme on a fait dans cet exemple.

On voit aussi qu'il n'est pas absolument necessaire que les deux lettres inconnues ayent les qualitez marquées dans la premiere Observation de l'article 4. On peut même les placer de differentes manieres, & chercher à chaque fois deux équations : car on trouve souvent des équations plus simples en les plaçant d'une maniere, qu'en les plaçant d'une autre.

14. Quoiqu'on n'ait employé dans cette Section que le cercle & la parabole pour la construction des Problêmes solides, cela n'empêche pas qu'on ne puisse les construire avec celle qu'on voudra des Sections coniques : car on peut tirer d'une équation déterminée du troisiéme & du quatriéme degré des équations à l'Ellipse, & à l'Hyperbole comme on en a tiré une équation au cercle, avec cette difference seule qu'on ne peut tirer d'une équation du quatriéme degré, une équation à l'Hyperbole par rapport à ses asymptotes, & qu'on la peut tirer d'une équation du troisiéme.

Soit par exemple $A.\ x^3 = 3aax - aab$, qui est l'équation de l'exemple 2.

En supposant $B.\ ay = xx$, & mettant en la place de xx sa valeur ay, l'on aura $C.\ xy = 3ax - b$, qui est une équation à l'Hyperbole par rapport à ses asymptotes. Et multipliant l'équation C par x, & mettant ensuite pour xx, sa valeur ay dans le premier terme, l'on aura $D.\ yy = 3xx - bx$, qui est une équation à l'Hyperbole par rapport à ses diametres, comme celle de l'art. 14 n° 13; & mettant encore pour xx sa valeur ay dans l'équation D; il viendra $E.\ yy = 3ay - bx$, qui est une équation à la parabole. En ajoutant les deux membres des deux équations B & E, le premier au premier, & le second au second, l'on aura $yy = xx + 2ay - bx$, qui est une équation à l'Hyperbole équilatere. Si l'on ajoute le second membre de l'équation B au premier de l'équation E, & le premier au second, l'on aura $yy + xx = 4ay - bx$, qui est une équation au cercle. Si on multiplie l'équation B par un nombre quelconque entier ou rompu, ou

par

par une fraction litterale, comme $\frac{a}{b}$, avant que de la combiner avec l'équation *F*, comme on vient de faire; l'on aura une équation à l'Hyperbole, & une à l'Ellipse.

On peut de même combiner deux des équations precedentes prises à volonté, & ensuite celles qui résultent de ces combinaisons, ce qui donnera une infinité d'équations aux Sections coniques, de l'une desquelles on pourra se servir avec l'équation au cercle.

15. On tirera de la même maniere d'une équation du quatriéme degré qui n'a point de second terme, des équations aux Sections coniques, & une au cercle: mais on n'en trouvera point à l'Hyperbole par rapport à ses asymptotes: où l'on remarquera que si l'on tiroit deux équations au cercle d'une équation du troisiéme ou du quatriéme degré, le Problême seroit plan, & l'équation se pourroit réduire à une équation du second degré.

16. On peut encore construire les Problêmes solides avec l'équation au cercle, & telle Section conique qu'on voudra, comme on peut voir dans le Traité de la Construction des Equations de Mr de la Hire, dont on a suivi ici la Méthode.

17. On multiplie les équations du troisiéme degré par leur inconnue, pour en tirer une équation à la parabole, differente de celle que l'on forme arbitrairement pour introduire dans l'équation déterminée afin d'en tirer des équations indéterminées: mais cela n'y apporte aucun changement: car les Problêmes du troisiéme & du quatriéme degré sont de même nature; & même leurs constructions ne different qu'en ce que les deux Courbes qu'on y employe passent par l'origine de l'inconnue de l'équation, quand elle est du troisiéme degré, & qu'elles n'y passent pas quand elle est du quatriéme.

SECTION XI.

Où l'on donne la Méthode de résoudre & de construire les Problêmes indéterminez dont les Equations excedent le second degré : ou ce qui est la même chose, de décrire les courbes dont ces Equations expriment la nature ; & de résoudre & de construire les Problêmes déterminez, dont les Equations excedent le quatriéme degré.

MÉTHODE.

XXV. ON a donné des régles dans la cinquiéme, sixiéme & septiéme Section pour décrire les courbes du premier genre d'une maniere plus simple que celles qu'on tireroit naturellement de leurs équations : mais on n'en peut pas donner pour décrire celles des genres plus composez. Il faudroit pour cela les avoir examinées les unes aprés les autres ; ce qui iroit à l'infini : car chaque genre en contient un nombre d'autant plus grand qu'il est plus composé, & il y a une infinité de genres.

1. On dira seulement en general qu'aprés avoir trouvé une équation pour chaque Problême (en observant pour nommer les lignes inconnues, ce qui est prescrit dans la premiere ou septiéme Observation de l'art. 4), qui exprime la nature de la Courbe qui doit servir à le résoudre, qui en détermine le genre, & qui soit réduite à son expression la plus simple ; il faut examiner par l'inspection des termes de l'équation ; celle des deux inconnues dont on peut plus facilement trouver les valeurs en suivant les regles de la construction des équations déterminées, trouver par les mêmes regles les valeurs de cette inconnue, en assignant à l'autre inconnue une va-

leur déterminée, & arbitraire ; & l'on aura à chaque fois qu'on aſſignera à cette inconnue des valeurs arbitraires, autant de points de la courbe qu'on veut décrire, que l'autre inconnue aura de valeurs réelles, poſitives, & négatives. De ſorte que ſi l'inconnue la moins élevée de l'equation, ſi elles ne le ſont pas toutes deux également, à une ou deux dimenſions, on en trouvera les valeurs par les regles de la Section II, en aſſignant à l'autre inconnue des valeurs arbitraires, & la regardant enſuite comme déterminée. Si elle a trois ou quatre dimenſions, on en trouvera les valeurs par les regles de la Section précedente ; & ſi elle a un plus grand nombre de dimenſions, on en trouvera les valeurs comme on expliquera dans la ſuite : mais comme l'on en pourra plus tirer l'équation au cercle, il ne ſera point neceſſaire d'en faire évanouir le ſecond terme, s'il s'y rencontre : où l'on remarquera qu'il faut réiterer la conſtruction autant de fois qu'on aſſignera des valeurs differentes à l'inconnue que l'on prend pour conſtante.

2. On peut auſſi, aprés avoir trouvé une équation comme on vient de dire, abandonner la premiere & ſeptiéme Obſervation de l'art. 4, & nommer d'autres lignes par des lettres inconnues, & chercher par ce moyen d'autres équations, qui n'exprimeront pas effectivement la nature de la courbe qui doit réſoudre le Problême, & qui n'en détermineront pas le genre : mais qui pourront ſervir à décrire plus ſimplement la même courbe, ſoit par elles-mêmes, ou en faiſant évanouir par leur moyen les inconnues de la premiere équation, afin de la rendre plus ſimple, & d'en tirer plus facilement la maniere de décrire la même courbe.

3. On peut encore tirer de l'équation qui exprime la nature de la courbe qui doit réſoudre un Problême, des équations à quelqu'une des quatre courbes du premier genre, lorſqu'on y trouve l'expreſſion de l'appliquée de quelqu'une des quatre mêmes courbes, en égalant cette expreſſion à une troiſiéme lettre inconnue, ou à ſon quarré, & la conſtruction de ces équations facilitera

la description de la courbe qu'on veut décrire. Tout ce-ci se trouvera pratiqué dans les exemples qui suivent.

EXEMPLE I.

Problême indéterminé.

FIG. 97. 4. *Un demi cercle* AFB, *dont le diametre est* AB, *& le centre* C, *étant donné, ayant mené par un point quelconque* P *du diametre* AB, *la droite* PK *perpendiculaire à* AB, *qui rencontre la circonference* AFB *en* K. *Il faut trouver sur* PK *le point* M, *qui la divise en sorte que* AP . PM :: PB . PK. *Et comme il y a une infinité de points comme* M, *il faut trouver la courbe sur laquelle ils se trouvent tous.*

Ayant supposé le Problême résolu ; & nommé le diametre AB, a ; & les indéterminées AP, x ; PM, y ; PB sera, $a - x$; & par la proprieté du cercle PK sera $\sqrt{ax - xx}$, & l'on aura par les qualitez du Problême,

$AP(x) . PM(y) :: PB(a - x) . PK = \frac{ay - xy}{x} = \sqrt{ax - xx}$, & en quarrant chaque membre, multipliant ensuite par xx, & divisant par $a - x$; l'on aura $x^3 = ayy - xyy$, qui est une équation du troisiéme degré, qui montre que la courbe cherchée dont elle exprime la nature est du second genre. On tire de l'équation que l'on vient de trouver, $y = \pm \frac{x\sqrt{x}}{\sqrt{a - x}}$, ou $y = \pm \frac{xx}{\sqrt{ax - xx}}$, en multipliant les deux termes de la fraction par $\sqrt{x}$, ce qui ne change ni le degré de l'équation, ni le genre de la courbe, d'où l'on voit que la courbe passe des deux côtez de l'axe AB par les points M, & m, & que la partie Am est égale & semblable à la partie AM, puisque $Pm = PM$.

Si l'on fait $x = 0$, le point P tombera en A, les termes où x se rencontrent seront nuls, & l'on aura par consequent $y = 0$, d'où l'on connoît que la courbe rencontre son axe au point A, puisque AP & PM s'y aneantissent, & qu'elle ne rencontre qu'en A la parallele à PK menée par A: car si elle la rencontroit encore en quelqu'autre point, l'on trouveroit une valeur de y qui le détermineroit.

Si l'on fait $y = o$, l'on aura aussi $x = o$, qui montre que la courbe ne rencontre son axe AB qu'au seul point A; & comme elle ne rencontre aussi la parallele à PK, menée par A qu'au seul point A; il suit qu'elle est toute du côté de B par rapport à cette parallele.

Puisque par l'Hypothese $PB \,.\, PK :: AP \,.\, PM$, il est clair que la courbe AM touche son axe au point A: car le point P étant infiniment proche de A, les points K & M en seront aussi infiniment proches; & parcequ'alors PB surpassera pour ainsi dire infiniment PK; AP surpassera aussi pour ainsi dire infiniment PM; d'où il suit que la petite partie AM de la courbe sera pour ainsi dire dans la direction de son axe AB, qu'elle touche & coupe par consequent au point A.

L'on voit encore par la même équation que x croissant, y croît aussi, même en deux manieres: car le numerateur xx du membre fractionnaire croissant, le dénominateur $\sqrt{ax - xx}$ diminue.

Si l'on augmente x jusqu'à ce qu'elle devienne $= a$, le point P tombera en B, & l'équation deviendra $y = \frac{aa}{o}$, & comme ce rapport $\frac{aa}{o}$, est plus grand que tout rapport donné, c'est à dire, infiniment grand; il suit que si l'on mene par B une ligne BH parallele à PM, cette parallele ne rencontrera la courbe qu'à une distance infinie, ou, ce qui est la même chose, qu'elle lui sera asymptote. L'on voit aussi qu'on ne peut pas augmenter x en sorte qu'elle surpasse AB: car le dénominateur de la fraction deviendroit une quantité imaginaire; & par consequent aussi les valeurs de y: ce qui fait voir que la courbe ne passe point au-delà BH menée par B parallele à PK. Il suit de tout ce qu'on vient de dire que la courbe est toute renfermée entre les deux paralleles à *PM*, menées par *A* & par *B*.

Puisque *BH* est asymptote à la courbe *AM*, il suit qu'elle coupe la circonference du cercle en quelque point *F*, qu'il est aisé de déterminer: car faisant $PM = PK$, ou $y = \sqrt{ax - xx}$, & mettant cette valeur de y dans l'équation précedente, elle deviendra $ax - xx = xx$, d'où l'on tire $x = \frac{1}{2} a$, qui fait voir que le point *F* divisera par le milieu le demi cercle *AFB* : ce que l'on peut aussi remarquer par l'Hypothese : car le point *P* tombant en *C*, l'on aura $AC . CM :: CB . CK$; & partant $CM = CK = AC$.

La qualité du Problême fournit une maniere assez simple pour décrire la courbe : mais il faut examiner si l'on n'en peut pas tirer une plus simple de son équation $y = \frac{xx}{\sqrt{ax - xx}}$, en cherchant les valeurs de y dans toutes les positions du point *P*. On trouve que cette équation donne cette construction qui est presque la même que celle que fournit le Problême. Soit prise *PM* troisiéme proportionnelle à *PK* & à *AP*, & le point *M* sera à la courbe cherchée.

DÉMONSTRATION.

Par la construction, & par la proprieté du cercle $\sqrt{ax - xx}.(PK) . x(AP) :: x . y(PM)$, d'où l'on tire $y = \frac{xx}{\sqrt{ax - xx}}$. C. Q. F. D.

Quoique ces constructions soient assez simples, il est neanmoins à propos de voir si l'on n'en peut pas trouver une encore plus simple. Soit pour ce sujet menée par les points *A* & *M* la droite *AMG* qui rencontre la circonference *AKB* en *E*, & l'asymptote *AH* en *G*, & ayant mené *ED* parallele à *PK*, & nommé *DB*, z; *AD* sera $a - z$, & les triangles semblables *APM*, *ADE*, donneront $AP\,(x)\,.\,PM\,(y) :: AD\,(a-z)\,.\,DE = \frac{ay-zy}{x}$. Mais par la proprieté du cercle $DE = \sqrt{az-zz}$ donc $az-zz = \frac{aayy-2azyy+zzyy}{xx}$, ou $z = \frac{ayy-zyy}{xx}$, en divisant chaque membre par $a-z$. L'on a aussi l'équation du Problême $yy = \frac{x^3}{a-x}$; donc en mettant cette valeur de yy dans l'équation précedente, l'on aura $z = \frac{ax-zx}{a-x}$; d'où l'on tire $z=x$, ou $AP = DB$; donc $AM = EG$, qui donne cette construction qui est la plus simple que l'on puisse trouver.

Soit menée du point A une ligne droite quelconque AG qui rencontrera la circonference du demi cercle en E; & ayant pris sur AG, $AM = EG$; le point M sera à la courbe cherchée.

DE'MONSTRATION.

PUISQUE (Const.) $AP = DB$, AP étant x; DB sera aussi, x; AD, $a-x$; & l'on aura, à cause des triangles semblables APM, ADE, $AP\,.\,(x)\,.\,PM\,(y) :: AD\,(a-x\,.\,DE = \frac{ay-xy}{x} =$ (par la Prop. du cercle) $\sqrt{ax-xx}$, d'où l'on tire l'équation du Problême. C. Q. F. D.

Diocles Inventeur de cette courbe l'a nommée *Cyssoïde*.

EXEMPLE II.

Problême indéterminé.

FIG. 98. §. UN *angle droit* ABH, *& un point fixe A sur un de ses côtez, étant donnez de position sur un Plan. Si l'on mene du point fixe* A *une ligne quelconque* AG, *qui rencontre le côté* BH *en* G, *& qu'on prenne* GM = GB. *Il faut trouver une équation qui exprime la nature de la courbe sur laquelle se trouve le point* M, *& tous ceux que l'on trouvera de la même maniere.*

Ayant supposé le Problême résolu, on abaissera du point M sur AB la perpendiculaire MP; & ayant nommé la donnée AB, a; & les indéterminées AP, x; PM, y; PB sera, $a-x$; & AM, $\sqrt{xx+yy}$, & les triangles semblables APM, ABG donneront $AP\,(x)\,.\,PM\,(y) :: AB\,(a)\,.\,BG = \frac{ay}{x} =$ (Hyp.) GM, & à cause des paralleles PM, BG, l'on aura $x\,(AP)\,.\,a-x\,(PB) :: \sqrt{xx+yy}\,(AM)\,.\,\frac{ay}{x}$ (GM, ou GB). d'où l'on tire $y = \pm \frac{ax - xx}{\sqrt{2ax - xx}}$, qui est une équation du troisiéme degré : car on avroit pû la diviser par x avant que d'extraire la racine, & la courbe par consequent est du second genre.

Il seroit inutile de chercher une construction plus simple que celle qui est renfermée dans l'énoncé du Problême : car il est impossible d'en trouver de plus simples. Voici celle que l'équation donne.

Soit prolongée AB en D, en sorte que $BD = AB$, & décrit un demi cercle AKD sur le diametre AD. Ayant mené par un point quelconque P la droite PK parallele BH, qui rencontrera le demi cercle en K, on prendra sur PK, PM quatriéme proportionnelle à PK, AP, & PB, & le point M sera à la courbe cherchée.

DÉMONSTRATION.

PAR la conſtruction, & à cauſe du demi cercle, $\sqrt{2ax-xx}$ $(PK) . x (AP) :: a-x (PB) . y (PM)$, d'où l'on tire $y = \pm \frac{ax-xx}{\sqrt{2ax-xx}}$. *C. Q. F. D.*

On voit par cette équation que la courbe paſſe des deux côtez de ſon axe *AB*, & que les parties qui ſont de part & d'autre ſont égales & ſemblables.

Si l'on fait $x=0$, l'on aura auſſi $y=0$, ce qui montre que la courbe paſſe au point *A*, qui eſt par conſequent le ſommet de ſon axe ; & la conſtruction précedente auſſi bien que l'énoncé du Problême, font connoître qu'elle coupe au point *A* ſon axe *AB* à angles droits: car ſi l'on ſuppoſe le point *P* infiniment proche de *A*, les points *K* & *M* en ſeront auſſi infiniment proches. Or puiſque (conſt.) $PK . AP :: PB . PM$, & que *PM* eſt pour ainſi dire nulle rapport *PB* ; *AP* ſera par conſequent nulle par rapport à *PK* ; & partant le point *M* eſt pour ainſi dire dans la perpendiculaire à *AB* menée par *A*.

Si l'on fait $y=0$, l'on aura $x=a$; d'où il ſuit que la courbe rencontre encore ſon axe au point *B*, puiſque *y* y eſt nulle. Mais outre cela, je dis qu'elle le coupe en faiſant avec lui un angle de 45 degrez : car ſi l'on ſuppoſe que le point *P* ſoit infiniment proche de *B*, le point *K* ſera infiniment proche du point *H* milieu de la circonference du cercle *AKD* ; c'eſt pourquoi *PK* ſera égale à *PA*, & par conſequent $PB = PM$ à cauſe de l'Analogie précedente $PK . AP :: PB . PM$; ainſi le petit triangle *KPB* ſera rectangle & iſoſcele, & partant l'angle *PBM* ſera demi droit.

La même équaion $y = \pm \frac{ax-xx}{\sqrt{2ax-xx}}$, fait voir que $AP = x$ peut devenir plus grande que $AB = a$, ſans que les valeurs de *y* deviennent imaginaires, ce qui fait voir que la courbe paſſe au-delà de *BH* par rapport à *A*, de ſorte que la partie *MB* ſe continue vers *I*, & l'autre vers *E*.

Mais parcequ'alors y devient negative de positive qu'elle étoit, l'équation deviendra $-y = \pm \frac{ax - xx}{\sqrt{2ax - xx}}$, ou $y = \pm \frac{xx - ax}{\sqrt{2ax - xx}}$. Ainsi pour décrire les parties de la courbe qui sont au-delà de *BH* par rapport à *A*, ayant mené par un point quelconque *p*, la droite *pk* parallele à *BH*, l'on prendra *pm* quatriéme proportionnelle à *pk*, *pA*, & *pB*, & le point *m* sera à la courbe cherchée.

Si l'on augmente x (*AP*) jusqu'à ce qu'elle devienne $= AD = 2a$, l'équation deviendra $y = \pm \frac{2aa}{0}$, qui fait voir *DF* menée par *D* parallele à *BH*, & prolongée de part & d'autre à l'infini, ne rencontrera jamais la courbe, & lui sera par consequent asymptote.

Si l'on veut déterminer le point *E*, où la courbe coupe la circonference du demi cercle, il n'y a qu'à faire $pm = pk$, c'est-à-dire, $y = \sqrt{2ax - xx}$, & mettant cette valeur de y dans l'équation précedente, l'on en tirera $x = \frac{3}{2} a$, c'est-à-dire que le point *E* est vis-à-vis le milieu de *BD*; & que par conséquent l'arc *ED*, est de 60 degrez.

EXEMPLE III.

Problême indéterminé.

FIG. 99. 6. UNE *ligne droite* GH *indéterminée de part & d'autre, & un point* D *hors de cette ligne, étant donnez de position sur un Plan. Si l'on ajuste l'axe* AE *d'une courbe quelconque* FAM *sur la ligne* GH, *& qu'on applique au point fixe* D *une regle* DMF, *indéfinie de part & d'autre du point* D, *qui en tournant fasse mouvoir la courbe* FAM *en poussant de côté ou d'autre un point déterminé* C *de son axe, le long de la ligne* GH, *les intersections* F *&* M *de la regle* DMF, *avec la courbe* FAM, *décriront par ce mouvement deux autres courbes, ou deux parties d'une courbe* KF *&* IM. *L'on propose de trouver des équations qui en expriment la nature.*

Ayant supposé le Problême résolu, l'on menera du point D la ligne DE perpendiculaire à GH, ou à l'axe de la courbe FAM, & du point d'intersection M les lignes MP, MQ paralleles à DE & à AE : & ayant nommé les données DE, a ; AC, b ; & les indéterminées EP, ou QM, x ; EQ, ou PM, y ; AP, z ; CP sera, $z - b$; DQ, $a - y$; & les triangles semblables DQM, MPC donneront $a - y\ (DQ) . x\ (QM) :: y\ (MP) . z - b\ (PC)$, d'où l'on tire cette équation.

$A.\ xy = az - yz - ab + by$, qui est une équation generale pour la courbe IM, telle que puisse être la courbe FAM.

Si l'on change les signes des termes de l'équation A, où y se rencontre, l'on aura $- xy = az + yz - ab - by$, ou

$B.\ xy = - az - yz + ab + by$, qui est une équation generale pour la courbe KF : car l'inconnue $PM = y$, de positive qu'elle étoit, devient negative FO, $EP = x$, devient EO, & $AP = z$ devient AO. Ce qu'on peut aisément prouver en cherchant une équation dans cette supposition : car CO étant à present, $b - z$; EC sera $x + z - b$; & les triangles semblables DEC, FOC donneront $a\ (DE) . x + z - b\ (EC) :: y\ (FO) . b - z\ (CO)$, d'où l'on tire $xy = - az - yz + ab + by$, qui est l'équation B.

La nature de la courbe FAM étant donnée, l'on aura une équation qui exprimera la relation de ses coordonnées AP, ou $AO\ (z)$ & PM, ou OF, (y), d'où l'on tirera une valeur de z que l'on substituera dans l'équation A, ou B ; & l'équation qui en resultera exprimera le nature de la courbe IM, ou KF, & en déterminera le genre.

Soit par exemple la courbe FAM une parabole du premier genre dont le parametre soit p, l'on aura (art. 10) $p \times AO$, ou $p \times AP = FO^2$, ou PM^2, ce qui est en termes algebriques $pz = yy$, d'où l'on tire $z = \frac{yy}{p}$, &

mettant en la place de z dans les équations A & B sa valeur $\frac{yy}{p}$, l'on aura aprés avoir divisé par y

$$C.\ x = \frac{ay - yy}{p} + \frac{by - ab}{y}, \&$$

$$D.\ x = \frac{-ay - yy}{p} + \frac{by + ab}{y}.$$

L'équation C donne cette construction. Soit menée par un point quelconque Q pris sur DE la droite QM parallele à GH. Soit fait $p . DQ :: QE . \frac{DQ \times QE}{p}$; & $QE . DQ :: AC . \frac{DQ \times AC}{QE}$, & ayant fait $QM = \frac{DQ \times QE}{p} - \frac{DQ \times AC}{QE}$ le point M sera à la courbe cherchée IM.

Ayant prolongé DE du côté de E vers S, & mené par un point quelconque R pris sur ES la droite RF parallele GH; l'équation D donnera $RF = \frac{DR \times CA}{OF} - \frac{DR \times OF}{p}$, & le point F sera à la courbe KF. Tout ceci est évident par la seule inspection des équations C & D.

Si l'on fait $y = a$, l'équation C deviendra $x = o$, ce qui fait voir que la courbe IM passe par le point D; & si l'on fait $y = o$, l'équation C donnera $x = -\frac{ab}{o} + \frac{o}{p} = -\frac{ab}{o}$, qui montre que HG prolongée à l'infini du côté de G, est asymptote à la courbe IM, & s'en approche de plus en plus à l'infini; & l'équation D donne $x = \frac{ab}{o} - \frac{o}{p} = \frac{ab}{o}$, qui montre que HG prolongée à l'infini du côté de H, est asymptote à la courbe KF.

L'on a construit ces équations en regardant y comme donnée, parceque si on on l'avoit regardée comme inconnue, & x comme donnée, la construction auroit été plus composée, & auroit dépendu de la Geometrie solide: car l'équation auroit été du troisiéme degré.

Mr Descartes a nommé * dans cette supposition, les courbes *IM* & *KF* *paraboloïdes*. * Geom. Liv. 3.

7. Si la courbe *FAM* devient un angle rectiligne dont le sommet soit en *A*, la raison de *AP* à *PM*, ou de *AO* à *OF* sera constante; qu'elle soit donc comme *b* à *c* (si *b* exprime *AC*, *c* exprimera la parallele à *DE* menée de *C* jusqu'à une des droites *AM*, ou *AF*), & l'on aura $z. y :: b. c$; d'où l'on tire $z = \frac{by}{c}$: & mettant cette valeur de *z* dans les équations *A* & *B*, l'on aura les deux suivantes,

$cxy = aby - byy - abc + bcy$, &

$cxy = - aby - byy + abc + bcy$, qui sont deux équations à l'Hyperbole que l'on construira par les regles de l'article 21, ou 22.

8. Mais en ce cas on peut avoir des équations bien plus simples en suivant les Observations de l'art. 4. Soient menées du point fixe *D* les droites *DE* paralleles à *AM*, qui rencontrera *GH* en *E*; *DP* parallele à *AF*, qui rencontrera *GH* en *O*; & des points d'intersection *M* & *F*, les droites *MQ* & *FP* paralleles à *GH*, qui rencontreront *DE* & *DP* en *Q* & en *P*; & ayant nommé les données *DE*, *a*; *AC*, *b*; *DO*, *c*; & les inconnues *AE*, ou *MQ*, *x*; *AM* ou *EQ*, *y*; *AO* ou *FP*, *z*; *AF*, ou *OP*, *u*; *CE* sera, $b + x$; *DQ*, $a - y$; *CO*, $z - b$; *DP*, $c + u$; & les triangles semblables *DEC*, *DQM* & *DOC*, *DPF* donneront, a (*DE*). $b + x$ (*EC*) :: $a - y$ (*DQ*) x (*QM*), & c (*DO*). $z - b$ (*OC*) :: $c + u$ (*DP*). z (*PF*), d'où l'on tire ces deux équations $by + xy = ab$, & $zu - bu = bc$, qui sont à l'Hyperbole par rapport à ses asymptotes, & que l'on construira par les regles de l'article 22. FIG. 100.

9. Si la courbe *FAM* est un cercle dont le centre soit *C*, l'on aura en nommant les lignes comme on les a nommées n°. 6, $2bz - zz = yy$, d'où l'on tire $z = b + \sqrt{bb - yy}$; & mettant cette valeur de *z* dans les deux équations generales, l'on en aura deux autres, dont l'on tirera les deux qui suivent. FIG. 101.

$E.\ x = \pm \frac{\overline{a-y} \times \sqrt{bb-yy}}{y}$, &

$F.\ x = \pm \frac{\overline{a+y} \times \sqrt{bb-yy}}{y}$, qui sont du quatriéme degré; & par consequent les courbes *IM*, *KF*, dont elles expriment la nature, sont du troisiéme genre.

Ces deux équations presentent une construction assez simple pour décrire par des points les deux courbes *IM*, & *KF* : mais les intersections *M* & *F* du cercle *FAM* avec la régle mobile *DMF*, en donnent une encore plus simple : car ayant mené du point *D* une ligne quelconque *DC*, qui coupe *GH* en *C*, si l'on fait *CM* & *CF* chacune égale à la donnée *b*; les points *M* & *F* seront aux deux courbes *IM* & *KF*.

DÉMONSTRATION.

AYANT mené des points *M* & *F* les droites *MP*, *MQ*, *FO* & *FR* paralleles à *DE* & à *GH*, les triangles semblables *MPC*, *DQM*, & *FOC*, *DRF* donnent,

$y\,(MP) . \sqrt{bb-yy}\,(PC) :: a-y\,(DQ) . x\,(QM)$, &

$y\,(FO) . \sqrt{bb-yy}\,(OC) :: a+y\,(DR) . x\,(RF)$, d'où l'on tire les équations *E* & *F*. C. Q. F. D.

Les deux équations *E* & *F* font voir que les courbes *IM* & *KF* passent de l'autre côté de leur axe *DE* par rapport à *C*, & que leurs parties qui sont des deux côtez de *DE*, sont égales & semblables.

Si l'on fait $y = 0$, l'on aura $x = \pm \frac{ab}{0}$, d'où l'on voit que *GH* prolongée de part & d'autre à l'infini, est asymptote aux deux courbes *IM* & *KF*.

Si l'on fait $x = 0$, l'équation *E* se changera en ces deux suivantes $yy - 2ay + aa = 0$, & $bb - yy = 0$, d'où l'on tire $y = a$, & $y = \pm b$; il suit de la seconde $y = \pm b$, que les deux courbes *IM* & *KF* coupent l'axe *DE* en deux points *I* & *K*, qui sont éloignez du point *E* de la grandeur du demi diametre *CM*. Il suit de la premiere

$y = a$, que la courbe *IM* peut passer par le point fixe *D*, ce qui arrive lorsque $b = a$, & lorsque b surpasse a avec cette difference, que lorsque $b = a$, elle coupe l'axe *DE* au seul point *D*; & lorsque b surpasse a, elle le coupe au point *D*, & en un autre point plus éloigné de *E* que le point *D*, de sorte qu'elle fait en ce cas une espece de nœu, & est semblable à la courbe du Problême precedent. L'on auroit connu la même chose par le moyen de l'équation *F*.

Nicomede auteur de cette courbe l'a nommée *Concoïde*, & le point *D*, le pole de la Coucoïde.

EXEMPLE IV.

Problême indéterminé.

10. *Un angle droit* ABH, *& un point fixe* A, *sur un de ses côtez* AB *étant donez. Il faut trouver dans cet angle le point* M, *en sorte qu'ayant mené du point* A *par* M, *la ligne* AMG *qui rencontre l'autre côté* BH *en* G, *& du même point* M, *la ligne* MP *parallele à* BH, MG *soit égale à* AP. FIG. 102.

Ayant supposé le Problême résolu, & nommé la donnée *AB*, a; & les inconnues *AP*, ou (Hyp.) *MG*, x; *PM*, y; *BP* sera, $a - x$; *AM* $\sqrt{xx + yy}$; & l'on aura à cause des paralleles *BG*, *PM*. x (*AP*). $\sqrt{xx+yy}$ (*AM*) :: $a - x$ (*PB*). x (*MG*), d'où l'on tire aprés les réductions ordinaires, $y = \pm \frac{x\sqrt{2ax - aa}}{a - x}$, qui est une équation du quatriéme degré; & par consequent la courbe dont elle exprime la nature, est du troisiéme genre.

On voit par cette équation que la courbe a deux parties égales & semblables, l'une d'un côté de son axe *AB*, & l'autre de l'autre.

Si l'on fait $y = 0$, l'on aura $x = \frac{1}{2} a$, d'où il suit que la courbe coupe *AB* par le milieu en *C*, & qu'elle ne la rencontre en aucun autre point; puisqu'on ne trouve qu'une seule valeur pour x. Si l'on fait $x = 0$, l'on aura $y = \frac{0}{a}$ qui pourroit faire penser que la courbe passe aussi au point *A*, puisque y y devient nulle: mais on en est desabusé, lorsqu'on fait x moindre qu'un $\frac{1}{2}a$, ou négative : car alors les valeurs de y deviennent imaginaires ; c'est pourquoi la courbe ne rencontre *AB* qu'au seul point *C*.

Si l'on fait $x = a$, l'on aura $y = \pm \frac{aa}{0}$, ce qui fait voir que la ligne *BH* prolongée de part & d'autre à l'infini, est asymptote à la courbe.

Si l'on suppose que x surpasse a, ce qui est possible; le dénominateur $a - x$ du membre fractionnaire de l'équation, deviendra une quantité négative ; c'est pourquoi les valeurs positives de y deviendront négatives, & les négatives deviendront positives ; mais pour les laisser dans l'état où elles sont, il n'y a qu'à changer les signes du dénominateur $a - x$, & l'on aura $y = \pm \frac{x\sqrt{2ax - aa}}{x - a}$, d'où l'on voit que la courbe a encore deux parties qui sont au-delà de l'asymptote *BH*, dans les deux angles *HBD*, *IBD* faits par le prolongement *BD* de l'axe *AB*, & par la ligne *HBI* ; que ces deux parties ont encore pour asymptote la ligne *HBI*: car si l'on fait dans la derniere équation $x = a$, l'on aura $y = \pm \frac{aa}{0}$, & que ces deux mêmes parties ne rencontrent point la ligne *BD* prolongée; car rien n'empêche d'augmenter x à l'infini, sans que les racines de y deviennent nulles ou imaginaires, ce qu'on a déja remarqué en faisant $y = 0$. Les deux équations précedentes $y = \frac{x\sqrt{2ax - aa}}{a - x}$, & $y = \frac{x\sqrt{2ax - aa}}{x - a}$ fournissent cette construction. Soit $2ax - aa = zz$, qui est une équation à

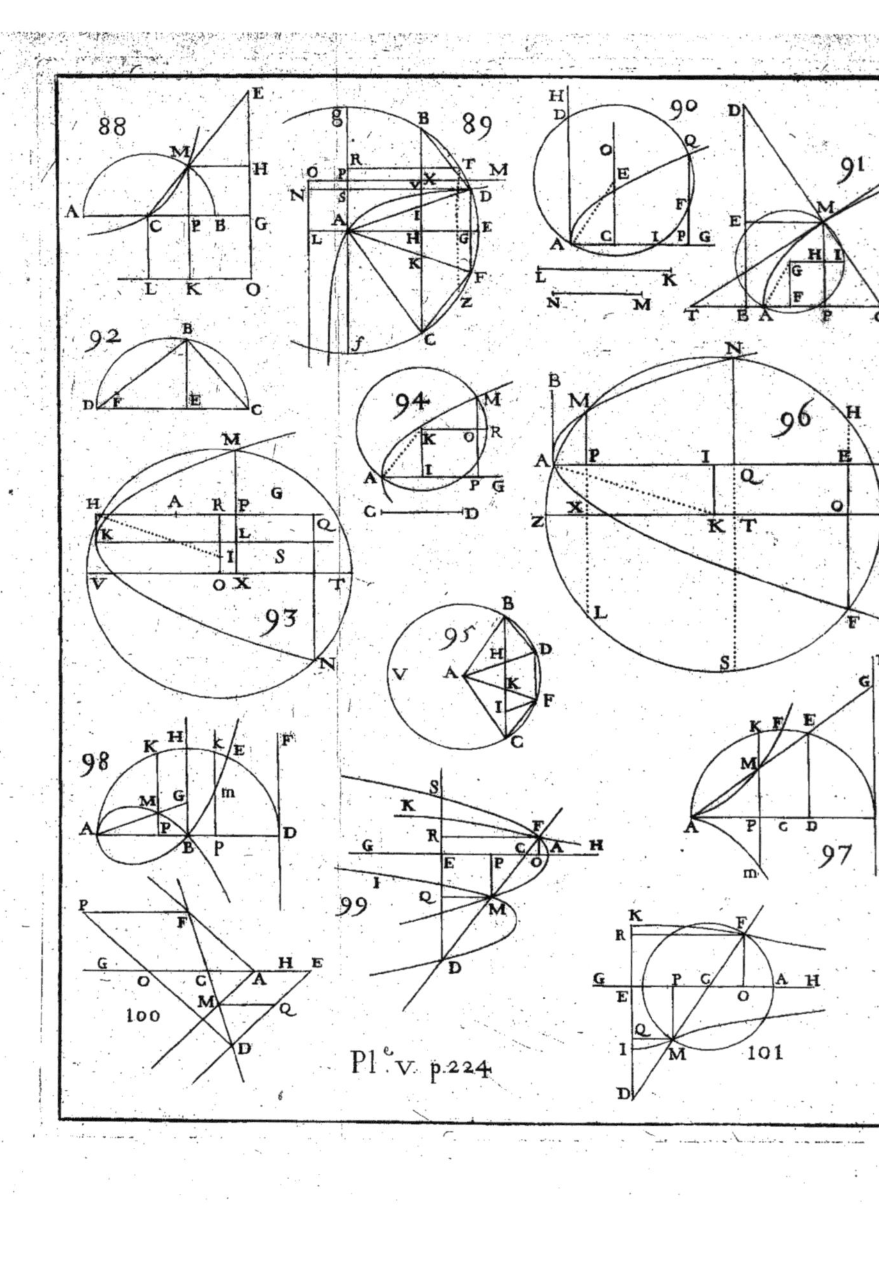
88
89
90
91
92
93
94
95
96
97
98
99
100
101
Pl.e V. p.224

à la parabole, qui étant construit suivant les régles de l'art. 19, aura pour sommet le point *C*, & pour axe la ligne *CD*. Ayant mené d'un point quelconque *P* pris sur *CD*, une ligne *PK* parallele à *BH*, qui rencontrera la parabole en *K*, soit prise *PM* quatriéme proportionnelle à *BP*, *PA*, & *PK*, & le point *M* sera à la courbe cherchée.

DÉMONSTRATION.

ELLE est claire par l'équation précedente.

Cette construction, & l'équation à la courbe, font voir que les deux parties de la courbe qui sont dans les angles *HBD*, *IBD* ne rencontrent point la parabole *CK* : car lorsque le point *P* se trouve au-delà de *B* par rapport à *A*, *BP* est toujours moindre que *PA* ; & par consequent *PK* moindre que *PM*. On voit la même chose par l'équation : car si l'on fait l'appliquée *PK* de la parabole égale à l'appliquée *PM* de la courbe, c'est-à-dire $\sqrt{2ax - aa} = y$, en mettant cette valeur de y dans l'équation à la courbe, l'on en tirera $x = \frac{1}{2}a$, qui marquent que ces deux appliquées ne peuvent être égales qu'en un seul point *C*, où elles sont nulles, ou $= 0$, & que par conséquent la courbe ne rencontre la parabole qu'au seul point *C*.

On voit aussi de ce que *PB* . *PA* :: *PK* . *PM* que plus le point *P* s'éloigne de *B*, allant vers *D*, plus les points *K* & *M* s'approchent l'un de l'autre ; de sorte que si l'on suppose le point *P* infiniment éloigné de *B*, *PB* sera pour ainsi dire égale à *PA* ; & partant aussi *PK* = *PM*, d'où il suit que la Parabole *CK*, & la courbe *CMM*, sont asymptotes l'une à l'autre.

EXEMPLE V.

Problême indéterminé.

11. DÉCRIRE *la Courbe dont la nature est exprimée par l'équation suivante, qui est du quatriéme degré, & où les deux inconnues* x *&* y, *sont élevées au-dessus du second* $x^4 - ayxx + byyx + cy^3 = 0$.

En assignant à y une valeur arbitraire, on regardera cette équation comme une équation déterminée du quatriéme degré, & formant, selon les regles de la Section précedente, une équation à la parabole, par exemple $az = xx$; & mettant dans l'équation précedente pour xx sa valeur az, l'on aura $aazz - aayz + byyx + cy^3 = 0$, ou $zz - yz \frac{+ byyx + cy^3}{aa} = 0$, qui est une autre équation à la parabole; on combinera ces deux équations à la parabole pour avoir une équation au cercle; on constituera cette équation au cercle avec la premiere équation à la parabole, qui est la plus simple, & les points d'intersection détermineront les valeurs de x correspondantes à celles que l'on aura assignées à y, que l'on prend pour l'axe de courbe qu'on veut décrire, & ayant appliqué ces valeurs de x, à l'endroit de l'axe où se termine la valeur assignée à y, l'on aura autant de points de la courbe cherchée que l'on aura trouvé de valeurs pour x positives & négatives; & de cette maniere, en assignant successivement differentes valeurs à y, l'on aura differens points de la même courbe. Où l'on remarquera que l'équation à la parabole $az = xx$, ne renfermant point l'indéterminée y, la même parabole servira toujours dans tous les changemens de valeurs que l'on assignera à y. Il n'y aura donc que le cercle dont la grandeur variera selon que l'on augmentera, ou que l'on diminuera la valeur de y.

L'on s'est déterminé à prendre y pour donnée, quoique ces dimensions soient moindres que celles de x, parceque y a un second terme dans l'équation, & x n'en a point, outre que la construction est la même, soit que l'inconnue ait quatre dimensions, ou qu'elle n'en ait que trois.

Si les deux inconnues x & y avoient eu chacune un second terme, l'on auroit pris indifferemment l'une ou l'autre pour constante, & l'on auroit fait évanouir le second terme de celle que l'on auroit prise pour inconnue, afin de faire toujours servir le cercle dans la construction.

Si l'une des deux inconnues étoit élevée au-dessus du quatriéme degré, on décriroit encore la courbe par le moyen de la parabole & du cercle, si l'autre inconnue étoit du troisiéme ou du quatriéme: mais on la décriroit par le moyen du cercle seul, selon les regles de Section seconde, si elle n'avoit qu'une ou deux dimensions, en prenant dans l'un & l'autre cas celle qui excede le quatriéme degré pour constante.

Si dans une équation indéterminée, les deux inconnues excedent le quatriéme degré, le cercle ne pourra plus servir pour décrire la courbe; il faudra alors former une équation à la premiere parabole cubique, par le moyen d'une nouvelle inconnue, & de celle de l'équation dont on veut trouver les valeurs, c'est-à-dire, de celle que l'on ne prend point pour constante.

On substituera dans l'équation proposée, en la place des troisiéme, sixiéme, neuviéme, &c. puissances de l'inconnue que l'on ne prend point pour constante, leurs valeurs tirées de l'équation à la parabole cubique; ce qui donnera une équation à une courbe qui servira avec l'équation à la parabole cubique, à décrire la courbe dont l'équation proposée exprime la nature, comme on va voir par l'exemple qui suit.

EXEMPLE VI.

Problême indéterminé.

12. *DÉCRIRE la courbe dont la nature est exprimée par l'équation suivante, qui est du sixiéme degré, & où les inconnues* x *&* y *sont toutes deux élevées au-dessus du quariéme.*

$$x^6 + ayx^4 - byyx^3 + bcy^3x + y^6 = 0,$$

En prenant y pour constante, & la ligne qu'elle exprime pour l'axe de la courbe qu'on veut décrire, l'on fera $aaz = x^3$; donc $a^4zz = x^6$, & substituant dans l'équation proposée en la place de x^6, & de x^3 leurs valeurs a^4zz, & aaz, l'on aura celle qui suit.

$a^4zz + a^3zyx - aabzyy + bcy^3x + y^6 = 0$, qui est une équation ou l'inconnue x, n'a qu'une dimension; & que l'on construira par conséquent par les regles de la Section seconde, & les Intersections avec la parabole cubique, que l'on décrira aussi par les mêmes regles puisque l'inconnue z, n'a aussi qu'une dimension, donneront les valeurs de x correspondantes à celles que l'on aura assignées à y. Il en est ainsi des autres équations plus composées.

Mais au reste de quelque genre que puisse être une courbe, il est rare que l'on ne puisse pas trouver une maniere de la décrire, plus simple que celle qu'on tire de son équation, en suivant les regles prescrites n° 2 & 3, ou autrement.

COROLLAIRE.

13. Il est clair qu'on peut construire les équations déterminées où l'inconnue est élevée au-dessus du quatriéme degré comme on vient de dire, en formant une équation à la parabole cubique avec une nouvelle inconnue, & celle de l'équation : car aprés les substitutions l'on pourra toujours avoir une équation à une courbe où l'inconnue de l'équation proposée n'excedera pas le second degré; & la courbe dont cette équation exprime la nature, & la parabole cubique étant décrites, leurs intersections détermineront les valeurs ou racines de l'inconnue de l'équation proposée. Il est pourtant certain qu'un Problême de cette nature sera toujours construit plus élegamment, lorsqu'ayant employé deux inconnues pour le résoudre, on le construira avec les deux premieres équations dans lesquelles on sera tombé à la maniere de ceux de la Section neuviéme, comme on va voir par l'exemple qui suit.

EXEMPLE

De la construction des Problêmes dont les équations déterminées excedent le quatriéme degré.

Problême.

14. UN *angle droit* ABH, *& un point fixe* A *sur un de ses côtez, étant donnez; il faut trouver au-dedans un point* M, *d'où ayant abbaissé sur* AB *la perpendiculaire* MP, *le rectangle* AP × PM, *soit égal à* AB^2; *& qu'aynt mené du point* A *par le même point* M *la droite* AMC *qui rencontre* BH *en* C, AM *soit égale à* BC. FIG. 103.

Ayant supposé le Problême résolu, & nommé la donnée AB, a; & les inconnues AP, x; PM, y; AM sera $\sqrt{xx+yy}$; & l'on aura par la premiere condition du Problême $xy = aa$, qui est une équation à l'Hyperbole par rapport à ses asymptotes.

A cause des triangles semblables APM, ABC, l'on a, $AP(x).PM(y)::AB(a).BC = \frac{ay}{x}$ = (Hyp.) $\sqrt{xx+yy} = AM$, ou en quarant les deux membres, & multipliant par xx, $aayy = x^4 + xxyy$, qui est une équation à une courbe du troisiéme genre, d'où faisant évanouir y par le moyen de l'équation à l'Hyperbole $xy = aa$, l'on aura $a^6 = x^6 + a^4xx$, qui est une équation déterminée du sixiéme degré.

Pour la construire par le moyen de l'équation déterminée $a^6 = x^6 + a^4xx$, soit fait $aaz = x^3$, qui est une équation à la premiere parabole cubique; & mettant dans l'équation $a^6 = x^6 + a^4xx$, en la place de x^3 sa valeur aaz, elle deviendra $aa = zz + xx$, qui est une équation au cercle.

Soit presentement F l'origine des inconnues des deux équations au cercle, & à la parabole cubique z; qui va vers G, & x qui lui est perpendiculaire, & va en haut. Si du point F pour centre & pour rayon $AB = a$, l'on dé- FIG. 104.

crit un cercle ; & sur la même FG pour axe, dont le sommet est F, & le parametre a, la parabole cubique KFN ; elle coupera le cercle en deux points K & N, & la perpendiculaire NQ sera la valeur positive de x, & KL sa valeur negative qui sera égale à la positive, de
FIG. 103. 104. sorte qu'ayant fait $AP = NQ$, le point P sera un des points cherchez.

DEMONSTRATION.

PAR la proprieté de la parabole cubique (art. 9 nº 18) $FQ \times aa = QN^3$, ou en termes algebriques $aaz = x^3$, qui montre que cette parabole, n'est pas semblable à la parabole ordinaire, & que ses deux parties vont l'une d'un côté, & l'autre de l'autre de l'axe FG d'un sens contraire : car l'on tire de son équation $x = \sqrt{aaz}$, qui fait voir que x, n'a qu'une seule valeur qui est positive : mais si l'on fait z negative, l'on aura $x^3 = -aaz$, où x n'a qu'une seule valeur qui est negative. Maintenant par la proprieté du cercle, l'on a $FI^2 - FQ^2 = QN^2$, ou en termes algebriques $aa - zz = xx$, ou $a^6 - x^6 = a^4xx$, qui est l'équation que l'on a construite. C. Q. F. D.

Mais pour résoudre entierement le Problême, il faut encore déterminer la grandeur de $PM = y$; c'est pourquoi reprenant l'équation à l'Hyperbole $xy = aa$, qui est la plus simple des deux premieres qu'on a trouvées, l'on en tirera $y = \frac{aa}{x}$, qui est une équation déterminée du premier degré à cause de x dont la valeur vient d'être trouvée ; c'est pourquoi si l'on prend PM troisiéme proportionnelle à AP & à AB, le point M sera celui que l'on cherche.

On pourra aussi construire cette équation $a^6 = x^6 + a^4xx$ par le moyen du cercle & de la parabole ordinaire : car ayant fait $as = xx$, l'équation déterminée deviendra $a^3 = s^3 + aas$, en mettant pour xx sa valeur as, qui est une équation du troisiéme degré, que l'on construira par les regles de la Section neuviéme ; & aprés avoir trouvé par ce moyen la valeur de f, l'on aura celle de $x = AP$ qui est une moyenne proportionnelle entre a & f : cela fait, il faudra encore déterminer la grandeur de $PM = y$ comme on vient de faire.

Pour construire presentement le Problême avec les deux premieres équations $xy = aa$, & $aayy = x^4 + xxyy$; l'origine des inconnues x & y, dans l'une & dans l'autre, étant au point A, x allant vers B, & y parallele à BH ; ayant fait $BH = AB = a$, & mené AS parallele à BH, l'on décrira par A entre les asymptotes AB, AS l'Hyperbole HM. FIG. 105.

L'énoncé du Problême donne une description tres-simple de la courbe AM dont l'équation $aayy = x^4 + xxyy$ exprime la nature, & cette courbe coupera l'Hyperbole HM au point cherché M. La Démonstration en est claire, & l'on voit que cette construction résout pleinenement, naturellement, & tres-élegamment le Problême.

On pourroit regarder ce Problême, comme un Prome solide, puisqu'on la construit avec le cercle, & la parabole ordinaire : mais on a jugé à propos de le faire servir d'exemple pour la construction des Problêmes dont les équations excedent le quatriéme degré.

Si on examine la nature de la courbe AM par le moyen de son équation, l'on en tirera une description assez simple, & l'on trouvera qu'elle touche son axe AB au point A, & qu'elle a pour asymptote la droite BH, &c.

REMARQUES GENERALES.

Sur la construction des Problêmes déterminez & indéterminez.

15. LES Problêmes déterminez tels qu'ils puissent être, ont toujours autant de solutions que les deux lignes, droites ou courbes, qui servent à les résoudre, ont de points communs ou d'intersections; & si ces deux lignes ne se ren-

contrent point, le Problême sera impossible.

On pourroit aussi se servir de l'équation à l'Hyperbole $xy = aa$, au lieu de l'équation à la parabole $ay = xx$, pour tirer des équations indéterminées des équations déterminées, du troisiéme & du quatriéme degré, & de l'équation à l'Hyperbole cubique $xxy = a^3$, au lieu de l'équation à la parabole cubique $aay = x^3$, pour construire les Problêmes déterminez dont les équations excedent le quatriéme degré. Enfin les Problêmes déterminez construits de la maniere que nous avons proposée, seront toujours construits avec les courbes les plus simples qu'ils le puissent être.

16. Pour décrire les courbes du premier genre, on a réduit leurs équations à un certain état : on n'a point fait la même chose pour décrire celles des genres plus composez, parcequ'il y en a une trop grande quantité dans chaque genre. Il peut néanmoins arriver qu'en changeant l'origine, ou la position de leurs axes, ou ce qui revient au même, de leurs coordonnées, les équations en deviendront plus simples, & par consequent aussi leur construction. Or ces changemens se font de la même maniere que ceux qui se font par les réductions, comme on a vû dans toute l'étendue de la Section huitiéme, en égalant une de leurs inconnues + ou — une quantité connue à une nouvelle inconnue, & substituant dans l'équation la valeur de l'inconnue que l'on en veut faire évanouir, ce qui donnera une équation dont la forme sera dfferente de la premiere. On peut faire la même chose sur l'autre inconnue.

On peut encore non-seulement changer l'origine des coordonnées : mais on peut aussi changer l'angle qu'elles font entr'elles, & leur faire faire tel angle qu'on voudra, comme l'on a fait en plusieurs endroits de la même Section huitiéme.

SECTION

SECTION XII.

Des Courbes méchaniques, ou transcendentes, de leur description, & des Problêmes qu'on peut construire par leur moyen.

XXVI. TOUTES les Courbes geometriques rentrent en elles-mêmes, ou s'étendent à l'infini; de maniere que leurs axes, ou leurs coordonnées les rencontrent en un nombre déterminé de points, ce qui fait que les lettres indéterminées des équations qui en expriment la nature, ou, ce qui est la même chose, qui expriment la relation que leurs coordonnées ont entr'elles, ont un nombre déterminé de dimensions, & qu'on peut par conséquent trouver tous les points de ces Courbes geometriquement, c'est-à-dire, par l'intersection de deux lignes geometriques droites, ou courbes.

Toutes les Courbes méchaniques rentrent aussi en elles-mêmes, ou s'étendent à l'infini: mais on ne peut point trouver d'équations qui expriment geometriquement la relation de leurs coordonnées: car il y a des Courbes mechaniques dont une des coordonnées est une ligne droite, & l'autre une ligne courbe dont la rectification est geometriquement impossible. Il y en a d'autres dont les coordonnées sont deux lignes courbes; d'autres dont les appliquées partent toutes d'un même point, & d'autres qui sont figurées de maniere que leurs axes les rencontrent en une infinité de points; d'où il suit qu'afin qu'une équation en pût exprimer la nature; il faudroit qu'au moins une de ses inconnues eût une infinité de dimensions, ce qui est impossible; & c'est pour cela que ces Courbes sont aussi nommées transcendentes.

Il suit de tout ceci que l'on ne peut geometriquement trouver tous les points des Courbes méchaniques, puisque leurs équations n'en expriment que méchaniquement la nature.

Il y a même des Courbes méchaniques dont on ne connoît que certaines proprietez, d'où l'on ne peut tirer d'équations en termes finis. Il faut alors avoir recours à l'infini, en regardant les Courbes comme des Polygones d'une infinité de côtez, & en comparant les côtez d'un triangle infiniment petit, formé par une petite portion de la Courbe comprise entre deux appliquées infiniment proches, par la difference de ces deux appliquées, & par la distance de l'une à l'autre, & que l'on regarde comme un triangle rectiligne, aux côtez d'un grand triangle formé par la tangente, ou la perpendiculaire, par l'appliquée, & par la soûtangente, ou par la soûperpendiculaire, & les équations que l'on tire de la comparaison des côtez de ces deux triangles, sont nommées *équations differentielles*; parceque les cotez du petit triangle sont les differences de la Courbe, des deux appliquées infiniment proches, & des deux abscisses qui correspondent à ces deux appliquées.

On n'entreprend point ici de donner une Theorie complete des Courbes méchaniques; mais plûtôt une simple explication de celles qui se rencontrent le plus ordinairement dans les Ouvrages des Geometres, & particulierement dans l'excellent Livre de l'Analise des Infiniment Petits de feu *Monsieur le Marquis de l'Hôpital*, où il suppose que son Lecteur connoisse toutes les Courbes dont il explique les plus belles proprietez.

PROPOSITION I.

FIG. 105. 1. SOIT un cercle *ABP*, dont le centre est *C*, & un rayon *CA*. Si l'on conçoit que le rayon *CA* fasse un tour entier autour de son extremité immobile *C*, de maniere que le point *A* se meuve uniformement sur la circonference de *A* par *B* en *A*, pendant qu'un point mobile parcourera aussi d'un mouvement uniforme, le rayon *CA* allant de *C* en *A*; ce point décrira par la composition de ces deux mouvemens, une Courbe *CDMA*, qui aura cette proprieté dans toutes les situations de *AC*, par exemple en celle de *CP*, que la circonference entiere *ABA* sera à sa partie *ABP* : comme *CA* ou *CP* à *CM*, ou (ayant nommé *CA*, a; *ABA*, c; *ABP*, x; *CM*, y;) $c \,.\, x :: a \,.\, y$, d'où l'on tire $ax = cy$.

Si l'on suppose que le rayon *CA* fasse encore un, ou plusieurs tours, le point décrivant parcourera pendant chaque tour, sur *CA* prolongée, des parties comme *AE* égales à *CA*, & la courbe fera autant de tours autour d'elle-même, que *CA* en aura fait ; & comme on peut supposer que le rayon *CA* fasse une infinité de tours ; il suit que la Courbe peut se rencontrer en une infinité de points ; & que par consequent elle est méchanique, ou transcendente.

Archimede Auteur de cette Courbe l'a nommée *Spirale*.

Pour la décrire, ayant divisé la circonference *ABA*, & le demi-diametre *CA* en un nombre égal de parties égales, & mené *CP* à quelqu'une des divisions, on portera de *C* en *M* autant de parties de *CA*, que *ABP* en contient, ou de *P* en *M*, autant de parties de *CA* que *AFP* en contient ; & de l'une ou de l'autre maniere le point *M* sera à la Courbe *CDM* : car l'on aura toujours *ABA* . *ABP* :: *CA* . *CM*, ou *ABA* . *AFP* :: *CA* . *PM*.

On décrira de même le 2e tour, en portant sur le prolongement de *CP* autant de parties de *CA* que *ABP* en contient, & ainsi des autres, en décrivant pour chaque tour un cercle dont le rayon soit double, triple, &c. du rayon *CA*.

Si l'on suppose que le rayon *CA*, & le point décrivant, se meuvent avec des vitesses qui soient en telle raison qu'on voudra, c'est-à-dire, que ces vitesses soient telles que l'on ait toujours $ABA^m \,.\, ABP^m :: CA^n \,.\, CP^n$, ou c^m. $x^m :: a^n \,.\, y^m$, d'où l'on tirera $a^n x^m = c^m y^n$, qui est une équation pour toutes les Spirales à l'infini.

Ce seroit la même chose si le rayon *AC* tournoit autour du point *C* d'un sens contraire, de *A* par *F* vers *P*, pendant que le point mobile descendroit de *A* vers *C*, en supposant les vitesses telles qu'on les vient de supposer : car nommant *AFP*, *x*; & *PM*, *y*; l'on auroit encore $c^m . x^m :: a^n . y^n$, ou $a^n x^m = c^m y^n$, qui est l'équation précedente.

Si *m* & *n* signifient des nombres positifs, les spirales seront nommées *paraboliques*; & si l'une des deux signifie un nombre négatif, elles seront nommées *hyperboliques*; parceque si *c* & *x* exprimoient des lignes droites aussi-bien que *a* & *y*, ces équations appartiendroient à la parabole dans le premier cas, à l'hyperbole dans le second. Par exemple, si $m = 1$, & $n = 2$, l'on aura $aax = cyy$. Si $m = 1$, & $n = -1$, l'on aura $xy = ac$. Si $m = 2$, & $n = -1$, l'on aura $xxy = acc$, &c. L'on décrira ces Courbes comme si elles étoient geometriques, en supposant la quadrature du cercle.

PROPOSITION II.

FIG. 106. 2. SOIT un quart du cercle *ADB*, dont le centre est *C*, & les rayons *CA* & *CB*. Si l'on conçoit que le rayon *CA* se meuve uniformement autour du centre *C*, jusqu'à ce qu'il arrive en *CB*, & que pendant ce temps-là une perpendiculaire *PM* au rayon *CA*, partant du point *A*, parcourre aussi uniformement le rayon *AC*, en demeurant parallele à *CB*; l'intersection *M* du rayon *CA* qui devient *CD*, & de la perpendiculaire *PM*, décrira une courbe *AME*, qui sera telle que *ADB* . *AD* :: *AC* . *AP*. *Diocles*, son Auteur, l'a nommée *Quadratice*.

FIG. 107. 3. Si le rayon *AC* au lieu de se mouvoir autour du centre *C*, se mouvoit parallele à lui-même, de sorte qu'étant parvenu dans une situation quelconque *DF*, l'on ait toujours *ADB* . *AD* :: *AC* . *AP*; l'intersection *M* de la parallele *DF* avec la perpendiculaire *PM*, décriroit la Courbe *AMB*, que *Monsieur Tchirnhausen* a aussi nommée *Quadratrice*.

FIG. 106. 107. Si l'on nomme *AC*, *a*; *ADB*, *c*; *AD*, *x*; *AP*, *y*; l'on aura $c . x :: a . y$; donc $ax = cy$, pour l'équation commune à ces deux courbes.

PROPOSITION III.

4. SOIENT deux cercles AFB, ALI égaux ou inégaux, qui se touchent en A, dont les centres soient C & H, & les rayons CA, ou CB & HA : soit de plus un point fixe D, pris sur le rayon CB prolongé, ou non prolongé. FIG. 108.

Si l'on suppose presentement que le cercle AFB roule sur le cercle ALI, jusqu'à ce que le point B soit parvenu en T, le point D décrira par ce mouvement une portion de Courbe DMS, que l'on appelle *demi Epicycloïde*, ou *demi Roulette*.

Pour trouver une équation qui renferme quelque proprieté de cette courbe, supposons que le demi cercle mobile AFB, soit parvenu en roulant dans la situation KLP dont le centre soit O, le point D sera alors en M, qui est un des points de la courbe, & le point B sera en P. Ayant décrit du centre C par D le demi cercle DGE, du centre H par M l'arc MG, qui rencontrera la demi circonference DGE en G, l'on menera du centre H du cercle immobile ALI, les droites HM, qui coupera en I le cercle ALI, HLO qui passera par le point touchant L, & HG qui coupera l'arc ALI en R, & du centre C du demi cercle mobile AFB, la droite CG qui coupera AFB en F.

Il est clair que les triangles HCG, HOM sont égaux, & équiangles : car $HC = HO$, $HG = HM$, & $CG = OM$: c'est pourquoi les angles CHG, OHM seront égaux, & partant l'arc $RI =$ l'arc $AL =$ (Hyp.) l'arc $LK =$ (à cause de l'angle $HOM = HCG$) l'arc FB.

Nommant donc les données CB, ou CF, ou LO, &c. a ; BD, ou MP, ou AE, b ; HA, ou HI, &c, c ; l'arc DG, x ; l'arc MG, y ; & l'appliquée HM, z ; CD sera, $a+b$; & les secteurs semblables CDG, CBF, donneront

$$CD\,(a+b)\,.\,CB\,(a) :: DG\,(x)\,.\,BF = \frac{ax}{n+b} = RI;$$

& à cause des secteurs semblables HMG, HIR, l'on a

$z(HM) . c(HI) :: y(HG) . \frac{ax}{a+b}(IR)$, d'où l'on tire $cy = \frac{axz}{a+b}$, ou $acy + bcy = axz$.

COROLLAIRE I.

5. Il est clair que lorsque le point B, ou P touchera le cercle ALI en un point T, l'arc ALT sera égal à la demi circonference AFB, & le point décrivant D ou M sera sur le rayon HT en S, de sorte que $ST = BD$.

COROLLAIRE II.

6. Si le point décrivant D étoit entre C & B, le cercle DGE seroit interieur au cercle AFB, & lorsque le point B, ou P seroit parvenu en T, le point décrivant D, ou M, ou, ce qui est la même chose, le point S de la Courbe seroit sur le rayon HT prolongé au-delà de T de la longueur de BD, & l'équation précedente deviendroit $acy - bcy = axz$: car $BD = b$ deviendroit négative de positive qu'on l'a supposée.

COROLLAIRE III.

7. Si le point D étoit en B, ou ce qui est la même chose, si B devenoit le point décrivant, le cercle DGE se confondroit avec le cercle AFB, & le point S de la Courbe tomberoit en T, ou le point B toucheroit le cercle ALI; & en ce cas $DB = b$ devenant nulle, ou $= 0$, l'équation deviendroit $cy = xz$.

COROLLAIRE IV.

8. Si l'on suppose que le point H s'éloigne infiniment de A dans la ligne AB, le cercle ALI deviendra une ligne droite perpendiculaire sur AB au point A; l'arc GM, une autre droite parallele à ALI; & les rayons AH & MH, deviendront infinis, & par consequent paralleles & égaux; c'est pourquoi c sera égale à z, & l'équation précedente (n°. 4) se changera en celle-ci $ay + by = ax$,

en la divisant par les quantitez égales c & z, & faisant de nouveau les mêmes raisonnemens que l'on vient de faire dans les trois premiers Corollaires, l'équation du second deviendra $ay - by = ax$; celle du troisiéme deviendra $y = x$.

La Courbe *DMS*, est en ce cas nommée, *demi Cycloïde* ou *demi Roulette à Base droite*.

COROLLAIRE V.

9. Si le cercle *AFB* au lieu de rouler, glissoit sur la ligne *AL* droite, ou circulaire, en sorte que le point touchant *A* parcourût d'un mouvement uniforme la ligne *ALT* = *AFB*, pendant que le point décrivant *D* parcoureroit aussi d'un mouvement uniforme la demi circonference *DGE* >, <, ou = *AFB*, & en lui demeurant concentrique. Il est clair que la demi roulette décrite par ces mouvemens, seroit la même que si le cercle *AF* rouloit sur la ligne *ALT*.

COROLLAIRE VI.

10. Mais si le point décrivant *D* employe plus de temps à parcourir uniformement la demi circonference *DGE*, que le point touchant *A* n'en employe à parcourir aussi uniformement *ALT* = *AFB*, la demi roulette sera nommée *Alongée*.

Si au contraire le point *D* employe moins de temps à parcourir *DGE*, que le point *A* n'en employe à parcourir *ALT* = *AFB*; la demi roulette sera nommée *Accourcie*.

COROLLAIRE VII.

11. Si le point touchant *A*, & le point décrivant *D* se mouvoient avec des vitesses qui fussent telles que les puissances m des parties parcourues par le point *A* sur *AL*, & les puissances n des parties parcourues dans des temps égaux par le point *D* sur la demi circonference *DEG* >, <, ou = *AFB*, gardassent entr'elles un raport constant, l'on pourroit avoir par ces mouvemens non seulement

toutes les roulettes dont on vient de parler : mais encore, une infinité d'autres de differens genres.

REMARQUE.

12. LES Roulettes & bases droites, sont toutes méchaniques : car une ligne droite se pouvant entendre à l'infini, le cercle mobile *AFB*, pourra faire une infinité de tours, ou glisser sur cette ligne infinie *AL* pendant que le point décrivant *D*, parcourera une infinité de fois la circonference du cercle consentrique *DGE* : mais la roulette décrite par le point *D* rencontrera à chaque tour, ou la ligne *AL*, ou une autre qui lui sera parallele ; c'est pourquoi la ligne *AL* prolongée à l'infini, ou sa parallele, rencontrera en une infinité de points la Roulette *DMS* qui sera par consequent méchanique.

Mais les Roulettes à bases circulaires, ne sont pas de même : car lorsque les diametres du cercle immobile *ALT*, & du mobile *ABF* seront entr'eux, comme nombre à nombre, leurs circonferences seront aussi comme nombre à nombre ; c'est pourquoi le point décrivant *D*, retombera au même point *S* aprés une ou plusieurs révolutions, & si le cercle mobile continue de rouler, ou de glisser aprés ce tour au point *S*, le point *D* recommencera à décrire la même Roulette & partant un rayon *HM* tiré du centre *H*, la rencontrera en un certain nombre déterminé de points; alors la Roulette sera geometrique, & l'on pourra trouver une équation qui servira à en déterminer tous les points geometriquement, comme on pourra voir dans un livre que *Monsieur Nicole* va donner au public sur toutes les especes de Roulettes, où il en expliquera tres-sçavament toutes les proprietez.

Mais lorsque les diametres du cercle mobile, & du cercle immobile seront incommensurables, le point décrivant ne retombera jamais dans un même point ; & en faisant une infinité de tours autour du cercle immobile, décrira une infinité de Roulettes qui ne seront neanmoins qu'une même Courbe ; & partant un rayon tiré du cen-

tre

tre du cercle immobile rencontrera cette Courbe en une infinité de points, & elle sera par consequent méchanique.

PROPOSITION IV.

PROBLÊME.

13. *Il faut décrire la courbe* BM *dont l'axe est* AP ; *une appliquée* PM, *& dont une des proprietez est que la soûtangente* PT *est toujours égale à une ligne donnée* KL. FIG. 109.

Ayant supposé le Problême résolu, & mené l'appliquée *pm* infiniment proche de *PM* ; la ligne *MmT*, menée par les points *M*, *m* infiniment proches, sera une tangente : car la courbe *BM*, étant regardée comme un polygone d'une infinité de côtez, *Mm* sera un de ces côtez. Or il est clair que si la courbe *BM* est toujours convexe d'un même côté, le petit côté *Mm* étant prolongé, ne la coupera point, & le prolongement *MT* sera par consequent une tangente.

Ayant mené *mR* parallele à *AP*, *RM* sera la difference des deux appliquées infiniment proches *PM* & *pm*; c'est pourquoi on lui donnera le même nom qu'à *PM*, précedé de la lettre *d*, qui signfiera *difference*, & l'on n'employera point dans la suite la lettre *d* à d'autres usages. Ainsi nommant l'appliquée *PM*, y ; *RM* sera dy, c'est-à-dire, difference de y ; de sorte que la lettre *d* ne fait que caracteriser y, & n'est l'expression d'aucune quantité : mais parce qu'il n'y a aucun point fixe sur *AP*, pour pouvoir nommer l'intervale qui se trouveroit entre ce point fixe, & le point *P* par une autre inconnue, x ; on se contentera de nommer *Pp*, ou *Rm*, dx ; on nommera aussi la donnée *KL*, ou (Hyp.) *PT*, a : or le petit triangle *MRm* étant regardé comme rectiligne à cause de l'infinie petitesse du petit côté *Mm*, sera semblable au triangle *MPT* ; c'est pourquoi l'on aura dy (*MR*) . dx (*Rm*) :: y (*MP*) . a (*PT*), d'où l'on tire $ydx = ady$, qui est une équation differentielle.

14. Pour construire les courbes qui ont de telles équa-

tions, il faut 1°. Que l'une des differences avec son inconnue, si elle s'y rencontre, soit dans un des membres de l'équation, & l'autre dans l'autre, & que les deux differences soient dans le numerateur, si l'équation est fractionnaire ; selon cette regle l'équation précedente devient $dx = \frac{ady}{y}$.

2°. Qu'en multipliant ou divisant l'équation, s'il est necessaire, par une quantité constante, chaque membre soit un plan dont chaque difference soit un côté. Ainsi l'équation $dx = \frac{ady}{y}$ deviendra $adx = \frac{aady}{y}$, en multipliant chaque membre par a.

3°. On égalera chaque membre à une nouvelle inconnue, aprés l'avoir divisé par la difference qu'il renferme, & l'on aura par ce moyen deux équations à deux courbes geometriques, ou une équation à la ligne droite & l'autre à une courbe. Ainsi de l'équation précedente, on tire $a = z$, qui est une équation à la ligne droite, & $\frac{aa}{y} = s$, ou $aa = ys$, qui est une équation à l'Hyperbole par rapport à ses asymptotes.

FIG. 110. 4°. Ayant mené deux lignes DQ, FP qui se coupent à à angles droits en A ; on supposera que les quatre inconnues qui se trouvent dans l'équation differentielle, & dans les deux équations que l'on en a tirées, ont leur origine commune au point d'intersection A, de maniere que les deux inconnues de chaque équation se trouve sur les deux lignes qui forment un même angle droit, c'est-à-dire, que si l'on nomme AP, x ; & AQ, y ; qui sont les deux inconnues de l'équation differentielle précedente, il faudra necessairement nommer AF, s ; & AD, z ; afin que les inconnues y & s de l'équation à l'Hyperbole, forment un même angle droit FAQ, &c.

5°. On décrira par les regles des Sections 8, ou 11 les deux courbes geometriques, chacune dans l'angle, dont les côtez sont exprimez par les inconnues de son équation.

Ainsi dans cet Exemple, à cause de l'équation $aa = sy$ l'on décrira une Hyperbole NN dans l'angle FAQ, dont les côtez AQ, AF sont nommez y & s, & à cause de l'équation $z = a$; ayant fait $AD = a = z$, l'on menera DS parallele à AP.

Avant que de venir à la construction des équations differentielles, l'on remarquera, 1°. Qu'elles n'appartiennent pas toutes à des courbes méchaniques; il y en a qui appartiennent à des courbes geometriques : mais l'art de les distinguer dépend du calcul inégal que nous ne pouvons pas expliquer ici. 2°. Que les inconnues dont les differences se trouvent dans une équation differentielle, expriment ou deux lignes droites, ou l'une exprime une ligne droite, & l'autre une ligne courbe, ce qui fait deux cas. La construction de l'équation de ce Problême, & celle de l'équation du Problême qui suit, où toutes ces deux courbes sont méchaniques, serviront d'Exemples pour l'un & pour l'autre cas.

15. Pour construire l'équation $adx = \frac{aady}{y}$, l'on prendra sur $AQ = y$ un point quelconque B, & l'on menera par B la droite BC parallele à AF qui rencontrera l'Hyperbole en C, & le point B sera l'origine de la courbe qu'il faut décrire; & ayant pris sur AQ un autre point quelconque Q, l'on menera par Q la droite QN parallele à AF qui rencontrera l'Hyperbole en N. Cela fait, on prendra sur DS le point V, tel qu'ayant mené VP parallele à AD, l'espace $ADVP$ soit égal à l'espace hyperbolique $BCNQ$; & le point M où les droites NQ, VP, étant prolongées, se couperont, sera à la courbe cherchée.

DÉMONSTRATION.

Ayant mené du point m pris sur la courbe BM infiniment proche de M, les droites mqn, mpu, & du point N, la petite droite NI parallele à AQ; QN étant, s; AQ, y; Qq, ou NI sera dy, & partant le petit rectangle $QNIq = sdy$: mais comme le petit triangle NIn a tous ses côtez infiniment petits, il doit être nul par rapport au petit rectangle $QNIq$; c'est pourquoi $QNIq = QNnq = sdy = \frac{aady}{y}$, en remettant pour s sa valeur $\frac{aa}{y}$. De même AD, ou PV étant, a ; & AP, x ; Pp sera, dx ; & partant le petit rectangle $PVup = adx$. Mais (Coust.) $BCNQ = ADVP$, & $BCnq = ADup$; donc $QNnq = PVup$, ou en termes algebriques $\frac{aady}{y} = adx$. C. Q. F. D.

COROLLAIRE I.

16. Il est clair que la courbe BMm a pour asymptote son axe AP : car l'espace Hyperbolique $BAFGC$ étant infini, le rectangle $ADVP$ ne lui peut jamais être égal, à moins qu'on ne suppose le point P infiniment éloigné de A.

COROLLAIRE II.

17. L'équation $ydx = ady$, où l'Hypotese donne $dy . dx :: y . a$, d'où l'on voit que si l'on suppose que dx exprime une quantité constante, le rapport de dx à a sera un rapport constant ; & partant celui de dy à y le sera aussi ; c'est pourquoi si l'on prend sur l'axe AP tant de parties égales qu'on voudra PC, CD, DE, &c. chacune $= dx$, & qu'on mene par les points P, C, D, E, &c. des perpendiculaires PM, CF, DG, EH, &c. ces perpendiculaires seront continuellement proportionnelles : car ayant mené par les points M, F, G, &c. Les droites MI, FK, GL, &c. l'on aura par l'Hypothese PM (y) . IF (dy) :: $CF . KG$; donc *componendo*, $PM . PM + IF :: CF . CF + KG$, c'est-à-dire, $PM . CF :: CF . DG$. Par la même raison $CF . DG :: DG . EH$, &c. De sorte que si les parties de l'axe PC, PD, PE, &c. ou PN, PO, PQ, &c. prises sur l'axe AP en commençant d'un point quelconque P, croissent ou diminuent en proportion arithmeti-

que, les perpendiculaires correſpondantes *CF*, *DF*, *EH*, &c. ou *NR*, *OS*, *QV*, &c. croîtront, ou diminueront en proportion geometrique ; c'eſt pourquoi ſi l'on prend *PC* pour l'unité de la progreſſion arithmetique *PC*, *PD*, *PE*, &c. & *PM* pour l'unité de la progreſſion geometrique *PM*, *CF*, *DG*, *EH*, les termes *PC* (1), *PD* (2), *PE* (3), &c. de la progreſſion arithmetique, ſeront les logarithmes des termes correſpondans *CF*, *DG*, *EH*, &c. de la progreſſion geometrique, qu'on appelle *Nombres*, & o, le Logarithme de l'unité *PM*. C'eſt à cauſe de cette proprieté que la courbe *BM* a été nommée *Logarithmique*.

COROLLAIRE III.

18. La perpendiculaire *PM* étant nommée 1, ſi l'on nomme *CF*, x; *DG* ſera, x^2; *EH*, x^3; &c. car à cauſe de la progreſſion geometrique, l'on a $PM(1) . CF(x) :: CF(x) . DG = \frac{x^2}{1} = x^2$; $CF(x) . DG(x^2) :: DG(x^2) . EH = x^3$, &c. Par la même raiſon *NR* ſera, $\frac{1}{x}$; *OS*, $\frac{1}{x^2}$; *QV*, $\frac{1}{x^3}$; &c. car $CF(x) . PM(1) :: PM(1) . NR = \frac{1}{x}$; $PM(1) . NR\left(\frac{1}{x}\right) :: NR\left(\frac{1}{x}\right) . OS = \frac{1}{x^2}$; $NR\left(\frac{1}{x}\right) . OS\left(\frac{1}{x^2}\right) : OS\left(\frac{1}{x^2}\right) . QV = \frac{1}{x^3}$; &c. Or puiſque $PC = 1$, $PD = 2$, $PE = 3$, &c. *PN* ſera $= -1$, $PO = -2$, $PQ = -3$, &c. donc en rengeant ces expreſſions des perpendiculaires, & celles des parties de l'axe *AP*, de maniere que l'expreſſion de *PQ* réponde à celle de *QV*; celle de *PO*, à celle de *OS*, &c. l'on aura les deux progreſſions ſuivantes, qui ſe répondront terme à terme, & chaque terme de la progreſſion arithmetique, ſera le logarithme de celui qui lui répond dans la progreſſion geometrique.

Prog. geom. $\frac{1}{x^3} \cdot \frac{1}{x^2} \cdot \frac{1}{x} \cdot 1 \cdot x^1 \cdot x^2 \cdot x^3$, &c.

ou $x^{-3}\ x^{-2}\ x^{-1}\ 1 \cdot x^1\ x^2\ x^3$, &c.

Prog. arith. $-3 \cdot -2 -1 \cdot 0 \cdot 1 \cdot 2 \cdot 3$, &c.

COROLLAIRE IV.

19. D'où l'on voit, 1°. Que les exposans des puissances en sont les logarithmes. 2°. Que la somme de deux logarithmes, est le logarithme du produit des deux nombres qui leur répondent. Ainsi 5 ($= 3 + 2$) est le logar. de x^5 ($= x^3 \times x^2 = x^{3+2}$). 3°. Que la difference de deux logarithmes, est le logarithme du quotient des deux nombres qui leur répondent. Ainsi 2 ($= 5 - 3$) est le logarithme de x^2 ($= \frac{x^5}{x^3} = x^{5-3}$). 4°. Que le double, le triple, &c. d'un logarithme, est le logarithme du quarré du cube, &c. du nombre correspondant. Ainsi 4 ($=$ $2 + 2$, est le logarithme de x^4) $= x^2 \times x^2 = x^{2+2}$. 5°. Que la moitié, le tiers, &c. d'un logarithme, est le logarithme de la racine quarrée, cube, &c. Ainsi 3 (égal à la moitié de 6,) est le logarithme de $x^3 = \sqrt{x^6} = x^{\frac{6}{2}}$.

COROLLAIRE V.

20. Il suit aussi des deux Corollaires précedens que le logarithme de la racine d'une puissance multipliée par l'exposant de cette puissance sera le logarithme de la même puissance, & qu'on peut par consequent changer une puissance, ou une autre quantité quelconque en son logarithme, & au contraire : car en supposant les mêmes choses que dans les Corollaires précedens $PC = 1$, étant le logarithme de $CF = x$; $PD = 2$ ($= 2PC = 2$ fois le Logarithme de $CF = x$), sera le Logarithme de $DG = x^2$; $PE = 3$ ($3PC =$ trois fois le Logarithme de $PC = x$), sera le Logarithme de x^3 : ce qu'on exprime en cette sorte : $L : DG$ (L signifie Logarithme) $= 2LCF$, ou $L : x^2 = 2Lx$; $L : EH = 3LCF$, ou $L : x^3 = 3Lx$. De même, $L : OS$ ($= -2PC$) $= -2LCF$, ou

$L: \frac{1}{x^2}$, ou $L: x^{-2} = -2Lx$; & en general $L: x^m = mLx$.
De même $L: ax = La + Lx$; $L: \frac{ax}{y} = La + Lx - Ly$; $L: ax - xx = La + x + Lx$; $L: aa - xx = La + x + La - x$; $L: axx - x^3 = 2Lx + La - x$.

Il n'eſt pas plus difficile de changer les quantitez logarithmiques en leurs nombres correſpondans: car il n'y a qu'à les élever à la puiſſance exprimée par leurs logarithmes, & multiplier celles qui ſont jointes par le ſigne $+$, & diviſer par celles qui ont le ſigne $-$. Ainſi $N: 3Lx$ (N ſignifie Nombre) $= x^3$; $N: mLx = x^m$; $N: La + Lx - Ly = \frac{ax}{y}$; $N: 2Lx + La + x - 2La = \frac{axx + x^3}{aa}$. Il en eſt ainſi des autres.

Parce que les logarithmes des quantitez égales, ſont auſſi égaux; il ſuit qu'on peut changer les équations ordinaires en équations logarithmiques, & au contraire. Ainſi $yy = aa - xx$, qui eſt une équation au cercle, ſe change en celle-ci, $2Ly = La + x + La - x$, qui eſt une équation logarithmique. De même $2Ly = La + Lx$, qui eſt une équation logarithmique, ſe change en celle-ci $yy = ax$ qui eſt une équation à la parabole. Il en eſt ainſi des autres.

PROPOSITION V.

PROBLÊME.

18. *Un cercle* APB, *dont le centre eſt* C, *étant donné, il faut décrire la courbe* AMD *qui fait avec tous les rayons* CMP, Cmp, *un angle égal à un angle donné.* FIG. 112.

Il eſt clair que ſi l'on ſuppoſe que le rayon Cp ſoit infiniment proche de CP, & que l'on décrive du centre C, par m le petit arc mR, le petit triangle MRm pourra être regardé comme rectiligne; c'eſt pourquoi ayant mené du centre C, la droite CT perpendiculaire à CP, & prolongé le petit côté Mm juſqu'à ce que le prolongement rencontre CT en T: la droite MmT, qui ſera une tangente au point M, la perpendiculaire CT, qui sera la soûtangente, & la partie CM du rayon CP formeront le triangle rectangle MCT semblable au petit triangle MRm, & qui sera toujours semblable à lui-même, à cause de l'angle CMm, ou CMT égal à un angle donné. Supposons donc que le raport constant de MC à CT soit comme m à n.

Ayant nommé la donnée CA, ou CP, a; l'arc indéterminé AP, x; PM, y; Pp sera dx; MR, dy, & CM, $a - y$. Or à cause des secteurs semblables CPp, CRm, l'on aura $CP\ (a) . CM\ (a-y) :: Pp\ (dx) . MR = \frac{adx - ydx}{a}$; & à cause des triangles semblables MRm, MCT, l'on a $MR\ (dy) . RM\left(\frac{adx - ydx}{a}\right) :: MC\ (a-y) . CT = \frac{aadx - 2aydx + yydx}{ady}$: mais $m . n :: a - y\ (MC) . \frac{aadx - 2aydx + yydx}{adx}\ (CT)$; donc $n \times \overline{a-y} = m \times \frac{aadx - 2aydx + yydx}{ady}$, ou $n = m \times \frac{adx - ydx}{ady}$, en divisant chaque membre par $a - y$, ou (n°. 14.) $\frac{nady}{a-y} = mdx$, qui donne cette construction.

Ayant supposé $m = z$, qui est une équation à la ligne droite, & $\frac{na}{a-y} = u$, qui est une équation à l'Hyperbole, on prolongera CA en F, en sorte que $AF = m = z$, l'on menera par A la droite GH perpendiculaire à CA, & ayant nommé AG, x, & AH, u; l'on construira l'Hyperbole HOS entre les asymptotes CA & CB parallele à AH. D'un point quelconque O pris sur l'Hyperbole, ayant mené OI parallele à AH, l'on prendra sur AG le point G, en sorte qu'ayant mené GK parallele à AF, le rectangle $AGKF$ soit égal à l'espace Hyperbolique $AIOH$, & ayant fait l'arc $AP = AG$, & mené le rayon GP, l'on décrira du centre C par I l'arc IM, qui coupera

CP

CP au point *M* qui sera à la courbe cherchée.

DEMONSTRATION.

Ayant mené un rayon *Cp* infiniment proche de *CP*, qui coupera la courbe au point *m*; décrit du centre *C* par *m* l'arc *mL*; mené *LQ* parallele à *IO*, fait $Ag = Ap$, & mené *gk* parallele à *GK*. Par la construction, l'espace *AgkF* est égal à l'espace Hyperbolique *ALQH*, & $AGKF = AIOH$; donc $GgkK = ILQO$: mais $GgkK = zdx = mdx$, & $ILQO = ndy = \frac{nady}{a-y}$; donc $mdx = \frac{nady}{a-y}$ C. Q. F. D.

COROLLAIRE I.

19. Il est clair 1°. Que la courbe *AMD* ne passera point au centre *C* du cercle, puisqu'elle coupe tous les rayons à angles égaux. 2°. Qu'elle fera une infinité de tours autour du même centre : car lorsque *AG* sera égale à la circonference *APBA*, le point *M* de la courbe sera sur le rayon *CA* : & comme l'espace Hyperbolique *HACBS* est infini, avant que de l'avoir épuisé, il faudra prendre sur *AG* prolongée à l'infini, une infinité de fois *APBA*; c'est pourquoi la courbe *AMD* rencontrera une infinité de fois le rayon *CA*, & fera par consequent une infinité de tours autour du centre *C*.

COROLLAIRE II.

20. On tire de l'équation que l'on vient de construire $mdx . ndy :: a . a-y$; d'où il suit que si l'on prend *dx* pour constante, ou ce qui revient au même, si les parties *AP* croissent également en devenant *Ap*, ou, croissent en proportion arithmetique, les appliquées *PM*, ou *CM*, seront (n°. 17.) en proportion geometrique; c'est pourquoi cette courbe est nommée *Logarithmique Spirale*.

REMARQUE.

21. Si l'on changeoit l'équation précedente $mdx = \frac{nady}{a-y}$ en celle-ci $adx = \frac{naady}{ma-my}$, en divisant par *m*, & en multi-

pliant par a, ou $adx = \frac{aady}{a-y}$, en supposant $m=n$; aprés avoir construit l'Hyperbole selon l'une de ces deux dernieres équations, on construiroit la courbe *AMD* en prenant le secteur *ACP* égal à la moitié de l'espace hyperbolique *HAIO*, & le cercle décrit de *C* par *I*, couperoit *CP* au point *M* qui seroit à la courbe *AMD*; & cette courbe seroit encore une Spirale logarithmique, qui auroit les mêmes proprietez que la précedente: car (Const.) le secteur $ACP = \frac{1}{2} AIOH$, & $ACp = \frac{1}{2} \times ALQH$; donc $PCp = \frac{1}{2} ILQO$: mais $PCp = \frac{1}{2} adx$, & $\frac{1}{2} ILQO = \frac{1}{2} \times \frac{naady}{ma-my}$, ou $\frac{1}{2} \times \frac{aady}{a-y}$; donc $adx = \frac{naady}{ma-my}$, ou $\frac{aady}{a-y}$.

La construction de la courbe du Problême précedent ne dépend que de la quadrature de l'Hyperbole; mais celles des courbes de celui-ci dépend de la quadrature de l'Hyperbole, & de celle du cercle tout ensemble.

PROPOSITION VI.

PROBLEME.

22. UN *demi cercle* ADB, *dont le diametre est* AB, *& le centre* C, *étant donné; il faut trouver un point* M *hors du demi cercle, d'où ayant abaissé sur* AB *la perpendiculaire* MP *qui rencontrera la circonference* ADB *en* D; *la partie* MD *de la perpendiculaire* MP *soit égale à l'arc* BD, *& que le rectangle* BP × PM *soit égal au quarré du demi diametre* BC.

Ayant supposé le Problême résolu, & nommé la donnée *AC*, ou *CB*, a; & les indéterminées *BP*, x; *PM*, y; *MD*, s; l'arc *BD*, u; *AP* sera, $2a-x$; l'on aura par la premiere condition du Problême, $s=u$, qui est (n°. 8.) une équation à la roulette à base droite, dont le point décrivant est sur la circonference du cercle generateur; & par la seconde condition, l'on aura $xy=aa$, qui est une équation à l'Hyperbole par raport à ses asymptotes.

Pour construire l'équation à la roulette $s = u$; ayant supposé que le point B de la circonference BDA, soit le point generateur, & mené AT perpendiculaire à AB, on fera rouler le demi cercle BDA sur la droite AT qui le touche en A, & le point B décrira par son mouvement la roulette BMT.

Pour construire l'équation à l'Hyperbole $xy = aa$, on menera le rayon CF parallele à AT, & l'on décrira (art. 14.) par le point F, l'Hyperbole FM qui coupera la roulette BMT au point cherché M.

DÉMONSTRATION.

AYANT mené par le point M la droite MP perpendiculaire à AB, sa partie MD, comprise entre le point M, & la circonference BDA, sera par la proprieté de la roulette égale à l'arc BD, ce qui est en termes algebriques $s = u$.

Et par la proprieté de l'Hyperbole (art. 14.) le rectangle $BP \times PM = BC^2$, ce qui est en termes algebriques $xy = aa$. C. Q. F. D.

REMARQUE.

PARCEQUE la roulette BMT est (nº. 12) une courbe méchanique; il suit que la construction de ce Problême est aussi méchanique, quoique l'Hyperbole FM soit une courbe geometrique.

L'on remarquera aussi que la construction des Problêmes méchaniques ne differe point de celle des Problêmes geometriques, lorsqu'on les construit par le moyen de deux équations indeterminées.

L'on pourroit trouver une équation differentielle pour la roulette, & la décrire par les régles expliquées dans la Proposition quatriéme: car ayant mené par le point p, pris infiniment proche de P, la droite pSm parallele à PDM; par les points D & M les petites droites DR, MI paralleles à AB; MK parallele à DS, ou à la touchante en D du cercle BDA; & le rayon CD. En nommant encore BP, x; PM, y; PD, z; & DM, s; BD, u; Pp, ou DR, ou MI sera dx; RS, dz; IM, dy; KM, ds; or puisque l'arc $BD = DM$, & $BS = Sm$, l'on aura $DS = Km$, ou $ds = du$.

A cause des paralleles DR, MI & DS, MK, les petits triangles DRS, MIK seront semblables & égaux; & partant $RS = dz = IK$; donc dy ($= IM = IK + Km = dz + ds$) $= dz + du$, en mettant pour ds sa valeur du.

Mais les triangles rectangles DRS, DPC étant semblables, puisque les angles RDS, PDC sont tous deux le complement de l'angle RDC; l'on aura DP (z). PC ($a - x$) :: DR (dx). $RS = \frac{adx - xdx}{z} = dz$, & DP (z). DC (a) :: DR (dx). $DS = \frac{adx}{z} = du$; mettant donc dans l'équation précedente $dy = dz + du$, en la place de dz & du, leurs valeurs $\frac{adx - xdx}{z}$, & $\frac{adx}{z}$, l'on aura $dy = \frac{2adx - xdx}{z}$.

Enfin par la proprieté du cercle, l'on a $AP \times PB = PD^2$, ou en termes algebriques $2ax - xx = zz$; donc $z = \sqrt{2ax - xx}$, & mettant cette valeur de z dans l'équation $dy = \frac{2adx - xdx}{z}$, elle se changera en celle-ci $dy = \frac{2adx - xdx}{\sqrt{2ax - xx}}$, qui est une équation differentielle, où il n'y a que deux indéterminées, & leurs differences.

L'on décrira (n°. 14 & 15.) par le moyen de cette équation, la roulette BMT, dont l'intersection M avec l'Hyperbole FM résoudra le problême proposé.

FIN.

De l'Imprimerie de JACQUE QUILLAU, Imp. Jur. Lib. de l'Un. rue Galande, prés la rue du Fouare.

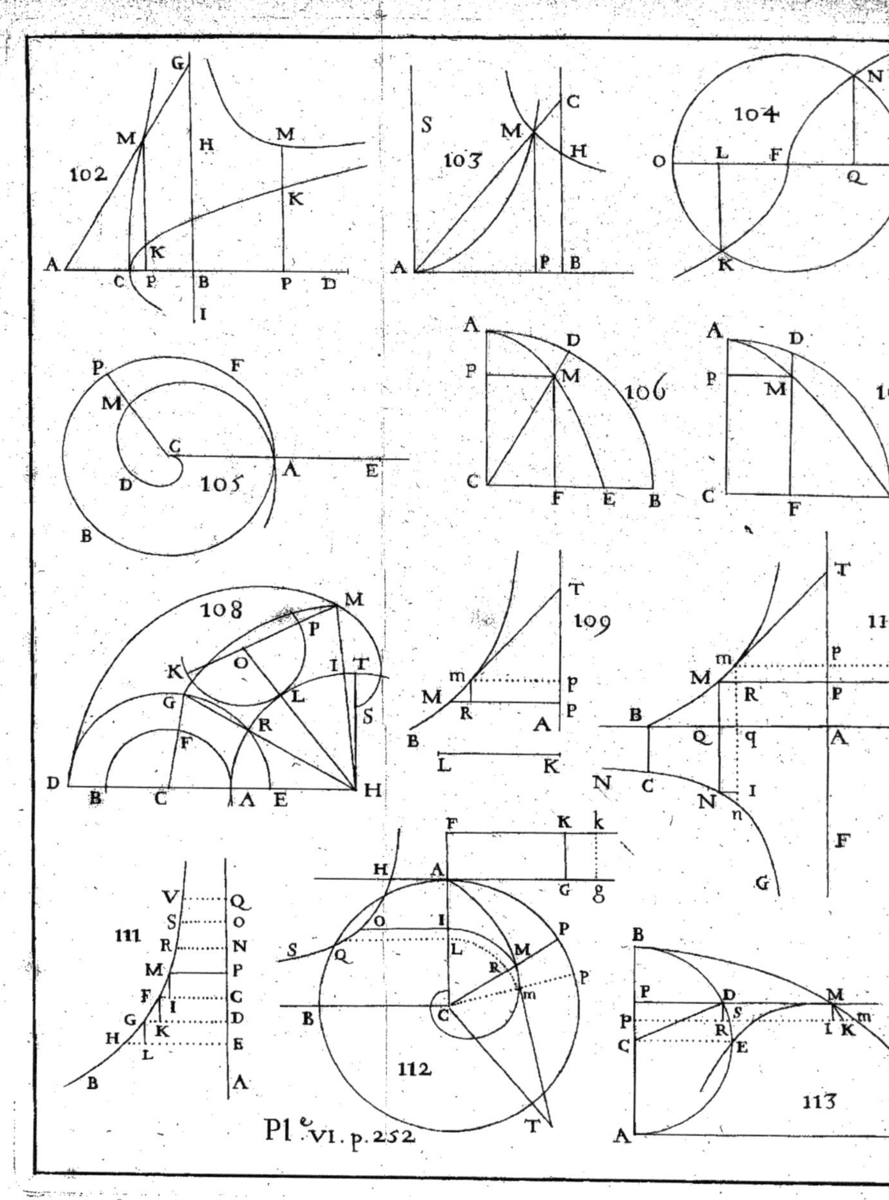

Pl.e VI. p. 252

APPROBATION.

J'Ai lû par ordre de Monseigneur le Chancelier, le present Manuscrit, & j'ai crû que la méthode & la clarté de cet Ouvrage, le rendroient fort utile. Fait à Paris ce 15 Juillet 1704.

Signé, FONTENELLE.

PRIVILEGE DU ROY.

LOUIS par la grace de Dieu, Roi de France, & de Navarre; à nos Amez & Feaux Conseillers, les Gens tenans nos Cours de Parlement, Maîtres des Requêtes ordinaires de notre Hôtel, Grand Conseil, Prevôt de Paris, Baillifs, Sénéchaux, leurs Lieutenans Civils & autres nos Justiciers qu'il appartiendra, SALUT; le sieur GUISNÉE, de notre Academie Royale des Sciences, notre Professeur de Mathematique au College Royal de Maître Gervais, & ancien Ingenieur, Nous ayant fait exposer qu'il desireroit faire part au Public d'un Ouvrage de sa composition, intitulé *Application de l'Algebre à la Geometrie, ou les Lieux Geometriques, & la Construction des Equations déterminées*, s'il nous plaisoit lui accorder nos Lettres de Privilege sur ce necessaires: Nous avons permis, & permettons par ces Presentes audit sieur GUISNÉE, de faire imprimer ledit Livre en telle forme, marge, caractere, & autant de fois que bon lui semblera, & de le faire vendre par tout notre Royaume, pendant le temps de six années consecutives, à compter du jour de la date desdites Presentes; Faisons défenses à toutes personnes de quelque qualité & condition qu'elles puissent être, d'en introduire d'impression étrangere dans aucun lieu de notre obeïssance, & à tous Imprimeurs, Libraires & autres, d'imprimer, faire imprimer & contrefaire ledit Livre en tout ni en partie, sans la permission expresse par écrit dudit Exposant, ou de ceux qui auront droit de lui, à peine de confiscation des Exemplaires contrefaits, de quinze cens livres d'amende contre chacun des contrevenans, dont un tiers à Nous, un tiers à l'Hôtel-Dieu de Paris, l'autre tiers audit Exposant, & de tous dépens, dommages & interêts : A la charge que ces Presentes seront enregistrées tout au long sur le Registre de la Communauté des Imprimeurs & Libraires de Paris; & ce dans trois mois de la date d'icelles : Que l'Impression dudit Livre sera faite dans notre Royaume, & non ailleurs ; & ce en bon papier, & en beaux caracteres, conformement aux Réglemens de la Librairie, & qu'avant que de l'exposer en vente, il en sera mis deux Exemplaires dans notre Biblioteque publique, un dans celle de notre Château du Louvre, & un dans celle de notre tres-cher & Feal Chevalier Chancelier de France le sieur PHELYPEAUX, Comte de Pontchartrain, Commandeur de nos Ordres ; le tout à peine de nullité des Presentes : du contenu desquelles vous mandons & enjoignons de faire jouir ledit l'Exposant, ou ses ayans causes, pleinement & paisiblement, sans souffrir qu'il leur soit fait aucun trouble ou empêchement : voulons que la copie desdites Presentes, qui sera imprimée au commencement ou à la fin dudit Livre, soit tenue pour dûement signifiée, & qu'aux copies collationnées par l'un de nos Amez & Feaux Conseillers & Secretaires, foi soit ajoûtée comme à l'Original : Commandons au premier notre Huissier ou Sergent, de faire pour l'execution d'icelles, tous Actes requis & necessaires, sans aucune permission, & nonobstant clameur de Haro, Chartre Normande, & Lettres à ce contraires : Car tel est notre plaisir. Donné à Versailles le vingt-quatriéme jour d'Aoust, l'an de grace mil sept cens quatre, & de notre Regne le soixante-deuxiéme. Par le Roy en son Conseil.

Signé, LE COMTE.

Registré sur le Livre de la Communauté des Imprimeurs & Libraires de Paris, numero 228. page 321. conformement aux Reglemens, & notamment à l'Arrêt du Conseil du 13 Aoust 1703. A Paris ce 2 Septembre 1704. Signé PIERRE EMERY, Syndic.

Fautes à corriger dans l'Introduction.

PAge v. *ligne* 13 & 14, $2a - 3b$, *lisez* $2a + 3b$. *Page* xlix *ligne* 4, de, *lisez* des. *Page* lij *ligne* 22, que *lisez* qui. *Page* liij *ligne* 8, ces, *lisez* les. *Page* liv *ligne* 7, *lisez* $\frac{a}{b} = \frac{c}{d}$. *Page* lvj *ligne* 15, $\frac{ab}{x}$, *lisez* $\frac{ab}{c}$. *Ibid. ligne* 17, seront, *lisez* sont.

Dans l'Application de l'Algebre à la Geometrie.

PAge 3 *ligne* 25, dénombrer, *lisez* démontrer. *Page* 4 *ligne* 7, à ces, *lisez* assez. *Page* 12 *ligne* 5 $ax =$, ou $x = 0 \frac{0}{a} = 0$, *lisez* $ax = 0$, ou $x = \frac{0}{a} = 0$. *Ibid. ligne* 27 Lieu, *lisez* le Lieu. *Page* 52, *ligne* 18, *ajoutez* $- a^4yy$. *Page* 104 *ligne* 17, $\frac{aa - yy}{y}$, *lisez* $\frac{bb - yy}{y}$. *Page* 110 *ligne* 24, $\frac{2a}{p}$, *lisez* $\frac{2d}{p}$. *Page* 128 les asymptotes, *lisez* les asymptotes, étant donnée. *Page* 149 *ligne* 5, $\frac{m - n}{ma}$, *lisez* $\frac{ma}{m - n}$. *Ibid ligne* 20 $\frac{maa}{mm - 2mm + nn}$, *lisez* $\frac{mnaa}{mm - 2mn + nn}$. *Page* 141, *à la marge*, *lisez* V. art. 22. n°. 9. *Page* 160, *ligne* 23 $\frac{ay}{a}$, *lisez* $\frac{ay}{b}$. *Page* 189, *ligne* 26, *DC*, *lisez* *BC*, *Ibid ligne* 27, *DE*, *lisez* *DF*. *Page* 192, *G*, *lisez* *H*, & *H*, *lisez* *G*. *Page* 197, *ligne* 30, & du rayon *IA*, *lisez* & du rayon *IH*, que l'on déterminera en prolongeant *RA* en *H*, en sorte que $AH = a$. *Page* 199 *ligne* 23, on trouvera, *lisez* on formera. *Page* 220 *ligne* 23, *AB* *lisez* *CD*. *Page* 201 *ligne* 9, *AB*, *lisez* *CD*. *Page* 202 *ligne* 6, *BDEC*, *lisez* *BDFC*. *Page* 203 *ligne* 13, *AH*, *lisez* *FAN*. *Page* 223, *ligne* 11, Coucoïde, *lisez* Concoïde. *Page* 225, *ligne* 23 uuit, *lisez* voit. *Page* 231, *ligne* 12, par *A*, *lisez* par *H*. *Page* 240, *ligne penultiéme* décrira, *lisez* il décrira. *Page* 248, *ligne derniere* *GP*, *lisez* *CP*.

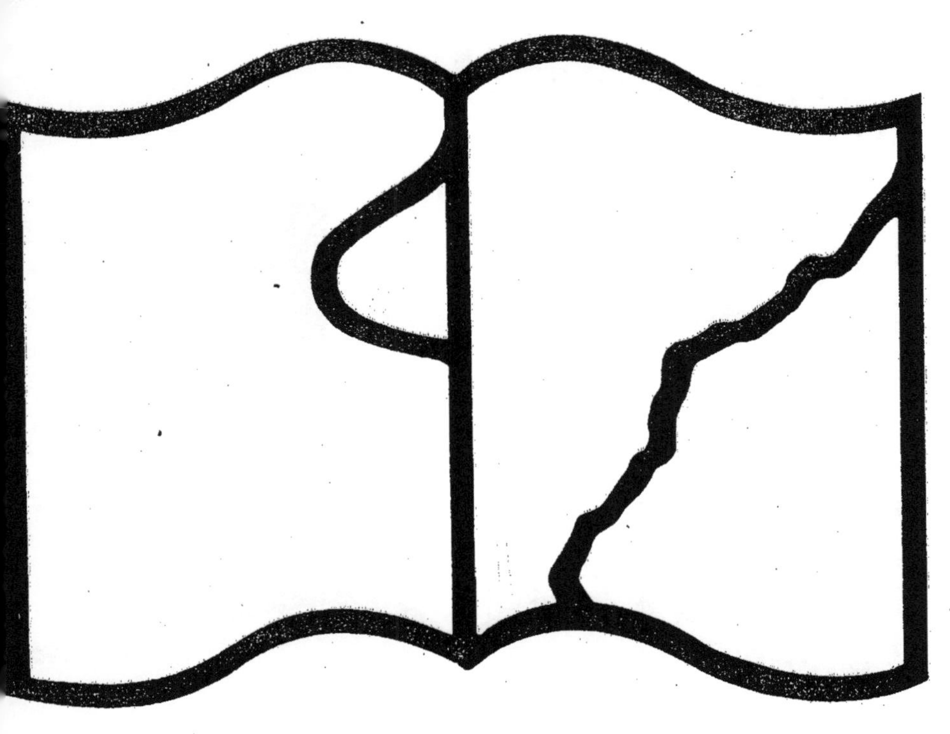

Texte détérioré — reliure défectueuse

NF Z 43-120-11

A
B

www.ingramcontent.com/pod-product-compliance
Ingram Content Group UK Ltd.
Pitfield, Milton Keynes, MK11 3LW, UK
UKHW012155240726
13966UKWH00002B/341